微塑料污染研究前沿丛书 第一辑

水和废水中的微塑料

［希］赫里西·K. 卡拉芭娜吉奥提（Hrissi K. Karapanagioti）
［希］扬尼斯·K. 卡拉鲁吉奥提斯（Ioannis K. Kalavrouziotis）/ 编著

安立会 崔 嵩 徐 笠 / 译

MICROPLASTICS IN
WATER AND WASTEWATER

中国环境出版集团·北京

图书在版编目（CIP）数据

水和废水中的微塑料 /（希）赫里西·K. 卡拉芭娜吉奥提，
（希）扬尼斯·K. 卡拉鲁吉奥提斯编著；安立会，崔嵩，徐笠译.
—北京：中国环境出版集团，2022.3
（微塑料污染研究前沿丛书）
书名原文：Microplastics in Water and Wastewater
ISBN 978-7-5111-4996-1

Ⅰ.①水… Ⅱ.①赫… ②扬… ③安… ④崔… ⑤徐…
Ⅲ.①水环境—塑料垃圾—研究 Ⅳ.① X705

中国版本图书馆 CIP 数据核字（2021）第 268199 号

著作权合同登记：图字 01-2020-0137 号

© IWA Publishing 2019

This translation of Microplastics in Water and Wastewater is published by arrangement with IWA Publishing of Alliance House，Unit 104-105，Export Building，1 Clove Crescent，London，E14 2BA，UK，www.iwapublishing.com

出 版 人	武德凯
责任编辑	宋慧敏
责任校对	任　丽
封面设计	彭　杉

出版发行　中国环境出版集团
　　　　　（100062　北京市东城区广渠门内大街 16 号）
　　　　　网　　址：http://www.cesp.com.cn
　　　　　电子邮箱：bjgl@cesp.com.cn
　　　　　联系电话：010-67112765（编辑管理部）
　　　　　发行热线：010-67125803，010-67113405（传真）

印　　刷	北京中科印刷有限公司
经　　销	各地新华书店
版　　次	2022 年 3 月第 1 版
印　　次	2022 年 3 月第 1 次印刷
开　　本	787×960　1/16
印　　张	15.5　彩插 12
字　　数	255 千字
定　　价	75.00 元

【版权所有。未经许可，请勿翻印、转载，违者必究。】
如有缺页、破损、倒装等印装质量问题，请寄回本集团更换

中国环境出版集团郑重承诺：
中国环境出版集团合作的印刷单位、材料单位均具有中国环境标志产品认证；
中国环境出版集团所有图书"禁塑"。

译者序

自20世纪八九十年代以来，由于汽车制造和计算机制造等工业对塑料的巨大需求，全球塑料产量快速增加，从1950年的170万t快速增至2018年的3.59亿t，累计产量则高达88.42亿t，使用范围也从工业扩展到农业、商业和社会日常生活。与此同时，塑料的大量使用也带来了严重的白色垃圾污染问题，尤其是无处不在的微塑料污染。

尽管早在1972年科学家就在海水中发现了小塑料颗粒，但"微塑料"一词却是2004年由理查德·汤普森（Richard Thompson）等首先提出来的，微塑料在近年被视为一种新兴污染物而引起全社会的广泛关注，并与全球气候变化、臭氧耗竭和海洋酸化并列为全球性重大环境问题。2014年，联合国环境规划署（United Nations Environment Programme，UNEP）将海洋塑料污染列为最值得关注的十大紧迫环境问题之一。联合国环境大会相继通过了《海洋塑料废弃物和微塑料》（Marine Plastic Debris and Microplastics；UNEP/EA.1/6，2014年）、《海洋塑料垃圾与微塑料》（Marine Plastic Litter and Microplastics；UNEP/EA.2/Res.11，2016年）、《海洋垃圾和微塑料》（Marine Litter and Microplastics；UNEP/EA.3/Res.7，2018年）、《海洋塑料垃圾和微塑料》（Marine Plastic Litter and Microplastics；UNEP/EA.4/L.7，2019年）、《终结塑料污染：制定一项具有国际法律约束力的文书》（End Plastic Pollution：Towards an International Legally Binding Instrument；UNEP/EA.5/L.23/Rev.1，2022年）。20国集团（G20）也相继达成《海洋垃圾行动计划》和《海洋塑料垃圾行动实施框架》等倡议，呼吁各国尽快采取预防措施以科学应对海洋塑料垃圾与微塑料污染。这就要求在建立统一监测和分析方法的基础上，全面掌握环境微塑料的来源与环境负荷、多介质输送途径与环境通量、生态影响与潜在人体健康风险，探索可靠的控制方法和管理措施，以实现2030年可持续发展目标。

与海洋微塑料研究相比，目前有关淡水微塑料的研究相对较少。有限的研究表明，淡水微塑料丰度明显高于海洋微塑料丰度，并且淡水微塑料是海洋微塑料的主要来源。对淡水微塑料而言，城市污水处理厂是主要点源之一，但也有研究认为城市污水处理厂只是环境微塑料输送的"管道"和临时储存池，污水中微塑料沉降进入活性污泥后尚存在二次释放风险。为此，全面系统地总结淡水微塑料的赋存特征、输送过程、去除规律等研究的最新进展，揭示微塑料的"源—汇"过程等关键科学问题，对弥补微塑料的科学信息空白和深刻理解微塑料的环境风险均具有重要意义。应该说，《水和废水中的微塑料》一书非常及时，对相关研究人员开展水和废水中微塑料研究具有很强的指导作用。

本书第1章～第4章由中国环境科学研究院安立会研究员主译，第5章～第8章由东北农业大学崔嵩教授主译，第9章～第13章由北京市农林科学院徐笠副研究员主译。此外，在本书翻译过程中还得到了北京城市排水集团科技研发中心李魁晓高工的积极协助，更有中国环境出版集团编辑的悉心指导，在此一并表示衷心感谢。

我们力求翻译书稿准确流畅，并与英文原著保持一致，在对原稿英文术语和专用语尽可能提供确切的中文翻译的同时，特意保留了英文原意，便于读者查阅。但限于水平和时间，全文不当和错误之处在所难免，还请广大读者给我们提出宝贵意见和建议（电子邮箱：anlhui@163.com）。

安立会
2021年8月

前 言

作为废水管理（扬尼斯·K.卡拉鲁吉奥提斯）和水污染（赫里西·K.卡拉芭娜吉奥提）专家，我们充分认识到水是一种可以在各种环境中循环的独特资源，但废水管理不当则会导致水污染。与之相反，可持续的废水管理可以预防水污染。在达成以上共识基础上，我们决定合作出版这本书。在过去的十年中，塑料和微塑料造成的海洋污染受到了越来越多的关注，河流和废水被认为是海洋塑料污染的主要陆源。识别污染源并更好地理解它们可以帮助我们制定预防污染的方案。因此，本书的主旨在于描述微塑料在淡水和废水中的环境输送和归趋。正如大多数人所做的那样，我们也希望探索微塑料可能对人类和环境造成的影响，为此我们邀请了3位专家撰写了有关影响的章节。最后，我们一致认为，适宜的法规是治理污染最有力的工具，为此增加了最后一章的内容。

本书的主题是水和废水中的微塑料。前几章介绍了科学界日益关注的微塑料和人类水循环的热点问题，以及微塑料与水相互作用的关键点；随后介绍了淡水（河流和湖泊）和淡水生物区系中存在微塑料的证据，并讨论了这些系统中与微塑料相关的危险化学物质。其他章介绍了全球废水中微塑料的存在、来源、通过污水处理厂的迁移和污水处理厂出水中微塑料的浓度，同时介绍了污水处理厂的塑料生物介质，以及污水管道对周围环境的影响。部分章还介绍了有关废水中微塑料的取样方法、样品处理和分析技术。此外，还讨论了污泥、污水灌溉土壤或污泥施肥土壤中存在的微塑料，并对塑料及其添加剂对植物、微藻和人类产生的可能影响进行了综述。最后，用了一章总结了当前相关的法规和倡议，并指出有必要制定一项以保护环境免受塑料和微塑料污染的全球指令。

当前有关淡水和废水中微塑料的研究还较少，这需要引起更多的关注。

本书旨在使这些初步发现能够引起广大读者的关注，特别是要引起淡水和废水产生者和管理者的关注。对已经了解海洋垃圾问题的读者来说，了解淡水和污水处理厂中的微塑料对理解海洋微塑料来源也将有所帮助。

我们要感谢所有为本书作出贡献的学者，他们是 N. 阿塞姆（N. Arsem）、M. 巴尔塞（M. Balcer）、C. 巴罗（C. Barreau）、P. 本奇文戈（P. Bencivengo）、S. A. 卡尔（S. A. Carr）、W. 考格（W. Cowger）、A. 季亚琴科（A. Dyachenko）、M. 埃里克森（M. Eriksen）、A. B. 格雷（A. B. Gray）、R. R. 赫尔利（R. R. Hurley）、K. 卡察努（K. Katsanou）、S. 科尔代洛（S. Kordella）、D. P. 科尔菲阿提斯（D. P. Korfiatis）、M. 莱什（M. Lash）、M. 莱奥特西尼狄斯（M. Leotsinidis）、A. L. 卢舍（A. L. Lusher）、C. 穆尔（C. Moore）、N. 穆尔格科吉安尼斯（N. Mourgkogiannis）、L. 尼泽托（L. Nizzetto）、D. 帕帕约安努（D. Papaioannou）、G. 帕帕泰奥多鲁（G. Papatheodorou）、L. M. 里奥斯门多萨（L. M. Rios Mendoza）、E. 萨扎克利（E. Sazakli）、M. 蒂尔（M. Thiel）、J. 汤普森（J. Thompson）、M. 图纳勒（M. Tunalı）、C. 福格尔桑（C. Vogelsang）和 O. 耶尼京（O.Yenigün）。我们非常感谢匿名评论专家以及 A. 巴巴（A. Baba）、L. 博雷亚（L. Borea）、I. 马那利奥提斯（I. Manariotis）、D. 马托普罗斯（D. Matthopoulos）、M. 马图克（M. Matouq）、A. 梅拉（A. Mehra）、K. 穆斯塔尔斯（K. Moustakas）、S. 图吉阿斯（S. Ntougias）、D. 帕帕那斯塔西乌（D. Papanastasiou）、M. 赛丹（M. Saidan）、A. 斯塔西那奇斯（A. Stasinakis）、A. 塔尼克（A. Tanik）、G. 塔伊富尔（G. Tayfur）以及 D. 韦涅里（D. Venieri）的积极评论。我们还要感谢 IWA 出版社的工作人员 M. 哈蒙德（M. Hammond）、N. 坎尼夫（N. Cunniffe）和版权编辑 A. 彼得森（A. Peterson）在本书出版过程中给予的帮助和指导。

赫里西·K. 卡拉芭娜吉奥提 副教授

帕特雷大学化学系

扬尼斯·K. 卡拉鲁吉奥提斯 教授

希腊开放大学科学与技术学院院长

序

[高田秀重（Hideshige Takada）]

微塑料研究始于海洋环境中发现的较大塑料颗粒（>0.3 mm）。但是，人们很快就认识到陆地环境中的各种微塑料来源，例如纺织品中的微纤维和化妆品中的微珠。这些微塑料通常会经过污水处理厂（wastewater treatment plants，WWTPs），在那里被去除的程度对了解它们向河流和海洋环境的输入通量至关重要。与海洋环境相比，微塑料的陆源和传输过程非常复杂多样并且多变，因此对这一现象进行全面的分析和比较是非常必要的。本书第3章和第4章全面综述了污水处理厂去除微塑料的机制和效率。通过一级和二级组合污水处理工艺就能够将微塑料有效去除（95%～99%）（第4章）。

在处理过程中部分微塑料沉降进入污泥，并通过堆肥和消化进行深度处理（第6章），随后这些微塑料与污泥作为肥料被用于农田，并最终通过地表径流进入海洋环境。这个过程是环境微塑料尤其是水环境中聚对苯二甲酸乙二酯（PET）纤维的一个重要来源。此外，一些污水处理厂利用生物介质（特定形状、毫米级粒径的塑料珠）来促进生物膜对废水的处理（第9章）。第7章和第8章阐述了污水处理厂作为水环境中微塑料汇或源的作用。研究淡水环境中微塑料的一个难点是微塑料的粒径小，例如小于0.3 mm，并且微塑料与大量的天然有机颗粒和无机颗粒混合在一起，会严重干扰对微塑料的鉴定和定量分析。

微塑料的可靠分析方法是非常必要的。第5章介绍了微塑料分析方法的现状，并强调了质量控制的重要性，包括使用空白样、回收率和聚合物的鉴定。根据我们的研究经验，这些都是非常重要的问题。特别是在开放环境中取样和处理时，由于空气中存在大量的合成纤维，为此应使用操作空白来校正空气中纤维的背景污染。因此，应谨慎评估过去研究中报道的微塑料纤维数量。

本书还涵盖了微塑料对生物区系的影响。微藻直接暴露于受废水影响的环境中的微塑料（第10章），而植物则暴露于污泥堆肥中的微塑料（第11章）。人类处在微塑料的多种暴露途径之中，包括饮用PET瓶装水、吸入受化学纤维污染的空气和食用海产品，确定暴露途径并理解它们的贡献非常重要（第1章和第13章）。除了颗粒毒性（第12章）之外，还讨论了来自添加剂和吸附的化学物质的化学暴露对人体健康的影响（第2章和第12章）。

总之，这本书既可推荐给环境化学、土木工程、城市规划、垃圾管理和毒理学领域的研究人员和管理人员，也值得那些关注微塑料对生物区系和人体健康影响的人员参阅。

高田秀重教授

国际颗粒观察项目

（International Pellet Watch Project）

有机地球化学研究室

（Laboratory of Organic Geochemistry，LOG）

东京农工大学

（Tokyo University of Agriculture and Technology）

日本东京府中183-8509

（Fuchu，Tokyo 183-8509，Japan）

序

[彼得·克肖(Peter Kershaw)]

最近,人们认识到微塑料在环境中广泛存在。大约 15 年前,科学界开始关注微塑料这个主题。从那时起,人们将重点一直放在海洋微塑料的环境归趋和生态影响,很少有人关注微塑料的各种来源及其进入海洋的途径。这本书及时地提醒了我们,在水循环的各阶段,还需要在更大范围内考虑微塑料的产生、迁移、归趋和影响。书中涵盖的内容也反映出有越来越多的证据表明微塑料污染的普遍性这一事实。微塑料研究领域正在早期的基础上继续发展,这些研究试图描述微塑料主要在海洋系统中的分布和丰度,当然也包括天然淡水系统(地下水、湖泊、河流)、饮用水和废水。这本书的一个优点是同时汇总了不同水体取样和分析微塑料所需的不同方法。

"微塑料"是从物理、化学和生物方面相互交叉的一个简单描述。微塑料颗粒具有固有特性,如粒径、形状、聚合物组分以及在生产过程中添加的化学物质,从而获得所需要的性状。微塑料还可能获得其他特征,如生成无机薄膜和有机薄膜,包括病毒和致病细菌。同时,周围水环境中的各种疏水性污染物也会被吸附在微塑料表面。这些特性将影响微塑料在环境中的行为以及与微藻的相互作用和单个颗粒对生物的可能影响,本书对这种复杂性做了很好的描述。

陆源的微塑料一旦被排放进入环境,部分通过径流或通过大气沉降直接进入淡水系统。在较发达的经济体中,家庭和商业企业产生的大部分废水将进入污水基础设施,并得到一定程度的处理。本书描述了污水处理厂的功能以及所采取的各种处理方法。污水处理方式以及微塑料的物理、化学和生物特性决定了对微塑料的去除效果。除非能够有效地去除颗粒物,否则废水或通过沿海城市直接排放或通过河流输送，成为海洋微塑料的一个重要来源。对于直接排放源，本书描述了利用数值模型来调查微塑料在海洋环境中的归趋。由于污水处理过程中使用的有机物能与微塑料相互结合，因此对微塑料作为人类和动物病原体的载体也进行了探讨。

  本书在最后呼吁采用更具战略性的方法来更广泛地解决塑料问题。可以肯定的是，这本书为微塑料研究提供了非常有用的补充，这些将是未来任何管理策略的基础。

彼得·克肖

独立顾问

海洋环境保护

（Marine environmental protection）

目 录

第1章 人类水循环中的塑料和微塑料 ·· 1
  1.1 引言 ··· 1
  1.2 微塑料的基本特征 ·· 2
  1.3 人类水循环 ··· 3
  1.4 微塑料在水循环中的积累和输送 ··································· 5
    1.4.1 海水中的微塑料 ··· 5
    1.4.2 淡水生态系统中的微塑料丰度 ···························· 6
    1.4.3 河水中的微塑料 ··· 7
    1.4.4 地下水、自来水和瓶装水中的微塑料 ··················· 7
  1.5 立法 ··· 8
  1.6 结论 ·· 10
  参考文献 ·· 11

第2章 淡水生态系统中与微塑料相关的有害化合物 ······················· 18
  2.1 引言 ·· 18
  2.2 与微塑料相关的有害化合物 ·· 19
    2.2.1 微塑料表面吸附的持久性有机污染物 ·················· 20
    2.2.2 药品 ··· 22
    2.2.3 重金属 ·· 22
    2.2.4 细菌和病毒 ·· 23
    2.2.5 微塑料中的添加剂化合物 ·································· 23
  2.3 讨论 ·· 24
  2.4 结论 ·· 25

参考文献 ·········· 25

第3章 污水处理厂中的微塑料：取样方法与结果的文献综述 ·········· 31
3.1 引言 ·········· 31
3.2 污水处理厂中的微塑料 ·········· 32
 3.2.1 检测污水处理厂中微塑料的取样点和取样方法 ·········· 33
 3.2.2 污水处理厂释放的微塑料类型和数量 ·········· 39
3.3 希腊污水处理厂中的微塑料 ·········· 46
3.4 结论 ·········· 47
致谢 ·········· 48
参考文献 ·········· 48

第4章 微塑料：在污水处理厂的输送和去除 ·········· 52
4.1 引言 ·········· 52
4.2 预处理 ·········· 54
 4.2.1 一级处理 ·········· 55
 4.2.2 初级沉淀阶段对微塑料的影响 ·········· 55
4.3 二级处理 ·········· 58
4.4 三级处理 ·········· 58
 4.4.1 过滤器的作用 ·········· 58
 4.4.2 氯消毒/次氯酸盐消毒 ·········· 59
4.5 聚合物的化学和微生物耐受性 ·········· 59
 4.5.1 塑料的耐受特性 ·········· 59
 4.5.2 污水处理过程中塑料的生物转化 ·········· 63
 4.5.3 污水处理过程是否影响塑料光解？ ·········· 63
4.6 影响污水处理厂中塑料归趋的其他因素 ·········· 64
 4.6.1 中性浮力塑料 ·········· 64
 4.6.2 污水处理厂对塑料颗粒的机械/化学破碎 ·········· 64

目 录

- 4.7 污泥处理 ·· 65
  - 4.7.1 浓缩 ·· 65
  - 4.7.2 消化 ·· 65
  - 4.7.3 污泥脱水 ·· 65
- 4.8 污水处理厂中塑料颗粒的去除 ···························· 66
- 4.9 结论 ·· 67
- 致谢 ·· 68
- 参考文献 ·· 68

第 5 章 污水中微塑料分析方法的开发 ························ 72
- 5.1 引言 ·· 72
- 5.2 取样策略 ·· 76
- 5.3 样品制备 ·· 80
  - 5.3.1 化学消解 ·· 80
  - 5.3.2 酶消解 ·· 81
- 5.4 颗粒分析 ·· 82
  - 5.4.1 光谱分析 ·· 83
  - 5.4.2 自动化 ·· 84
  - 5.4.3 快速筛选/荧光显微镜 ································ 84
- 5.5 数据质量目标 ·· 86
  - 5.5.1 认证的标准物质 ······································ 87
  - 5.5.2 能力的初步验证和证明 ································ 87
- 5.6 报告和文件 ·· 89
- 5.7 结论 ·· 89
- 致谢 ·· 90
- 参考文献 ·· 90

第 6 章 污泥中的微塑料：被捕获但又被释放？ ················ 94
- 6.1 引言 ·· 94

6.2 微塑料向污泥相的迁移 ··· 95
6.2.1 粗格栅和沉砂池 ··· 98
6.2.2 撇油器 ··· 98
6.2.3 初级澄清池和二级澄清池 ······································ 99
6.2.4 其他处理过程 ·· 99
6.3 已报道的污泥中微塑料的浓度 ···································· 100
6.3.1 使用的分析方法 ··· 101
6.3.2 研究之间的相互比较 ··· 101
6.4 污泥中微塑料的归趋 ··· 102
6.4.1 与微塑料释放相关的潜在影响 ·································· 104
6.5 结论 ·· 105
致谢 ··· 106
参考文献 ··· 106

第7章 污水处理厂出水排放管道周围海洋环境中微塑料传输和归趋的数值模拟 ··· 112

7.1 引言 ·· 112
7.2 转化过程 ·· 113
7.2.1 均相团聚（homoaggregation） ·································· 113
7.2.2 异相团聚（heteroaggregation） ································· 114
7.2.3 降解 ·· 115
7.3 传输 ·· 115
7.3.1 沉降 ·· 115
7.3.2 平流 - 扩散 ·· 116
7.4 数学模型 ·· 118
7.5 结论 ·· 119
参考文献 ··· 119

第8章 评价污水处理厂出水作为环境样品中微塑料的来源 ……… 121

- 8.1 引言 ……… 121
- 8.2 轶事型证据 ……… 123
- 8.3 分类证据 ……… 125
  - 8.3.1 微塑料指标 ……… 132
  - 8.3.2 大型塑料指标 ……… 133
- 8.4 污水指标 ……… 135
- 8.5 相关性 ……… 136
- 8.6 质量平衡 ……… 138
- 8.7 标准化 ……… 139
- 8.8 结论 ……… 141
- 致谢 ……… 142
- 参考文献 ……… 142

第9章 塑料生物介质导致的海滩和河道污染 ……… 148

- 9.1 生物介质污染简介 ……… 148
- 9.2 污水净化和生物处理的背景 ……… 148
  - 9.2.1 污水处理系统运行概述 ……… 148
  - 9.2.2 聚焦生物处理 ……… 149
  - 9.2.3 流化床反应器 ……… 150
- 9.3 用户 ……… 151
  - 9.3.1 市政污水处理 ……… 151
  - 9.3.2 私有支管污水处理 ……… 151
  - 9.3.3 非公用工业废水处理 ……… 152
- 9.4 生物介质在自然环境中的传播 ……… 152
  - 9.4.1 陆源和水路传输 ……… 152
- 9.5 生物介质污染监测 ……… 153
- 9.6 生物介质污染事件 ……… 154

	9.6.1 瑞士圣普雷克斯（Saint-Prex）	154
	9.6.2 西班牙内米纳海滩（Nemiña beach）	156
	9.6.3 对观测到的污染事件的评价	157
9.7	系统故障	157
	9.7.1 系统故障原因	158
	9.7.2 观测情况描述	158
9.8	结论	160
参考文献		160

第 10 章　微塑料对淡水和海洋微藻的影响 … 162

10.1	全球塑料问题	162
10.2	微塑料对微藻的影响	163
	10.2.1 藻类生长	167
	10.2.2 光合效率和叶绿素浓度	168
	10.2.3 其他影响	169
10.3	结论	170
参考文献		171

第 11 章　来自污水回用或污泥施用的土壤微塑料对植物的潜在影响 …… 175

11.1	引言	175
11.2	农业土壤中的微塑料和纳米塑料	176
	11.2.1 农业土壤中的塑料来源	176
	11.2.2 污水处理厂副产品施用的农业土壤中的微塑料量	177
11.3	陆地上微塑料的降解	179
	11.3.1 塑料中的添加剂	181
11.4	农业土壤的危害：微塑料	183
11.5	结论	186
参考文献		187

第 12 章　微塑料对人体健康的可能影响 195

- 12.1　引言 195
- 12.2　对健康的影响 196
  - 12.2.1　颗粒效应 196
  - 12.2.2　化学效应 198
  - 12.2.3　微生物的迁移 205
- 12.3　结论 206
- 参考文献 206

第 13 章　全球塑料战略的必要性 211

- 13.1　环境问题 211
- 13.2　关键策略和政策的综述 214
  - 13.2.1　海洋垃圾污染的国际战略与政策 214
  - 13.2.2　欧洲海洋垃圾污染的战略与政策 217
  - 13.2.3　国家和地方倡议 222
- 13.3　结论 223
- 参考文献 224

第 1 章　人类水循环中的塑料和微塑料

K. 卡察努（K. Katsanou）[1]，H. K. 卡拉芭娜吉奥提（H. K. Karapanagioti）[2]，
I. K. 卡拉鲁吉奥提斯（I. K. Kalavrouziotis）[3]

[1] 帕特雷大学地质系，希腊帕特雷
（University of Patras, Department of Geology, Patras, Greece）

[2] 帕特雷大学化学系，希腊帕特雷
（University of Patras, Department of Chemistry, Patras, Greece）

[3] 希腊开放大学科学与技术学院，希腊帕特雷
（Hellenic Open University, School of Science and Technology, Patras, Greece）

关键词：饮用水，纤维，地下水，微珠，河流，废水，水处理

1.1　引言

全球面临的水污染形势及其影响变得日益复杂。对于水环境来说，塑料和微塑料以及纳米塑料都是新兴污染物（Hernandez et al., 2017）。塑料具有耐用性和多用途等优良性能，在过去的几十年中得到了广泛使用，并且塑料产量还会持续地增加（Horton, 2017）。合成塑料产量的不断增加和对塑料废物的管理不善导致全球水体中出现了大量的塑料垃圾（Raza & Khan, 2018）。

微塑料的来源包括陆源（land-based）和海源（ocean-based）（Hammer et al., 2012），其中来自海源的塑料碎片数仅占所有碎片数的 20%（Andrady, 2011），陆源则贡献了 80%（Jambeck et al., 2015）。陆源微塑料来源广泛，但是主要来自个人护理产品、喷砂工艺、处置不当的塑料垃圾与垃圾填埋场泄漏（Cole et al., 2011）。陆地微塑料一旦进入水生态系统，大部分会通过

河流进入海洋，剩余部分则留在淡水环境中（Browne et al.，2010；Li et al.，2018）。尽管进入环境的微塑料很容易被输送，但沉积物中微塑料含量与城市化水平和人类活动强度有关（Horton，2017）。

近年来，海洋塑料污染一直是人们关注的焦点，并得到了深入研究。在一定程度上，尽管能够通过手动收集去除大块塑料，但大多数塑料污染是指微塑料，而微塑料难以去除。同时，还有一类塑料是含有易降解化学键（酯、醚和酰胺）的"可生物降解"和"可氧化降解"的聚合物。然而，这些聚合物仍然具有不可降解的烃基，最终也会生成不可降解的碎片，即微塑料（Shah et al.，2008）。可在自然条件下完全降解的塑料是生物塑料或可堆肥塑料（Horton，2017）。

虽然绝大部分海洋塑料都来自陆源，但很少有研究关注淡水生态系统中存在的塑料和微塑料。当前，研究已经转向内陆水体。当前的研究主要关注微塑料的来源、进入海洋的途径以及微塑料对淡水生态系统和人体健康的潜在影响（Eerkes-Medrano et al.，2015）。

本章主要阐述水和废水中微塑料的特征、污染水平和潜在影响，并指出研究空白和未来研究重点。考虑到当前固废管理能力不足，微塑料污染是可能对淡水环境和生物造成影响甚至伤害的未知因素。

1.2 微塑料的基本特征

塑料是添加了各种染料（dye）和增塑剂（plasticizer）等而制成的复杂聚合物，具有特殊的性能，如柔韧性、耐用性和耐热性。聚乙烯（polyethylene，PE）、聚丙烯（polypropylene，PP）、聚酯（polyester）、聚氯乙烯（polyvinyl chloride，PVC）和尼龙（nylon）是最常用的聚合物，也是环境中丰度最高的塑料。

微塑料是粒径小于 5 mm 的塑料颗粒（GESAMP，2015），可分为原生微塑料（primary microplastic）和次生微塑料（secondary microplastic）：原生微塑料在生产时颗粒粒径就小于 5 mm，范围甚至低至 100 nm，而次生微塑料则是由较大块的塑料分解破碎而成的。微塑料包括各种材质类型、形状、颜色和粒径的塑料颗粒，可以是球形小珠、碎片、纤维或薄膜，并由多种聚合物制成。粒径小于 100 nm 的塑料颗粒被划为纳米塑料（Rios Mendoza et al., 2018）。

原生微塑料是为了某一特殊目的和用途制成的小粒径塑料颗粒，包括用于塑料工业生产大型塑料制品和微珠的预制颗粒，如添加于牙膏和面部磨砂膏等产品中的微球或颗粒，以增加产品的去角质特性，或使化妆品具有反光特性（Browne, 2015; Cole et al., 2011）。次生微塑料是由较大塑料制品分解破碎而成的，是塑料制品在光降解和物理、化学和生物多种因素相互作用下的产物（Galgani et al., 2013; Thompson et al., 2009），如垃圾降解产生的塑料碎片、轮胎碎片、纺织品微纤维和路标漆、渔网、家庭用品以及其他废弃塑料碎片的降解产物（Eerkes-Medrano et al., 2015）。出于研究和医学目的制造或由微塑料降解形成的纳米塑料也对环境构成了威胁（Koelmans et al., 2016）。

如上所述，塑料颗粒分解破碎后，会产生新的物理特性和化学特性，从而增加了对生物体的潜在毒性作用。微塑料可能会对人体健康有毒性作用（颗粒的、化学的和微生物的危害），这也可能与化学物质暴露有关，即在塑料生产过程中添加的增塑剂或从环境中吸收的化学物质对生物体健康产生不利影响（Takada & Karapanagioti, 2019）。

1.3　人类水循环

随着城镇居民和郊区居民对水的消费，每天的水循环包括从某一水体取水、处理、储存、分配、家庭使用后变为废水，然后收集废水、输送、处理后排放到同一或另一个水体中。

饮用水水源包括地表水（如河流、湖泊或水库①）、地下水（温泉或井水）

---

① 原文为 dam（水坝）。——译者

和海水,从这些水体取水后输送至水处理厂。根据水源,水处理厂会采用不同的水处理工艺。对于地表水,最常用的水处理工艺有混凝(coagulation)、絮凝(flocculation)、沉淀(sedimentation)、砂(煤)滤(sand and coal filtration)、曝气(aeration)和消毒(disinfection);对于地下水,主要采用的工艺有去除硬度(hardness removal)、曝气、金属化学沉淀(metal chemical precipitation)和消毒;对于海水,主要采用的工艺有混凝、砂(煤)滤、超滤(ultrafiltration)、反渗透(reverse osmosis)、调节pH值及去味和消毒。经过处理之后的水储存在大水池内,然后利用水管,在重力作用下将水输送到家庭用户。过去的输水管主要是黏土管、水泥管或PVC管,现在的输水管大多是蓝色高密度PE管(West,2014)。

家庭用水包括饮用水、餐具洗涤、衣物清洗、个人洗漱、房屋清洁、做饭和冲厕(见图1.1)。这些行为将饮用水变成了污水,包括添加的溶解态和颗粒态有机质、悬浮固体(suspended solids)、微生物,以及增加电导率的可溶解盐、营养盐、表面活性剂和微污染物(如咖啡因、抗生素、化妆品、杀虫剂和消毒剂等)。从各住户收集产生的污水后,利用重力自流方式将其通过排水管输送到附近的污水处理厂(WWTP)(West,2014)。

图1.1 从一座房子释放的潜在塑料和微塑料

污水处理厂有望降低水中悬浮固体和溶解态有机质的浓度。在某些情况下,国家或地方法规要求污水处理厂去除营养盐和微生物。最常用的处理工艺包括混凝、絮凝、沉淀、消毒、曝气以及生物处理[通过以下方式之一:活性污泥(activated sludge)、生物滤池(biological filter)、膜生物反应器

（membrane biological reactor）或悬浮生物载体（suspended biocarrier）以及厌氧消化（anaerobic digestion）。处理之后的污水通过管道被输送到排放区，排放区通常是水体，如河流、小溪、湖泊或海洋。

1.4 微塑料在水循环中的积累和输送

微塑料可在多个节点进入水循环系统。在水处理和分配过程中，水与机械塑料配件、膜、水箱和管道接触，进而会将微塑料引入饮用水。在家庭用水过程中，通过个人洗漱、冲厕、洗衣服等方式将塑料和微塑料引入水循环系统（见图1.1）。微塑料还可能是以有意的方式（如把东西扔进厕所）（Mourgkogiannis et al.，2018）、意外的方式（如东西不小心掉进厕所）、被动的方式（如利用洗衣机洗涤合成衣物，或通过不小心摄入了塑料的人的粪便）等进入水循环。在污水处理的过程中，通过管道、设备、生物滤池或生物载体介质、膜和水箱将微塑料引入水循环中（Karapanagioti，2017）。

污水排管、污水处理厂溢流系统和河流是塑料从陆地进入海洋的主要途径。可以肯定的是，海洋中的大部分塑料都是在某个时候通过了河流系统（Miller et al.，2017）。在这个过程中，一些塑料可能会暂时或无限期地滞留在淡水环境中（Mourgkogiannis et al.，2018）。

最近的研究发现，大气传输和随后的沉积也是微塑料进入环境的一个途径，这表明微塑料可以以含有合成纤维和工业颗粒的"城市尘土"（urban dust）形式，在风的作用下从产生源（如家庭和街道）被输送到更为广阔的环境中。已有研究发现，微塑料在降雨过程中会发生明显沉降，这就意味着微塑料在落到地面之前就已经融入水滴中，随后通过地表径流或排水系统被冲刷到河道中（Dris et al.，2017）。

1.4.1 海水中的微塑料

目前，塑料碎片（占全部海洋碎片的60%～80%）的问题开始成为全球关注的中心（Derriak，2002）。塑料不仅能够被海洋生物摄食，还能够吸附潜在有毒有害污染物［如持久性有机污染物（persistent organic pollutants, POPs）和重金属］，反过来还会向环境释放邻苯二甲酸盐（phthalates）和双酚 A（bisphenol A）等塑料添加剂，这些均会对海洋生物区系造成不良影响，进而影响海洋生态系统（Rochman et al.，2013；Takada & Karapanagioti，2019）。在海洋中，微塑料除了垂直方向的输送外，还在洋流和风力作用下广泛分布（Horton，2017）。

悬浮微塑料的浓度决定了低营养级生物对它们的可利用性，然后可能促进微塑料向高营养级生物的转移（Zhao et al.，2015）。对鱼类的研究表明，微塑料及其附带的有毒有害污染物能够在生物体内积累，继而会产生肠道损伤和代谢紊乱等危害（Li et al.，2018）。

1.4.2　淡水生态系统中的微塑料丰度

现有研究表明，淡水环境（即河流和湖泊）中微塑料的丰度与海洋微塑料的丰度相近。研究发现淡水和海洋沉积物中微塑料浓度非常高，每千克沉积物中的微塑料数以千个计（Leslie et al.，2017；Mathalon & Hill，2014）。在欧洲，微塑料在日内瓦湖（Lake Geneva）（Faure et al.，2012）、加尔达湖（Lake Garda）（Imhof et al.，2013）、泰马河河口（Tamar estuary）（Sadri & Thompson，2014）、泰晤士河（Thames）（Morritt et al.，2014）和多瑙河（Danube River）（约 3.2×10^4 个/L；Lechner et al.，2014），以及易北河（Elbe）、摩泽尔河（Mosel）、内卡河（Neckar）和莱茵河（Rhine）（Klein et al.，2015；Wagner et al.，2014）的存在得到广泛报道。

此外，微塑料在全球淡水研究中都有了报道：五大湖（the Great Lakes）（Eriksen et al.，2013），南非的豪登省（Gauteng Province）和西北省（North West Province）（约 1.9 个/L；Bouwman et al.，2018），蒙古的库苏古尔湖（Lake Hovsgol）（Free et al.，2014），中国的太湖（3.4～26 个/L；Su et al.，2016）、长江口（Zhao et al.，2015）、三峡大坝（约 4.1 个/L），北美各地如圣劳伦斯河（St. Lawrence River）（Castaneda et al.，2014）、芝加哥的北岸运河（North Shore Channel）（Hoellein et al.，2014）、洛杉矶河（Los Angeles River）、

圣加夫列尔河（San Gabriel River）、凯奥特溪（Coyote Creek）（13 个 /L；Moore et al.，2011）、伊利湖（Lakes Erie）和圣克莱尔湖（St. Clair）（Zbyszewski et al.，2014）、休伦湖（Lake Huron）（Zbyszewski & Corcoran，2011），以及苏必利尔湖（Lake Superior）、休伦湖和伊利湖（Eriksen et al.，2013）。有关河流、湖泊或水库[①]的水或沉积物中微塑料浓度的详细列表可在综述文章和报告中找到（如 Bouwman et al.，2018；Rios Mendoza & Balcer，2019）。

1.4.3　河水中的微塑料

为防止人口密集区洪涝灾害，道路和市区的地表径流通常绕过水处理系统而直接排入河流（Horton，2017），因此原本设计用于雨水排泄的系统成了微塑料进入河流的潜在途径。

1.4.4　地下水、自来水和瓶装水中的微塑料

在世界许多地区，人体和家庭用水的水源都是地下水，因此应对地下水开展更多研究来确定涉及的因素以及可能的健康影响。最近的一项研究（Mintenig et al.，2019）分析了以地下水作为水源的原水和饮用水，结果在取的 40 m^3 水样中检出了 0～7 个 /m^3 的微塑料，平均为 0.7 个 /m^3，说明以地下水作为水源的饮用水受微塑料（>20 μm）污染较轻。另一项研究分析了美国伊利诺伊州（Illinois）两个岩溶含水层的泉水和井水（Panno et al.，2019），结果发现检出的所有微塑料都是纤维（最大浓度为 15.2 个 /L），据此推测化粪池出水可能是这些微塑料的一个来源。

自来水中也有微塑料（Tyree & Morrison，2017）；但一般来说，处理过的水比原水中微塑料的含量要低很多。最近的一项研究在瓶装水中也检出了微塑料（Mason et al.，2018）：93% 的被调查瓶装水有被微塑料污染的迹象。Mason 等（2018）在瓶装水中发现的微塑料丰度比他们以前在自来水中检出的微塑料丰度高了大约 1 倍（Kosuth et al.，2018）。碎片是瓶装水中最常见的

[①] 原文为 dam（水坝）。——译者

微塑料（65%），并且微塑料材质主要是聚对苯二甲酸乙二酯（PET，水瓶材料）和聚丙烯（PP，瓶盖材料），因此这些微塑料主要来源于瓶装水自身包装和/或装瓶过程。同时，在瓶装水中还发现了其他类型的聚合物。研究发现纤维占了自来水中微塑料总量的98%（Kosuth et al.，2018）。这些研究表明，自来水中微塑料和瓶装水中微塑料的主要来源不同。

1.5 立法

由于微塑料直到最近才被认为是可能造成生态破坏的环境污染物，因此政府要用一些时间来制定和实施有关微塑料的生产、使用和处置的政策和法规（Horton，2017）。

据估计，到2030年，欧洲因塑料污染导致的环境破坏将造成相当于220亿欧元的损失。因此，为了保护海洋环境、避免破坏环境，欧盟必须采取具体措施。

2018年10月24日，欧洲议会（European Parliament）投票赞成欧盟委员会（European Commission）早些时候提出的削减塑料垃圾尤其是造成欧洲海滩和海洋污染的一次性塑料制品的提议。提出针对海滩上、海洋中最常见的10种一次性塑料制品和废弃渔具，采取新的措施，从源头上解决海洋垃圾问题。2019年1月18日，欧洲理事会（European Council）发布了关于减少某些塑料产品对环境影响指令草案的修订版［也称为《一次性塑料制品指令》（*Single-Use Plastics Directive*）］，修订后的指令草案对欧盟委员会于2018年5月28日提出的《循环经济中的塑料战略》（*Strategy for Plastics in a Circular Economy*）草案做了重大修改（EC，2018）。

欧盟委员会发布的绿皮书《环境中塑料废物的欧洲战略》（"A European strategy on plastic waste in the environment"；EC，2018）在废物立法审查中对微塑料表示了特别关注，并强调了从源头制定潜在的缓解策略，同时指出"如果认为微塑料污染对人类健康和淡水环境中敏感物种构成威胁，则可能有必要进行废物管理和执法"。

第 1 章 人类水循环中的塑料和微塑料

尽管已在淡水中普遍发现了较高丰度的微塑料，但至今尚未制定淡水微塑料丰度的标准或法规。当前欧盟有几项与作为新兴污染物的微塑料污染有关的直接或间接指令。欧洲《海洋战略框架指令》(*Marine Strategy Framework Directive*)将微塑料作为监测的一个指标，因此这是与微塑料直接相关的一个指令。该指令的目标是到 2020 年实现良好的海洋环境状况（EU，2008a），要求预防垃圾输入，并减少海洋环境中的垃圾（包括微塑料）。根据该指令，当"海洋垃圾的性质和数量不对沿岸环境造成损害"时，即达到了良好的海洋环境状况，且该指令建议通过监测以帮助实现这一目标（《海洋战略框架指令》，2008/56/EC）。《水框架指令》(*Water Framework Directive*)(EU，2000b)要求开展人为活动压力和饮用水水源保护的相关监测，但到目前为止未将微塑料纳入监测指标。欧洲《饮用水指令》(*Drinking Water Directive*)(EU，1998)提出要保护饮用水免受所有污染，但未明确微塑料污染。

以下欧盟指令可以用于解决微塑料的潜在来源问题：《污水污泥指令》(*Sewage Sludge Directive*)(EC，1986)、《废弃物框架指令》(*Waste Framework Directive*)(EU，2008b)、《报废车辆指令》(*End-of-Life Vehicles Directive*)(EU，2000a)、《废弃电子电气设备（WEEE）指令》[*Waste Electrical and Electronic Equipment (WEEE) Directive*] (EU，2012)；而《包装指令》(*Packaging Directive*)(EU，1994 年修订版)、《垃圾填埋指令》(*Landfill Directive*)(EU，1999)和《工业排放指令》(*Industrial Emissions Directive*)(EU，2010)是目前仅适用于聚合物制造的法规。这些指令法规将极大提升对淡水系统的保护，使其免受以原生微粒或颗粒为原材料的塑料制品业的影响。

当前，在世界上许多国家（如加拿大、爱尔兰、英国和荷兰），对生产含有塑料微珠的化妆品和个人护理产品的禁令已经生效，或者已经制定了相关法律（Defra，2016）。为减少由含有塑料微珠的产品引起的水污染，美国总统贝拉克·奥巴马（Barack Obama）在 2015 年 12 月 28 日签署了 H.R. 1321 [《无微珠水法案》(*Microbead-Free Waters Act*)] (US Government，2015)，修正了《联邦食品、药物和化妆品法》(*Federal Food, Drug and Cosmetic Act*)，禁止为了洲际贸易生产、销售和使用含有有意添加的塑料微珠的淋洗类化妆品。

许多其他国家也在考虑类似的禁令。尽管化妆品塑料微珠仅占环境中各种来源的微塑料的很小一部分（约2%），但这是努力解决环境中不必要输入微塑料的第一步。

最后，欧盟委员会还决定采取更广泛、更全面的方法来解决微塑料污染，包括《塑料战略》(*Plastics Strategy*)、《循环经济行动计划》(*Circular Economy Action Plan*)和修订版《废弃物框架指令》。预计到2030年，投放到欧盟市场的所有塑料包装或可以重复使用，或能够以具有成本-效益的方式进行回收。同时也将减少对一次性塑料制品和渔具的使用，并限制对微塑料的有意使用。

1.6 结论

当前有关淡水中微塑料的文献有限，并且大多数研究的取样方法也各不相同，因此很难对现有淡水微塑料的研究进行比较。根据现有可用的数据，淡水微塑料的丰度大多处于较低至平均水平，而发达国家（如美国以及一些欧洲国家）淡水中微塑料丰度的水平则较高。

尽管已经开展了大量研究，目前存在的一个主要问题是有关微塑料对生物危害的研究出现了不同的结果，这可能是由于一些受试生物比其他生物对微塑料的耐受性更强；不同粒径和类型的微塑料对生物会产生不同的生理作用，或者影响只能在长时间作用后才可能被观察到（而当前很多研究开展的是急性毒性实验）。为此，迄今为止推进任何立法都是非常困难的。

因此，需要优先开展淡水生态系统中微塑料丰度、归趋和危害作用的研究。同样，界定影响微塑料浓度和趋势的环境因素和生物因素也非常重要，并且这种基于证据的需求还要扩展到产生大量微塑料和具有同等潜在生态危害的陆地生态系统（Horton，2017）。

海洋污染主要来自河流输入。由于河流更接近污染源，河流中的污染物浓度可能会更高，因此最近研究的侧重点已转向确定微塑料来源并预防污染，以及调查微塑料如何影响淡水环境。

污水处理厂是河流的点源，也就是海洋微塑料的点源，是完全可以预防和应加以控制的（Karapanagioti & Kalavrouziotis，2018）。房屋内部的简单改变就可以捕获大多数释放的微塑料，例如给洗衣机添加纤维收集装置（在一些国家已经准备使用，并有一些国家已经使用）。一般来说，通过改变消费者的行为和设立法规预防污染，可能是减少环境中微塑料的最有效方法。

参考文献

Andrady A. L.（2011）. Microplastics in the marine environment. *Marine Pollution Bulletin*, 62（8）, 1596-1605, 10.1016/j.marpolbul.2011.05.030.

Bouwman H., Minnaar K., Bezuidenhout C. and Verster C.（2018）. WRC Report No.2610118. Report to the Water Research Commission by North West University, ISBN 978-0-6392-0005-7.

Browne M. A.（2015）. Sources and pathways of microplastics to habitats. In: Marine Anthropogenic Litter, M. Bergmann, L. Gutow and M. Klages（eds.）, Springer, Cham.

Browne M. A., Galloway T. S. and Thompson R. C.（2010）. Spatial patterns of plastic debris along estuarine shorelines. *Environmental Science and Technology*, 44, 3404-3409.

Castaneda R. A., Avlijas S., Simard M. A. and Ricciardi A.（2014）. Microplastic pollution in St. Lawrence River sediments. *Canadian Journal of Fisheries and Aquatic Sciences*, 71（12）, 1767-1771.

Cole M., Lindeque P., Halsband C. and Galloway T. S.（2011）. Microplastics as contaminants in the marine environment: a review. *Marine Pollution Bulletin*, 62, 2588-2597.

Defra（Department for Environment, Food & Rural Affairs）（2016）. Proposals to ban the use of plastic microbeads in cosmetics and personal care products in the UK and call for evidence on other sources of microplastics entering the marine environment. See: https://consult.defra.gov.uk/marine/microbead-ban-proposals/supporting_documents/ Microbead%20ban_Consultation%20Document.pdf（accessed 15 March 2019）.

Derriak J. G. B.（2002）. The pollution of the marine environment by plastic debris: a review. *Marine Pollution Bulletin*, 44, 842-852.

Dris R., Gasperi J., Mirande C., Mandin C., Guerrouache M., Langlois V. and Tassin B.（2017）. A first overview of textile fibers, including microplastics, in indoor and outdoor environments. *Environmental Pollution*, 221, 453-458, 10.1016/j.envpol.2016.12.013.

Eerkes-Medrano D., Thompson R. C. and Aldridge D. C. (2015). Microplastics in freshwater systems: a review of the emerging threats, identification of knowledge gaps and prioritisation of research needs. *Water Research*, 75, 63-82.

Eriksen M., Mason S., Wilson S., Box C., Zellers A., Edwards W., Farley H. and Amato S. (2013). Microplastic pollution in the surface waters of the Laurentian Great Lakes. *Marine Pollution Bulletin*, 77, 177-182.

European Commission (EC) (2013). Green paper A European strategy on plastic waste in the environment. See: https://eur-lex.europa.eu/legal-content/EN/TXT/PDF/?uri= CELEX: 52013DC0123&from=EN (accessed 8 June 2019).

European Commission (EC) (2018). Proposal for a DIRECTIVE OF THE EUROPEAN PARLIAMENT AND OF THE COUNCIL on the reduction of the impact of certain plastic products on the environment. COM/2018/340 final-2018/0172 (COD). See: https://eur-lex.europa.eu/legal-content/en/ALL/?uri=CELEX%3A52018PC0340 (accessed 15 May 2019).

European Council (EC) (1986). Directive 86/278/EEC on the protection of the environment, and in particular of the soil, when sewage sludge is used in agriculture. *Official Journal of the European Union OJ L*, 181, 4.7.1986, 6-12. See: https://eur-lex.europa.eu/legal-content/EN/TXT/PDF/?uri=CELEX: 31986L0278&from=EN (accessed 8 June 2019).

European Union (EU) (1994). Directive 94/62/EC of 20 December 1994 on packaging and packaging waste. *Official Journal of the European Union*, OJ L, 365, 31.12.1994, 10-23. See: https://eur-lex.europa.eu/legal-content/EN/TXT/PDF/?uri=CELEX: 31994L0062&from=EN (accessed 8 June 2019).

European Union (EU) (1998). Directive 98/83/EC on the quality of water intended for human consumption, *Official Journal of the European Union OJ L*, 330, 5.12.1998, 32-54. See: https://eur-lex.europa.eu/legal-content/EN/TXT/PDF/?uri=CELEX: 31998L0083&from=EN (accessed 8 June 2019).

European Union (EU) (1999). Directive 1999/31/EC of 26 April 1999 on the landfill of waste, *Official Journal of the European Union OJ L*, 182, 16.7.1999, 1-19. See: https://eur-lex.europa.eu/legal-content/EN/TXT/PDF/?uri=CELEX: 31999L0031&from=EN (accessed 8 June 2019).

European Union (EU) (2000a). Directive 2000/53/EC on end-of life vehicles - Commission Statements. *Official Journal of the European Union OJ L*, 269, 21.10.2000, 34-43. See: https://eur-lex.europa.eu/resource.html?uri=cellar: 02fa83cf-bf28-4afc-8f9f-eb201bd61813.0005.02/DOC_1&format=PDF (accessed 8 June 2019).

European Union(EU)(2000b). Directive 2000/60/EC of the European Parliament and of the Council, establishing a framework for community action in the field of water policy. *Official Journal of the European Union OJ L*, 327, 22.12.2000, 1-73. See: https: // eur-lex.europa. eu/resource.html?uri=cellar: 5c835afb-2ec6-4577-bdf8-756d3d694eeb.0004.02/ DOC 1&format=PDF(accessed 8 June 2019).

European Union(EU)(2008a). Directive 2008/56/EC of the European Parliament and of the Council of 17 June 2008 establishing a framework for community action in the field of marine environmental policy(Marine Strategy Framework Directive). *Official Journal of the European Union OJ L*, 164, 25.6.2008, 19-40. See: http: //data.europa.eu/eli/ dir/2008/56/ oj(accessed 15 May 2019).

European Union(EU)(2008b). Directive 2008/98/EC on waste and repealing certain Directives(Text with EEA relevance). *Official Journal of the European Union OJ L*, 312, 22.11.2008, 3-30. See: https: //eur-lex.europa.eu/legal-content/EN/TXT/PDF/?uri =CELEX: 32008L0098&from=EN(accessed 8 June 2019).

European Union(EU)(2010). Directive 2010/75/EU on industrial emissions(integrated pollution prevention and control)Text with EEA relevance. *Official Journal of the European Union OJ L*, 334, 17.12.2010, 17-119. See: https: //eur-lex.europa.eu/ legal-content/EN/ TXT/PDF/?uri=CELEX: 32010L0075&from=EN(accessed 8 June 2019).

European Union(EU)(2012). Directive 2012/19/EU on waste electrical and electronic equipment(WEEE)Text with EEA relevance. *Official Journal of the European Union OJ L*, 197, 24.7.2012, 38-71. See: https: //eur-lex.europa.eu/legal-content/EN/TXT/ PDF/?uri=CELEX: 32012L0019&from=EN(accessed 8 June 2019).

Faure F., Corbaz M., Baecher H. and de Alencastro L.(2012). Pollution due to plastics and microplastics in Lake Geneva and in the Mediterranean Sea. *Archives des Sciences*, 65, 157-164.

Free C. M., Jensen O. P., Mason S. A., Eriksen M., Williamson N. J. and Boldgiv B.(2014). High-levels of microplastic pollution in a large, remote, mountain lake. *Marine Pollution Bulletin*, 85, 156-163.

Galgani F., Hanke G., Werner S. and De Vrees L.(2013). Marine litter within the European Marine Strategy Framework Directive. *ICES Journal of Marine Science*, 70(6), 1055-1064, 10.1093/icesjms/fst122.

GESAMP(2015). Chapter 3.1.2 Defining 'microplastics'. Sources, Fate and Effects of Microplastics in the Marine Environment: A Global Assessment. Chapter 3.1.2 Defining 'microplastics'. In:(IMO/FAO/UNESCO-IOC/UNIDO/WMO/IAEA/UN/UNEP/UNDP Joint Group of Experts on the Scientific Aspects of Marine Environmental Protection (GESAMP)), P. J. Kershaw(ed.), London, Rep. Stud. GESAMP No. 90, 96p, London.

Hammer J., Kraak M. H. and Parsons J. R.(2012). Plastics in the marine environment: the dark side of a modern gift. *Reviews of Environmental Contamination and Toxicology*, 220, 1-44, 10.1007/978-1-4614-3414-6_1.

Hernandez L. M., Yousefi N. and Tufenkji N.(2017). Are there nanoparticles in your personal care products? *Environmental Science & Technology Letters*, 4, 280-285.

Hoellein T. J., McCormick A. and Kelly J. J.(2014). Riverine microplastic: abundance and bacterial community colonization. In: Joint Aquatic Sciences Meeting. Portland, OR, USA. Abstract. See: http://www.sgmeet.com/jasm2014/viewabstract.asp?Abstract ID=14455 (accessed 14 March 2019).

Horton A.(2017). Microplastics in the Freshwater Environment. A Review of Current Knowledge. FRR0027. Foundation for Water Research, Marlow, UK.

Imhof H. K., Ivleva N. P., Schmid J., Niessner R. and Laforsch C.(2013). Contamination of beach sediments of a subalpine lake with microplastic particles. *Current Biology*, 23(19), R867-R868.

Jambeck J-R, Geyer R., Wilcox C., Siegler T. R., Perryman M., Andrady A., Narayan R. and Law K. L.(2015). Marine pollution. Plastic waste inputs from land into the ocean. *Science*, 347(6223), 768-771.

Karapanagioti H. K.(2017). Microplastics and synthetic fibers in treated wastewater and sludge. In: Wastewater and Biosolids Management, I. K. Kalavrouziotis(ed.), IWA Publishing, London, pp. 77-88.

Karapanagioti H. K. and Kalavrouziotis I. K.(2018). Microplastics in Wastewater Treatment Plants: A totally preventable source. In: Sixth International Marine Debris Conference Proceedings, 41. See: http://internationalmarinedebrisconference.org/wp-content/uploads/2018/06/Sixth_International_Marine_Debris_Conference_Proceedings.pdf(accessed 15 March 2019).

Klein S., Worch E. and Knepper T. P.(2015). Occurrence and spatial distribution of microplastics in river shore sediments of the Rhine-main area in Germany. *Environmental Science & Technology*, 49(10), 6070-6076.

Koelmans A. A., Bakir A., Burton G. A. and Janssen C. R.(2016). Microplastic as a vector for chemicals in the aquatic environment: critical review and model-supported reinterpretation of empirical studies. *Environmental Science & Technology*, 50, 3315-3326.

Kosuth M., Mason S. A. and Wattenberg E. V. (2018). Anthropogenic contamination of tap water, beer, and sea salt. *PLoS ONE*, 13, e0194970, doi: 10.1371/journal.pone. 0194970.

Lechner A., Keckeis H., Lamesberger-Loisl F., Zens B., Krusch R., Tritthart M., Glas M. and Schludermann E. (2014). The Danube so colourful: a potpourri of plastic litter outnumbers fish larvae in Europe's second largest river. *Environmental Pollution*, 188, 177-181.

Leslie H. A., Brandsma S. H., van Velzen M. J. M. and Vethaak A. D. (2017). Microplastics en route: Field measurements in the Dutch river delta and Amsterdam canals, wastewater treatment plants, North Sea sediments and biota. *Environment International*, 101, 133-142.

Li J., Liu H. and Chen J. (2018). Microplastics in freshwater systems: a review on occurrence, environmental effects, and methods for microplastics detection. *Water Research*, 137, 362-374, 10.1016/j.watres.2017.12.056.

Mahon A. M., Officer R., Nash R. and O'Connor I. (2014). Scope, Fate, Risks and Impacts of Microplastic Pollution in Irish Freshwater Systems. (2014-HW-DS-2). EPA Final Report. EPA, [Wexford, Ireland].

Mason S. A., Welch V. G. and Neratko J. (2018). Synthetic polymer contamination in bottled water. *Frontiers in Chemistry*, 6, Article 407.

Mathalon A. and Hill P. (2014). Microplastic fibers in the intertidal ecosystem surrounding Halifax Harbor, Nova Scotia. *Marine Pollution Bulletin*, 81 (1), 69-79, 10.1016/j.marpolbul.2014.02.018.

Miller M. E., Kroon F. J. and Motti C. A. (2017). Recovering microplastics from marine samples: a review of current practices. *Marine Pollution Bulletin*, 123 (1-2), 6-18, 10.1016/j.marpolbul.2017.08.058.

Mintenig S. M., Löder M. G. J., Primpke S. and Gerdts G. (2019). Low numbers of microplastics detected in drinking water from ground water sources. *Science of The Total Environment*, 648, 631-635.

Moore C. J., Lattin G. L. and Zellers A. F. (2011). Quantity and type of plastic debris flowing from two urban rivers to coastal waters and beaches of Southern California. *Journal of Integrated Coastal Zone Management*, 11 (1), 65-73.

Morritt D., Stefanoudis P. V., Pearce D., Crimmen O. A. and Clark P. F. (2014). Plastic in the Thames: a river runs through it. *Marine Pollution Bulletin*, 78 (1-2), 196-200.

Mourgkogiannis N., Kalavrouziotis I. K. and Karapanagioti H. K. (2018). Questionnaire-based survey to managers of 101 wastewater treatment plants in Greece confirms their potential as plastic marine litter sources. *Marine Pollution Bulletin*, 133, 822-827.

Panno S. V., Kelly W. R., Scott J., Zheng W., McNeish R. E., Holm N., Hoellein T. J. and Baranski E.L. (2019). Microplastic contamination in Karst Groundwater Systems. *Groundwater*, 57, 189-196.

Raza A. and Zaki Khan Mohd Fahad. (2018). Microplastics in freshwater systems: a review on its accumulation and effects on fishes. *International Journal of Research and Analytical Reviews*, 5(4), 128-140.

Rios Mendoza L. M. and Balcer M. (2019). Microplastics in freshwater environments: a review of quantification assessment. *Trends in Analytical Chemistry*, 113, 402-408.

Rios Mendoza L. M., Karapanagioti H. and Ramírez Álvarez N. (2018). Micro(nanoplastics) in the marine environment: Current knowledge and gaps. *Current Opinion in Environmental Science & Health*, 1, 47-51.

Rochman C. M., Browne M. A., Halpern B. S., Hentschel B. T., Hoh E., Karapanagioti H. K., Rios-Mendoza L. M., Takada H., Teh S. and Thompson R. C. (2013). Plastics and priority pollutants: a multiple stressor in aquatic habitats. *Environmental Science & Technology*, 47, 2439-2440.

Sadri S. S. and Thompson R. C. (2014). On the quantity and composition of floating plastic debris entering and leaving the Tamar Estuary, Southwest England. *Marine Pollution Bulletin*, 81(1), 55-60.

Shah A. A., Hasan F., Hameed A. and Ahmed S. (2008). Biological degradation of plastics: a comprehensive review. *Biotechnology Advances*, 26, 246-265.

Su L., Xue Y., Li L., Yang D., Kolandhasamy P., Li D. and Shi H. (2016). Microplastics in Taihu Lake, China. *Environmental Pollution*, 216, 711-719.

Takada H. and Karapanagioti H. K. (2019). Hazardous Chemicals Associated with Plastics in the Marine Environment. The Handbook of Environmental Chemistry 78. Springer-Verlag Berlin Heidelberg.

Thompson R. C., Moore C. J., vom Saal F. S. and Swan S. H. (2009). Plastics, the environment and human health: current consensus and future trends. *Philosophical Transactions of The Royal Society B Biological Sciences*, 364, 2153-2166.

Tyree C. and Morrison D. (2017). Invisibles: the plastics inside us. Orb Media. See: https://orbmedia.org/stories/Invisibles_plastics (accessed 15 March 2019).

US Government (2015). H.R.1321: The Microbead-Free Waters Act of 2015. See: https://www.congress.gov/bill/114th-congress/house-bill/1321 (accessed 20 March 2019).

Wagner M., Scherer C., Alvarez-Muñoz D., Brennholt N., Bourrain X., Buchinger S., Fries E., Grobois C., Klasmeier J., Marti T., Rodriguez-Mozaz S., Urbatzka R., Vethaak A. D., Winther-Nielsen M. and Reifferscheid G.(2014). Microplastics in freshwater ecosystems: what we know and what we need to know. *Environmental Sciences Europe*, 26, 12.

West J.(2014). Editorial: there's a perfect pipe for every water and wastewater project. *Municipal Sewer & Water*,(August Issue). See: https://www.mswmag.com/editorial/2014/08/theres_a_perfect_pipe_for_every_water_and_wastewater_project(accessed 16 March 2019).

Zbyszewski M. and Corcoran P. L.(2011). Distribution and degradation of freshwater plastic particles along the beaches of Lake Huron, Canada. *Water, Air, and Soil Pollution*, 220, 365-372.

Zbyszewski M., Corcoran P. L. and Hockin A.(2014). Comparison of the distribution and degradation of plastic debris along shorelines of the great lakes, North America. *Journal of Great Lakes research*, 40, 288-299.

Zhao S., Zhu L. and Li D.(2015). Microplastic in three urban estuaries, China. *Environmental Pollution*, 206, 597-604.

第 2 章　淡水生态系统中与微塑料相关的有害化合物

L. M. 里奥斯门多萨（L. M. Rios Mendoza），M. 巴尔塞（M. Balcer）
威斯康星大学苏必利尔分校自然科学系，美国威斯康星州苏必利尔
（University of Wisconsin-Superior，Department of Natural Sciences，Superior，WI，USA）

关键词：五大湖区，持久性有机污染物（POPs），塑料污染，合成聚合物，有毒化合物

2.1　引言

微塑料（MPs）在海洋和淡水环境中都是重要的污染物（Cole et al.，2011；do Sul & Costa，2014；Eerkes-Medrano et al.，2015）。微塑料是直径小于 5 mm 的颗粒（GESAMP，2015），微塑料原生源包括工业生产之初就被制成小粒径的塑料颗粒，如原始颗粒或产品原料，以及用于个人护理产品中的微珠或摩擦颗粒；微塑料次生源包括光降解和物理磨损导致较大塑料制品破碎而产生的碎片，这个过程可能会产生更小甚至纳米级粒径的颗粒。

塑料含有在其生产过程中添加的多种化学物质，包括添加剂、稳定剂、阻燃剂（flame-retardant）、颜料、填料和增塑剂（Hahladakis et al.，2018），当微塑料进入水环境后，这些物质就会向环境不断释放。另外，微塑料还会吸附持久性有机污染物（POPs），包括多氯联苯（polychlorinated biphenyls，PCBs）、有机氯农药［organochlorine pesticides，OCPs，如二氯二苯三氯乙烷

（DDT）]和多环芳烃（polycyclic aromatic hydrocarbons）(Rios et al.，2007）。实验室分析结果表明，当被吸附的有毒化合物和微塑料被生物摄食后，这些有毒化学物就会转移到食物网中（如 Burns & Boxall，2018）。令人担忧的是，这些来自微塑料的有毒化合物可能会在水生生物体内积累，并最终进入人体（Liebmann et al.，2018）。

2010—2017年，有关淡水中微塑料的研究论文量迅速增加（Burns & Boxall，2018）。但是由于人们对微塑料的环境分布以及微塑料可能对水生生态系统造成的不利影响的认识不足，微塑料至今仍是一个令人关注的话题。Driedger 等（2015）总结了在劳伦琴五大湖（the Laurentian Great Lakes）开展的微塑料研究，Eerkes-Medrano 和 Thompson（2018）系统总结了全球河流、湖泊和河口开展的微塑料研究。这些调查研究主要集中在淡水中微塑料的来源、类型和丰度，而其他研究则调查了微塑料从河流向河口和海洋的传输速率（Browne et al.，2010）。Moore 等（2011）研究发现加利福尼亚州的两条河流在 72 h 内有 20 亿（2×10^9）个微塑料排入了太平洋，而河岸和污水处理厂（WWTPs）则被认为是微塑料的主要来源（McCormick et al.，2016；Rech et al.，2014）。另外，由于一些微塑料可随着风力传输，因此大气沉降来源也不容忽视（Lim et al.，2018）。

尽管人们对淡水中微塑料丰度和分布的了解逐渐增多，但很少关注微塑料在有毒化合物进入生态系统过程中的作用。Rios 和 Evans（2013）首次报道了在伊利湖（Lake Erie）开展的微塑料吸附持久性有机污染物的相关研究，但自那以后就很少再有研究发表这方面的成果。本章将重点介绍当前微塑料吸附持久性有机污染物、重金属、药品和其他有害物质（包括细菌和病毒）以及进入淡水环境的研究进展。

2.2 与微塑料相关的有害化合物

一般来讲，塑料是化学惰性材料，在环境中不易降解。但对海洋中塑料碎片的研究结果表明，塑料可以吸附、浓缩和输送疏水性有毒化合物、药品、重金属、细菌和病毒。同时，在塑料生产过程中添加的有毒化合物也会释放出来。假设微塑料是有毒化合物进入食物网的载体，有毒化合物进而在食物网中生物积累并从化学和物理等方面对生物体产生不利影响（Lagana et al.，2018；Lobelle & Cunliffe，2011；Ma et al.，2016；Mato et al.，2001；Rios et al.，2010；Rochman et al.，2013；Zettler et al.，2013）。评估微塑料表面吸附的环境疏水性有毒化合物非常困难，因为即使在淡水中也很少分析这类物质。

2.2.1 微塑料表面吸附的持久性有机污染物

持久性有机污染物是环境中普遍存在的有机污染物，具有化学稳定性、亲脂性并易于在食物网中积累。这些物质可以在环境中长距离输移，并容易被悬浮有机质、沉积物和塑料碎片吸附。多氯联苯（PCBs）、有机氯农药（OCPs）和多环芳烃（PAHs）是一些常见的持久性有机污染物。其中，PCBs是由多达209个同系物组成的合成化合物，被广泛用于电力行业和增塑剂，在20世纪70年代已被禁止使用。PAHs是不完全燃烧形成的化合物，而OCPs主要用于农业。虽然部分化合物已经被禁止使用，但它们仍会在环境中长久存在。尽管对微塑料在水生生物体内的积累和毒性作用仍不是很清楚，Wang等（2018）综述了影响微塑料吸附持久性有机污染物的各种环境因子，并说明微塑料可作为持久性有机污染物输移的载体。

微塑料表面具有亲脂性，可以吸附疏水性有毒化合物。目前，已在实验室条件下评估了微塑料对几种疏水化合物的吸附/解吸动力学过程，确定了微塑料与海水之间的平衡分配速率（Hirai et al.，2011；Lee et al.，2019；Teuton et al.，2007；Van et al.，2012；Wang et al.，2018）。

研究发现，海洋塑料碎片表面吸附了持久性有机污染物（Bakir et al.，2014；Mato et al.，2001；Rios et al.，2007）。Hong等（2018）做了大量的文献调研工作，以详细列表的形式总结了漂浮的和搁浅的塑料表面吸附的PCBs、OCPs、PAHs和其他化合物的浓度。塑料聚合物的类型、粒径和形状，在海洋中的停留时间、相对于化学污染源的位置和不同研究人员采用的分析方法可能导致了不同分析结果之间存在较大差异。

第2章 淡水生态系统中与微塑料相关的有害化合物

对淡水系统中持久性有机污染物与塑料碎片之间相互作用的了解还非常有限（表2.1）。现有大部分数据均是来自本章第一作者及其实验室的研究成果，提取和定量的方法主要是在Rios等（2010）的方法基础上进行了小幅调整：取1 g微塑料，同时加入标准品，然后用二氯甲烷进行索氏提取24 h，再用5%失活硅胶填充的玻璃柱净化萃取物，然后用40 mL二氯甲烷-己烷混合液（体积比为75∶25）洗脱目标物和内标物，最后利用气相色谱-质谱（GC/MS）识别和定量目标有毒化合物，利用傅里叶变换红外光谱衰减全反射模式（Fourier transform infrared spectroscopy attenuated total reflectance，FTIR-ATR）鉴别合成塑料聚合物。

表2.1 淡水环境中塑料碎片吸附的有毒化合物质量分数　　　　单位：ng/g

地点	Σ PCBs	Σ PAHs	Σ OCPs	参考文献
劳伦琴五大湖	ND～575	77～812	NR	Rios和Evans（2013）
劳伦琴五大湖	ND～9 856	12 000～15 200	NR	Rios等（2016）
圣路易斯河（Saint Louis River）/苏必利尔湖	ND	47～20 255	ND	Rios等（2018）
瑞士湖泊（Swiss Lakes）	0.4～548	86～5 714	1.4～2 715	Faure等（2015）

NR——无报道；ND——无检出；Σ——化合物总和。

Rios和Evans（2013，数据未发表）首次报道了劳伦琴五大湖微塑料吸附持久性有机污染物的研究（21个样品）。他们分析了PAHs（20种化合物），由此发现了热解源和化石燃烧源的指纹图谱。2016年，里奥斯（Rios）及其合作者分析了在2014年夏季采集的一组样品（44个）中的PCBs（41个同系物）和PAHs，提出了热解源指纹图谱（数据未发表）。图2.1展示了在污水处理厂附近伊利湖收集样品时检出的各种微塑料。2018年，里奥斯等从圣路易斯河河口（Saint Louis River Estuary）和苏必利尔湖西部采集了17个微塑料样品来分析吸附的持久性有机污染物，结果仅检出了PAHs，而PCBs和OCPs低于检出限（数据未发表）。福尔（Faure）及其合作者（2015）从4个瑞士湖泊收集了14个表层和6个岸滩样品，并利用Hirai等（2011）建立的分析方法，在微塑料表面检出了 12 种 PCB 同系物、16 种 PAH 化合物和 19 种 OCPs。

图 2.1　从克利夫兰东部污水处理厂（Cleveland Easterly Wastewater Treatment Plant）附近伊利湖收集的 1 个样品中微塑料的组成和种类
（a）碎片；（b）预制塑料颗粒；（c）泡沫颗粒、微珠和其他小碎片。

2.2.2　药品

一些研究表明，低浓度的药品及其代谢产物具有生物毒性，并能够在淡水生物体内积累（Xie et al.，2017；Zenker et al.，2014）。由于污水处理无法完全去除这些化合物，因此靠近污水排放区的药品浓度是最高的。

在实验室条件下进行的吸附实验结果表明，微塑料具有吸附药品化合物的能力。Li 等（2018）比较了 5 类合成聚合物在淡水和海水环境下吸附的 5 种抗生素，结果发现与海水环境相比，聚合物在淡水环境下具有更高的吸附能力。然而，现在还没有关于天然淡水环境中微塑料吸附药品化合物的报道。

2.2.3　重金属

在一些塑料产品中，重金属被用作添加剂，也能够释放出来、进入水环境。然而，重金属也可以从水环境中被吸附到微塑料表面。海洋微塑料碎片的相关研究表明，海洋沉积物能够比微塑料吸附更多的重金属（Ashton et al.，2010；Dobaradaran et al.，2018；Holmes et al.，2012）。微塑料中重金属含量较低是因为其相对较小的表面积。Mato 等（2001）计算出聚乙烯颗粒的几何表面积范围是 cm^2/g 级，而沉积物的几何表面积是 m^2/g 级（Millward，1995）。

2.2.4 细菌和病毒

微塑料还可以为细菌和病毒提供繁殖和生长场所，在微塑料表面形成生物膜，从而就可以携带微生物进行长距离输移（Lobelle & Cunliffe，2011；Reisser et al.，2014；Zettler et al.，2013）。现有研究已经在海洋微塑料表面检测到了多种微生物，并发现细菌群落多样性与多个环境因素相关（如季节、位置、基体和年龄）（De Tender et al.，2015；Mincer et al.，2016）。Dang和Lovell（2000）发现不到24 h细菌就可以在微塑料表面定殖，但72 h内又会消失。对海洋微塑料的研究发现，其表面不仅有属于人类病原体的弧菌（*Vibrio* spp.）（Kirstein et al.，2016；Zettler et al.，2013），还有属于鱼类病原体的杀鲑气单胞菌（*Aeromonas salmonicida*）（Viršek et al.，2017）。Zettler等（2013）发现微塑料表面细菌与周围水域中存在的细菌不同，说明微塑料是被称为塑料圈（Plastisphere）的微生物群落的独特栖息地。同样，在淡水中也观察到了相似的结果（McCormick et al.，2014），但对湖泊和河流中细菌和病毒群落组成的了解还很少。

2.2.5 微塑料中的添加剂化合物

为了改变产品使用特性，在塑料制品生产过程中加入了各种化学添加剂（Hahladakis et al.，2018）。添加剂最多可占塑料产品的50%（Hong et al.，2018），如增加塑料制品的颜色、耐热性和抗老化性。邻苯二甲酸酯（增塑剂）、双酚A（BPA）、溴系阻燃剂（brominated flame retardants，BFRs）、磷系阻燃剂（phosphorus flame retardants，PFRs）、抗氧化剂（antioxidants）和稳定剂是塑料的已知有毒化学添加剂。全氟烷基化合物（PFAS）是用于聚合物生产的一大类疏水性和亲脂性化学物质。Faure等（2015）在瑞士湖泊收集的微塑料中检出了14种多溴二苯醚（PBDEs）、双酚A（BPA）、壬基酚和7种邻苯二甲酸盐（表2.2）。Llorca等（2018）在实验室条件下研究了天然淡水环境中微塑料对PFAS的吸附速率，结果表明7天后PFAS最大吸附量达到了实验浓度的25%。

表 2.2　淡水环境中的塑料碎片上塑料添加剂的质量分数　　　单位：ng/g

地点	ΣPBDEs	BPA	壬基酚	邻苯二甲酸盐	参考文献
瑞士湖泊	0.2~419	4.8~28	0~612	528~111 604	Faure 等（2015）

2.3　讨论

塑料给社会带来了很多便利。但是科学家已经注意到，由于塑料的过度使用和滥用以及垃圾处理不善，塑料在任何合理的时间内都不能完成生物降解或分解。尽管塑料能够被光降解，但这只会产生小的塑料颗粒。UNEP（2016）认识到塑料碎片污染是对人类和我们生态环境的真正威胁，实际上，我们正面临着"塑料时代"（"Plastic Age"），随之而来的还有一个环境问题：微塑料。

污水处理厂出水是淡水环境中微塑料的一个主要来源，然而这个来源的重要性取决于所采用的污水处理工艺。Prata（2018）的研究表明污水的三级处理工艺能够去除 97% 以上的微塑料，但砂滤的效率较低，并且可能会因砂砾磨蚀，导致过滤颗粒的粒径减小，从而生成更多的微塑料。

微塑料能够吸附持久性有机化合物、重金属、药物、细菌和病毒，因此是有毒化合物的载体。这种吸附与颗粒的粒径有关，即粒径越小，颗粒表面积-体积比越大，表面风化作用越强，微生物（生物膜）形成越多，吸附的物质也就越多。聚合物类型也会影响吸附有毒化合物的速率，如聚乙烯颗粒吸附有毒化合物的速率要高于聚丙烯颗粒（Wang et al., 2018）。

一些研究在实验室条件下揭示了海洋生物和淡水生物摄入微塑料产生的不利影响（Harmon，2018），并探索了生物通过微塑料对有毒化合物的吸附（如 Chae & An，2017）。Lee 等（2019）研究了在模拟肠液中摄入吸附 OCPs 的微塑料，模型结果显示这些化合物能够从微塑料表面快速解吸。然而，随着生物摄入微塑料的增加，预计有毒化合物的生物积累反而会减少。尽管已经证明在自然环境下生物摄入了微塑料，但关于淡水环境的研究还很少，并且还无法很好地量化在自然环境下对生物产生的不利影响。

第 2 章　淡水生态系统中与微塑料相关的有害化合物

对自然生态系统中的微塑料研究较少的主要原因之一可能是取样期间能够收集到的颗粒质量很小。分析 POPs 和其他有毒化合物时，至少需要 1 g 微塑料（如果在有毒化合物高浓度区，收集则需要少一些）。虽然在一些淡水样品中微塑料数量可能在 100～1 000 个颗粒之间，但由于微塑料粒径非常小，所以微塑料质量通常小于 1 g。化学分析成本和所需的精密分析仪器也限制了分析的数量。尽管在海洋系统中开展的微塑料研究多于淡水系统中，但对微塑料吸附有毒化合物的报道仍然很少。缺少统一的收集和分析方法，以及没有塑料颗粒粒径和类别的标准定义都限制了比较分析。

2.4　结论

近年来，对海洋和淡水中与微塑料相关的有害化合物的研究数量快速增加，但仍需要更多数据来充分了解微塑料在有害化合物从环境迁移到生物体过程中所起的作用。收集水生生态系统中微塑料的丰度和分布的基础信息非常重要，然而这些收集应与更精密的分析相结合，从而能够判定吸附在淡水中微塑料表面的 POPs、重金属、细菌和病毒的浓度。不同合成塑料聚合物类型、颗粒粒径、形状和颗粒风化作用对微生物和化学吸附/解吸速率的影响均需要在自然环境下获取，而不能仅是在实验室条件下确定。同时，在研究有害物质从受污染微塑料向水环境和水生生物的迁移速率以及由此给生物产生的潜在不利影响时，也应在与自然环境相似的条件下开展研究。了解有毒化合物与淡水微塑料相互关系的更多详细信息，将有助于阐明这些物质对水环境以及最终对人类健康的真正生态毒理威胁。

参考文献

Ashton K., Holmes L. and Turner A.（2010）. Association of metals with plastic production pellets in the marine environment. *Marine Pollution Bulletin*, 60, 2050-2055.

Bakir A., Rowland S. J. and Thompson R. C.（2014）. Enhanced desorption of persistent organic pollutants from microplastics under simulated physiological conditions. *Environmental Pollution*, 185, 16-23. doi: 10.1016/j.envpol.2013.10.007.

Browne M. A., Galloway T. S. and Thompson R. C. (2010). Spatial Patterns of Plastic Debris along Estuarine Shorelines. *Environmental Science and Technology*, 44(9), 3404-3409. DOI: 10.1021/es903784e.

Burns E. E. and Boxall A. B. A. (2018). Microplastics in the aquatic environment: evidence for or against adverse impacts and major knowledge gaps. *Environmental Toxicology and Chemistry*, 37(11), 2776-2796. doi: 10.1002/etc.4268.

Chae Y. and An Y. (2017). Effects of micro-and nanoplastics on aquatic ecosystems: current research trends and perspectives. *Marine Pollution Bulletin*, 124, 624-632.

Cole M., Lindeque P., Halsband C. and Galloway T. S. (2011). Microplastics as contaminants in the marine environment: a review. *Marine Pollution Bulletin*, 62(12), 2588-2597. doi: 10.1016/j.marpolbul.2011.09.025.

Dang H. and Lovell C. R. (2000). Bacterial primary colonization and early succession on surfaces in marine waters as determined by amplified rRNA gene restriction analysis and sequence analysis of 16S rRNA genes. *Applied and Environmental Microbiology*, 66(2), 467-475. doi: 10.1128/AEM.66.2.467-475.2000.

De Tender C. A., Devriese L. I., Haegeman A., Maes S., Ruttink T. and Dawyndt P. (2015). Bacterial community profiling of plastic litter in the Belgian part of the North Sea. *Environmental Science & Technology*, 49(16), 9629-9638. doi: 10.1021/acs.est. 5b01093.

do Sul J. A. I. and Costa M. F. (2014). The present and future of microplastic pollution in the marine environment. *Environmental Pollution*, 185, 352-364. doi: 10.1016/ j.envpol. 2013.10.036.

Dobaradaran S., Schmidt T. C., Nabipour I., Khajeahmadi N., Tajbakhsh S., Saeedi R. and Faraji Ghasemi F. (2018). Characterization of plastic debris and association of metals with microplastics in coastline sediment along the Persian Gulf. *Waste Management*, 78, 649-658. doi: 10.1016/j.wasman.2018.06.037.

Driedger A. G. J., Dur H. H., Mitchell K. and Van Cappellen P. (2015). Plastic debris in the Laurentian great lakes: a review. *Journal of Great Lakes Research*, 41, 9-19.

Eerkes-Medrano D. and Thompson R. (2018). Occurrence, fate, and effect of microplastics in freshwater systems. Microplastic contamination in aquatic environments. In: Microplastic Contamination in Aquatic Environments: An Emerging Matter of Environmental Urgency, E. Y. Zeng (ed.), Elsevier, Amsterdam, Netherlands, pp. 95-132.

第2章 淡水生态系统中与微塑料相关的有害化合物

Eerkes-Medrano D., Thompson R. C. and Aldridge D. C. (2015). Microplastics in freshwater systems: a review of the emerging threats, identification of knowledge gaps and prioritization of research needs. *Water Research*, 75, 63-82. doi: 10.1016/j. watres.2015.02.012.

Faure F., Demars C., Wieser O., Kunz M. and de Alencastro L. F. (2015). Plastic pollution in Swiss surface waters: nature and concentrations, interaction with pollutants. *Environmental Chemistry*, 12(5), 582. doi: 10.1071/EN14218.

GESAMP (2015). Chapter 3.1.2 Defining 'microplastics'. Sources, Fate and Effects of Microplastics in the Marine Environment: A Global Assessment. Chapter 3.1.2 Defining 'microplastics'. In: (IMO/FAO/UNESCO-IOC/UNIDO/WMO/IAEA/UN/ UNEP/UNDP Joint Group of Experts on the Scientific Aspects of Marine Environmental Protection (GESAMP)), P. J. Kershaw (ed.), London, Rep. Stud. GESAMP No. 90, 96p, London.

Hahladakis J. N., Velis C. A., Weber R., Iacovidou E. and Purnell P. (2018). An overview of chemical additives present in plastics: migration, release, fate and environmental impact during their use, disposal and recycling. *Journal of Hazardous Materials*, 344, 179-199. doi: 10.1016/j.jhazmat.2017.10.014.

Harmon S. M. (2018). The effects of microplastic pollution on aquatic organisms. In: Microplastic Contamination in Aquatic Environments: An Emerging Matter of Environmental Urgency, E. Y. Zeng (ed.), Elsevier, Amsterdam, Netherlands, pp. 249-270.

Hirai H., Takada H., Ogata Y., Yamashita R., Mizuhawa K., Saha M., Kwan C., Moore C., Gray H., Laursen D., Zettler E. R., Farrington J. W., Reddy C. M., Peacock E. E. and Ward M. W. (2011). Organic micropollutants in marine plastic debris from the open ocean and remote and urban beaches. *Marine Pollution Bulletin*, 62, 1683-1692.

Holmes L. A., Turner A. and Thompson R. C. (2012). Adsorption of trace metals to plastic resin pellets in the marine environment. *Environmental Pollution*, 160(1), 42-48. doi: 10.1016/j.envpol.2011.08.052.

Hong S. E., Shim W. J. and Jang M. (2018). Chemicals associated with marine plastic debris and microplastics: Analyses and contaminant levels. In: Microplastic Contamination in Aquatic Environments: An Emerging Matter of Urgency, E. Y. Zeng (ed.), Elsevier, Amsterdam, pp. 271-315.

Kirstein I. V., Kirmizi S., Wichels A., Garin-Fernandez A., Erler R., Löder M. and Gerdts G. (2016). Dangerous hitchhikers? evidence for potentially pathogenic vibrio spp. on microplastic particles. *Marine Environmental Research*, 120, 1-8. doi: 10.1016/j.marenvres.2016.07.004.

Lagana P., Caruso G., Corsi I., Bergami E., Venuti V., Majolino D., La Ferla R., Azzaro M. and Cappello S.(2018). Do plastics serve as possible vector for the spread of antibiotic resistance? First insights from bacteria associated to a polystyrene piece from King George Island(Antarctica). *International Journal of Hygiene and Environmental Health*, 222, 89-100. https://doi.org/10.1016/j.ijheh.2018.08.009.

Lee H., Lee H. and Kwon J.(2019). Estimating microplastic-bound intake of hydrophobic organic chemicals by fish using measured desorption rates to artificial gut fluid. *Science of the Total Environment*, 651(Pt 1), 162-170. doi: 10.1016/j.scitotenv.2018.09.068.

Li J., Zhang K. and Zhang H.(2018). Adsorption of antibiotics on microplastics. *Environmental Pollution*, 237, 460-467.

Liebmann B., Köppel S., Königshofer P., Bucsics T., Reiberger T. and Schwabl P.(2018). Assessment of microplastic concentrations in human stool: Preliminary results of a prospective study. *United European Gastroenterology Journal*, 6(Supplement 1), pp. A127.

Lim S., Yan B., Pitiranggon M., Li Y., McKee K., Gomes H. D. R. and Goes J. I.(2018). Distribution of Microplastics in the Estuarine Waters around the New York Metropolitan Area and Assessment of their Role as Potential Vectors of Toxic Compounds See: https://www.riverkeeper.org/wp-content/uploads/2018/04/Microplastics-Poster.pdf(accessed 2 May 2018).

Llorca M., Schirinzi G., Martínez M., Barcel D. and Farr M.(2018). Adsorption of perfluoroalkyl substances on microplastics under environmental conditions. *Environmental Pollution*, 235, 680-91.

Lobelle D. and Cunlife M.(2011). Early microbial biofilm formation on marine plastic debris. *Marine Pollution Bulletin*, 62(1), 197-200.

Ma Y., Huang A., Cao S., Sun F., Wang L., Guo H. and Ji R.(2016). Effects of nanoplastics and microplastics on toxicity, bioaccumulation, and environmental fate of phenanthrene in fresh water. *Environmental Pollution*, 219, 166-173.

Mato Y., Isobe T., Takada H., Kanehiro H., Ohtake C. and Kaminuma T.(2001). Plastic resin pellets as a transport medium for toxic chemicals in the marine environment. *Environmental Science and Technology*, 35(2), 318-324. doi: 10.1021/es0010498.

McCormick A. R., Hoellein T. J., London M. G., Hittie J., Scott J. W. and Kelly J. J.(2016). Microplastic in surface waters of urban rivers: concentration, sources, and associated bacterial assemblages. *Ecosphere*, 7(11), e01556. doi: 10.1002/ecs2.1556.

McCormick A., Hoellein T. J., Mason S. A., Schluep J. and Kelly J. J.(2014). Microplastic is an abundant and distinct microbial habitat in an urban river. *Environmental Science and Technology*, 48(20), 11863-11871.

Millward G. E.(1995). Processes affecting trace element speciation in estuaries. A review. *Analyst*, 12(3), 69-614. doi: 10.1039/AN9952000609.

Mincer T. J., Zettler E. R. and Amaral-Zettler L. A.(2016). Biofilms on plastic Debris and their influence on marine nutrient cycling, productivity, and hazardous chemical mobility. In: Hazardous Chemicals Associated with Plastics in the Marine Environment. The Handbook of Environmental Chemistry, H. Takada and H. Karapanagioti(eds.), Springer, Cham, vol. 78.

Moore C. J., Lattin G. L. and Zellers A. E.(2011). Quantity and type of plastic debris flowing from two urban rivers to coastal waters and beaches of southern California. *Journal of Integrated Coastal Zone Management*, 11(1), 65-73.

Prata J. C.(2018). Microplastics in wastewater: state of the knowledge on sources, fate and solutions. *Marine Pollution Bulletin*, 129(1), 262-265. doi: 10.1016/j.marpolbul.2018.02.046.

Rech S., Macaya-Caquilpán V., Pantoja J. F., Rivadeneira M. M., Jofre Madariaga D. and Thiel M.(2014). Rivers as a source of marine litter-A study from the SE pacific. *Marine Pollution Bulletin*, 82(1-2), 66-75. doi: 10.1016/j.marpolbul.2014.03.019.

Reisser J., Shaw J., Hallegraeff G., Proietti M., Barnes D. K.A. and Thums M.(2014). Millimeter-sized marine plastics: a new pelagic habitat for microorganisms and invertebrates. *PLoS ONE*, 9(6), e100289. https://doi.org/10.1371/journal.pone.0100289.

Rios L. M., Jones P. R., Moore C. and Narayan U. V.(2010). Quantitation of persistent organic pollutants adsorbed on plastic debris from the northern Pacific gyre's "eastern garbage patch". *Journal of Environmental Monitoring*, 12(12), 2226-2236. doi: 10.1039/c0em00239a.

Rios L. M., Moore C. and Jones P. R.(2007). Persistent organic pollutants carried by synthetic polymers in the ocean environment. *Marine Pollution Bulletin*, 54(8), 1230-1237. doi: 10.1016/j.marpolbul.2007.03.022.

Rios Mendoza L. M. and Evans C. Y.(2013). Plastics are invading not only the ocean but also the Great Lakes. 245th American Chemical Society National Meeting. April 7-11. New Orleans, LA.

Rios Mendoza L. M., Abebe F., Duhaime M. B. and Cable R.(2016). Microplastics as a source of Persistent Organic Pollutants in the Laurentian Great Lakes. IAGLR 59th Annual

Conference on Great Lakes Research. http: //iaglr.org/conference/ downloads/2016_abstracts. pdf(accessed 6 June 2019).

Rios Mendoza L., Johnson C. and Nyeck Nyeck M.(2018). Macro and Microplastics: St. Louis River Estuary and Lake Superior. 6th International Marine Debris Conference. March 12-16. San Diego, CA. p 332 http: //internationalmarine debrisconference.org/wp-content/ uploads/2018/10/6IMDC_Book-of-Abstracts_2018. pdf(accessed 8 June 2019).

Rochman C. M., Hoh E., Kurobe T. and Teh S. J.(2013). Ingested plastic transfers hazardous chemicals to fish and induces hepatic stress. *Scientific Reports*, 3, 3263.

Teuten E. L., Rowland S. J., Galloway T. S. and Thompson R. C.(2007). Potential for plastics to transport hydrophobic contaminants. *Environmental Science & Technology*, 41(22), 7759-7764. doi: 10.1021/es071737s.

UNEP(2016). Marine Plastic Debris and Microplastics–Global Lessons and Research to Inspire Action and Guide Policy Change. United Nations Environment Programme, Nairobi.

Van A., Rochman C. M., Flores E. M., Hill K. L., Vargas E., Vargas S. A. and Hoh E.(2012). Persistent organic pollutants in plastic marine debris found on beaches in San Diego, California. *Chemosphere*, 86(3), 258-263. doi: 10.1016/j.chemosphere.2011.09.039.

Viršek M. K., Lovšin M. N., Koren Š., Kržan A. and Peterlin M.(2017). Microplastics as a vector for the transport of the bacterial fish pathogen species Aeromonas salmonicida. *Marine Pollution Bulletin*, 125(1-2), 301-309. doi: 10.1016/j.marpolbul.2017.08.024.

Wang F., Wang F. and Zeng E. Y.(2018). Soprtion of toxic chemicals on micoplatistics. In: Microplastic Contamination in Aquatic Environments: An Emerging Matter of Environmental Urgency, E. Y. Zeng(ed.), Elsevier, Amsterdam, Netherlands, pp. 225-248.

Xie Z., Lu G., Yan Z., Liu J., Wang P. and Wang Y.(2017). Bioaccumulation and trophic transfer of pharmaceuticals in food webs from a large freshwater lake. *Environmental Pollution*, 222, 356-366. doi: 10.1016/j.envpol.2016.12.026.

Zenker A., Cicero M. R., Prestinaci F., Bottoni P. and Carere M.(2014). Bioaccumulation and biomagnification potential of pharmaceuticals with a focus to the aquatic environment. *Journal of Environmental Management*, 133, 378-387. doi: 10.1016/j. jenvman.2013.12.017.

Zettler E. R., Mincer T. J. and Amaral-Zettler L. A.(2013). Life in the "plastisphere": microbial communities on plastic marine debris. *Environmental Science & Technology*, 47(13), 7137. doi: 10.1021/es401288x.

第3章 污水处理厂中的微塑料：取样方法与结果的文献综述

N. 穆尔格科吉安尼斯（N. Mourgkogiannis），H. K. 卡拉芭娜吉奥提（H. K. Karapanagioti）

帕特雷大学化学系，希腊帕特雷
（University of Patras, Department of Chemistry, Patras, Greece）

关键词：每升水中微塑料平均个数，连续流，监测，医用微塑料，取样点，处理阶段取样

3.1 引言

水环境中的塑料污染不是一个新现象，但在过去的十年中却成了一个全球性环境问题。污水处理厂（WWTPs）被视为微塑料和大块塑料进入环境的传输管道（Mourgkogiannis et al., 2018）。不像大块塑料，微塑料（MPs）不易被肉眼轻易发现，这也就使得监测微塑料非常困难。而且需要显微镜和傅里叶红外光谱等分析技术来监测污水中的微塑料。

微塑料被定义为粒径在 1 nm～5 mm 范围内的塑料颗粒，一些研究已在世界各地的海洋、海岸带、表层水和沉积物中检出微塑料（GESAMP, 2015）。漂浮在受污染的海洋表面的微塑料会吸附有机污染物（Karapanagioti & Klontza, 2008; Ogata et al., 2009）。此外，塑料还与 600 多种海洋生物相互作用，包括鱼类、鸟类、哺乳动物等（Andrady & Rajapakse, 2017; Rochman et al., 2013）。

近年来，仅有限的研究能够定量污水处理厂中存在的微塑料，以及从污

水处理厂释放到受纳水体的微塑料。用于监测微塑料的样品通常取自相似的取样点，如前处理段或最终出水段，但所使用的取样设备有所不同（电动泵、不锈钢桶[①]、玻璃罐等）。此外，为了避免收集的污水体积变化，常常在一定时间段（例如干燥期）以一定的取样频率收集样品。在收集样品之前通常用蒸馏水冲洗几遍取样设备，这个过程也是同样重要的。

本章的目的是综述关于污水处理厂中存在的微塑料以及其向受纳水体潜在释放的现有文献。具体目标是：①介绍和评估收集污水处理厂出水样品的通用技术；②确定污水处理厂释放到受纳水体的微塑料类型和数量。

3.2　污水处理厂中的微塑料

随着人口增长，全球污水处理厂的数量不断增加。为了保护受纳水体（如用于饮用水、渔业和其他水上活动的河流、湖泊和海洋），通过去除有机负荷和病原微生物，对家庭、下水道和工业活动产生的废水进行处理是必要的。一个主要问题就是污水处理厂是否能够去除污水中的微塑料，并防止微塑料进一步进入地表水。为此，我们综述了这方面的一些研究。可以说，大多数研究设备都无法处理并去除污水中的微塑料。

通过1个组合系统，来自厕所下水系统的固体废物或雨污合流下水道的微塑料最终进入了污水处理厂（Karapanagioti，2017）。世界各地（从美国到韩国、从希腊到芬兰）的多项研究的结果表明并证实了污水处理厂中存在微塑料，并且微塑料进入了污水处理厂出水的受纳水体（Gatidou et al.，2018）。每天都会有微塑料从污水处理厂的一级污水处理工艺和二级污水处理工艺释放进入水环境，微塑料的释放量不仅与污水处理厂的处理阶段有关，还与污水处理厂出水滤膜的规格、微塑料的粒径和范围有关（Mourgkogiannis et al.，2018）。Browne等（2011）指出污水处理设备中存在微塑料，并且进一步计算了澳大利亚1个深度污水处理厂向环境释放的颗粒（如合成纤维

---

① 原文为不锈钢篮（stainless steel baskets）。——译者

第3章 污水处理厂中的微塑料：取样方法与结果的文献综述

的数量。Ziajahromi 等（2017）发现在污水处理厂每天向受纳水体释放的微塑料数量方面，三级污水处理工艺要少于二级污水处理工艺。另外，Murphy 等（2016）指出了1个污水处理厂中微塑料的归趋，并得出结论，即尽管污水处理厂对微塑料具有很高的去除效率，但由于污水量很大，每天仍有大量微塑料颗粒被释放到水环境中。

3.2.1 检测污水处理厂中微塑料的取样点和取样方法

对于研究人员收集污水样品而言，待取样的处理阶段［阶段采样（stage sampling）］和取样方法对后续分析微塑料非常重要。以往由于世界各国研究人员对污水处理厂的取样方法不同，研究结果之间也就很难进行比较。

在早期发表的研究论文中，研究人员从污水处理厂的几个不同处理阶段收集样品用于分析微塑料。最常见的方法是在预处理阶段和氯消毒阶段取样，这样就能够更好地估算进入污水处理厂以及从污水处理厂释放进入受纳水体的微塑料数量。当然也有从其他处理阶段（如曝气池、二沉池以及污泥）取样以定量微塑料。如今，在大多数研究中，从几个处理阶段（预处理、初沉池、二沉池等）收集样品，但是在每个阶段的取样方法是不一样的，可以是连续的（直接的）或随机的（间接的）。

直接取样（连续取样）是以一定频次多次连续收集样品，常用的取样工具有电动抽水泵和水阀/水龙头；间接取样（随机取样）是指使用不锈钢瓶和玻璃瓶等工具随机收集1次样品。在过去的几年中，更多的是采用直接取样方法。与随机取样相比，采用直接取样方法可以通过重复来确认其分析结果，并且可以得出相当一段时间的结果，而无需考虑诸如人口流动和季节等参数的影响（夏季人们喜欢搬到沿海地区居住，因此这些地区的污水处理厂必须服务于更多的人口），这也是两种取样方法的主要不同点。

尽管取样工具因研究人员而异，但许多研究通常会使用水泵（Dris et al., 2015; Mason et al., 2016; Mintenig et al., 2017; Talvitie et al., 2015; Talvitie et al., 2017a, b）。在一些研究中，如 Magnusson 和 Noren（2014）使用了 Ruttner 取样器。Ruttner 取样器是一种由圆柱体组成的采水器，当圆柱体

下沉到水中后，利用铅坠下坠封闭罐体，这种采水器适用于在湖泊和污水处理厂取样；所取水样的体积范围是 1.0～5.0 L，采水器的高度为 56～92 cm 不等，当然这取决于采水器的模具。

就像表 3.1 总结的一样，大多数研究人员采用直接取样或间接取样，很少有像 Talvitie 等（2017a，b）一样同时利用两种方法取样。Talvitie 等（2017a）在 7 天时间里利用 3 种不同的方法收集了总进水、预处理后污水、活性污泥处理后污水、出水、剩余污泥、污泥脱水液和干燥污泥的样品：瞬时取样（特定时间的样品）、24 h 混合取样和 24 h 连续取样。在瞬时取样时，利用电动泵在污水取样点的水面下 1 m 收集 3 个平行水样。这个方法的缺点是由于污水中有机物浓度高，容易造成过滤器堵塞，因此每次只能收集少量样品。混合取样时，则由自动取样器在不同取样点收集样品，并在 24 h 内每隔 15 min 收集 1 次，然后将装有收集的样品的塑料容器置于冰箱保存。对于连续取样，取样器以 1 h 为间隔连续收集 24 个样，然后将每 3 个样品（3 h）混合在一起，每次取样就会得到 8 个样品。

Gies 等（2018）从加拿大温哥华（Vancouver, Canada）附近 1 个为 130 万人口提供服务的二级污水处理工艺污水处理厂收集了样品，包括一级污水处理工艺和二级污水处理工艺出水、一级污水处理工艺和二级污水处理工艺后污泥。Talvitie 等（2017a）从芬兰维金马克（Viikinmak）附近 1 个为 80 万人口服务的三级污水处理工艺污水处理厂收集了样品，包括总进水、预处理出水、活性污泥处理后污水，以及污水处理厂出水、剩余污泥、污泥脱水液和干污泥。从这两项研究可以明显看出，不同污水处理厂之间的取样点和处理水平均有所不同。同样，Michielssen 等（2016）同时从 1 个采用二级污水处理工艺的污水处理厂［底特律（Detroit）］和 1 个采用三级污水处理工艺的污水处理厂［诺斯菲尔德（Northfield）］收集样品，从每个取样点收集的样品体积不同，即总进水 1～2 L、预处理后污水 1～6 L、一级污水处理工艺后污水 10～20 L、二级污水处理工艺后污水 10～20 L、最终出水 34～48 L。

第3章 污水处理厂中的微塑料：取样方法与结果的文献综述

表3.1 污水处理厂中微塑料和取样方法的代表性结果列表

文献	国家/地区	污水处理厂数量/个	市政污水处理厂的处理水平	等效人口/人	取样设备	污水处理厂出水流量	取样点	取样方法（随机）	取样方法（连续）
Gies 等（2018）	加拿大温哥华	1	二级处理	1.3×10^6	Teledyne ISCO 便携式采水器	$\approx 493 \times 10^3$ m³/d	一级处理出水；二级处理出水；一级处理污泥；二级处理污泥		• 1 L 总进水 • 30 L 一级处理和二级处理出水 • 1 L 置于玻璃瓶 • 30 L 用不锈钢膜过滤
Gundogdu 等（2018）	土耳其	2	二级处理	1.5×10^6	Endress + Hauser ASP-Station 2000	(178 ± 6) m³/d	粗滤后；最终出水	5 L/d	
Lares 等（2018）	芬兰米凯利（Mikkeli）	1	一级处理；二级处理	55 000	不锈钢桶	10 000 m³/d	总进水（过格栅）；初沉池出水；消毒后出水；活性污泥（曝气后）；MBR 污泥；消化污泥	4～30 L（两周一次，连续 3 个月）	
Simon 等（2018）	丹麦	10		1.5×10^6	玻璃瓶	$\approx 1.5 \times 10^6$ m³/d	进口；出口	进水 1 L；出水 4.1～81.5 L	
Dyachenko 等（2017）	美国东湾	1	二级处理	680 000	水龙头	227 000 m³/d	处理后污水		2 h/450 L；24 h/5 400 L
Leslie 等（2017）	荷兰、荷兰默兹河（Meuse River）畔荷兰、德国的莱茵河	7	• Westpoort（R1） • Amsterdam West facility（R2） • Amstelveen（R3） • Blaricum（R4） • Horstermeer（R5） • Houtrust（R6） • Heenvliet（R7）	NA	玻璃罐	NA	R1、R2：出水、污泥；R3、R4、R5、R7：进水与出水；R6：仅出水；R7：MBR 实验出水	2 L	
Mintenig 等（2017）	德国下萨克森州（Lower Saxony）	12	二级处理；三级处理	NA	移动抽水装置	$5 \times 10^{-4} \sim 36 \times 10^3$ m³/d①	沉淀池溢流口或深度处理池入口；过滤前后污水（仅在最大污水处理厂）	1 m³（一旦流速减小，则停止）	

① 原文此处恐有误，应为 "NA"。——译者

续表

文献	国家/地区	污水处理厂数量/个	市政污水处理的处理水平	等效人口/人	取样设备	污水处理厂出水流量	取样点	取样方法	
								随机	连续
Talvitie 等（2017a）	芬兰维金马克［赫尔辛基地区（Helsinki region）］	1	三级处理	800 000	电动泵（Biltema art.17-953）	270 000 m³/d	• 进水 • 预处理后 • 活性污泥处理厂出水 • 剩余污泥 • 干污泥	简单取样：取样体积不详	混合样（20 mm 孔径过滤）： • 进水 0.1 L • 预处理后 0.2 L • 活性污泥处理厂出水 1 L • 污水取样（20 mm 孔径过滤） 连续取样： • 进水 0.1 L • 预处理后 0.2 L • 活性污泥处理厂出水 2 L

Talvitie 等（2017b）	芬兰	4	三级处理	NA	电动泵（Biltema art.17-953）RSF, DAF
					水龙头 DF, MBR
						NA	使用孔径为 10 μm 的盘式过滤器过滤（DF10）
							使用孔径为 20 μm 的盘式过滤器过滤（DF20）
							快速砂滤（RSF）
							溶解气浮（DAF）
							MBR
								过滤后样品体积
								• DF10
								  300 μm 6～50 L
								  100 μm 6～50 L
								  20 μm 2 L
								• DF20
								  300 μm 50 L
								  100 μm 50 L
								  20 μm 2 L
								• RSF
								  300 μm 1 000 L
								  100 μm 1 000 L
								  20 μm 70 L
								• DAF
								  300 μm 1 000 L
								  100 μm 300 L
								  20 μm 2 L
								• MBR
								  300 μm 140 L
								  100 μm 140 L
								  20 μm 140 L
									24 h 混合样
									• RSF
									  300 μm 25.5 L
									  100 μm 25.5 L
									  20 μm 25.5 L
									• DAF
									  300 μm 16.1 L
									  100 μm 16.1 L
									  20 μm 16.1 L
									• MBR
									  300 μm 6.1 L
									  100 μm 6.1 L
									  20 μm 6.1 L

第 3 章 污水处理厂中的微塑料：取样方法与结果的文献综述

续表

文献	国家/地区	污水处理厂数量/个	市政污水处理厂的处理水平	等效人口/人	取样设备	污水处理厂出水流量	取样点	取样方法 随机	取样方法 连续
Ziajahromi 等（2017）	澳大利亚	3	<ul><li>一级处理</li><li>二级处理</li><li>三级处理</li></ul>	≈1.5×10⁶	通过重力	<ul><li>一级处理 308×10³ m³/d</li><li>二级处理 17×10³ m³/d</li><li>三级处理 13×10³ m³/d</li></ul>	<ul><li>一级：一级处理后</li><li>二级：二级处理后</li><li>三级：二级处理和三级处理后</li><li>四级：二级处理和三级处理和 RO 处理后</li></ul>		<ul><li>一级：3 L 过 25 μm</li><li>二级：27 L 过 25 μm</li><li>三级：200 L 过 25 μm</li></ul>
Carr 等（2016）	美国加利福尼亚州南部	8	<ul><li>7 个三级处理</li><li>1 个二级处理</li></ul>	≈6.1×10⁷	NA	NA	<ul><li>进水泵</li><li>初沉池</li><li>曝气池</li><li>活性污泥</li><li>最终沉淀池</li><li>重力过滤器</li></ul>		$1.89×10^5 \sim 2.32×10^5$ L
Houtz 等（2016）	美国旧金山湾（San Francisco Bay）	8	二级处理三级处理	NA	聚丙烯容器	1.1 m³/d	最终出水	0.5～1 L	
Mason 等（2016）	美国	17	NA	6.1×10⁷	抽气泵	≈2×10⁶ m³/d	出水	NA	$5×10^2 \sim 2.10×10^4$ L
Michielssen 等（2016）	美国底特律和诺斯菲尔德	3	<ul><li>三级处理（底特律）</li><li>三级处理（诺斯菲尔德）</li></ul>	3×10⁶	NA	底特律污水处理厂：≈3×10⁹ m³/d 诺斯菲尔德污水处理厂：≈8×10⁶ m³/d	<ul><li>总进水 1～2 L</li><li>预处理出水 1～6 L</li><li>一级处理出水 10～20 L</li><li>二级处理出水 10～20 L</li><li>最终出水 34～38 L</li></ul>	NA	
Murphy 等（2016）	苏格兰格拉斯哥	1	二级处理	650 000	钢桶（10 L）	261 000 m³/d	<ul><li>总进水</li><li>砂砾/油脂</li><li>一级处理出水</li><li>最终出水</li></ul>		<ul><li>总进水 30 L</li><li>砂砾/油脂 30 L</li><li>一级处理出水 30 L</li><li>最终出水 50 L</li></ul>

续表

文献	国家/地区	污水处理厂数量/个	市政污水处理厂的处理水平	等效人口/人	取样设备	污水处理厂出水流量	取样点	取样方法		
								随机	连续	
Dris 等（2015）	法国巴黎	1	二级处理	800 000	自动取样器	240 000 m³/d	●总进水 ●初沉后 ●最终出水		每个样品 0.05 L（24 h 平均样品）	
Talvitie 等（2015）	芬兰维金马克（赫尔辛基地区）	1	三级处理	840 000	电动泵（泵驱动器 5206 Heidolph）流量 1 mL/min	270 000 m³/d	●总进水 ●初沉后 ●二沉后 ●净化的污水（每个样 3 个平行样）	1.0×10^3 L/min		
Magnusson 和 Noren（2014）	瑞典吕瑟希尔（Lysekil）Långeviksverket	1	●物理处理 ●化学处理 ●生物处理	14 000	Ruttner 取样器	≈2 100 m³/d	●总进水 ●总出水		●总进水：2 L（3 个平行样） ●总出水：1 m³（4 个平行样）	
Browne 等（2011）	澳大利亚西霍恩斯比（West Hornsby），霍恩斯比高地（Hornsby Heights）	2	三级处理	NA	玻璃容器（750 mL）	西霍恩斯比：≈274 m³/d；霍恩斯比高地：≈658 m³/d	排放	3.75 L		

NA——不详；AS——活性污泥；MBR——膜生物反应器；RO——反渗透。

第3章 污水处理厂中的微塑料：取样方法与结果的文献综述

研究人员采用了随机取样（间接的）方法。例如，研究人员用钢桶（10 L）从污水处理站收集样品，这个过程往往没有任何顺序。Murphy 等（2016）从位于苏格兰格拉斯哥的克莱德河（Clyde River，Glasgow，Scotland）附近的 1 个采用二级污水处理工艺的污水处理厂，用钢桶（10 L）从 4 个取样点的前 3 个点各收集了 30 L 污水：1 个取样点位于粗格栅和细格栅之间，1 个取样点在隔油沉砂池之后，1 个取样点是在初沉池之后，污水处理厂总出水处（50 L）作为第 4 个取样点。

Dyachenko 等（2017）从美国东湾（East Bay）1 个采用二级污水处理工艺的污水处理厂收集了微塑料样品。他们的取样方法是基于流通系统，即污水连续 24 h 通过不锈钢筛网过滤，或者在 24 h 之内的特定时间连续通过筛网过滤。这两项研究及其研究结果可以被视为分析污水处理厂中微塑料的取样方法的里程碑，利用连续流通系统收集污水样品（直接的方法）是监测流通系统设备中微塑料的一个很大进步。并且，两项研究均得出结论，即大量微塑料进入了污水处理厂出水的受纳水体。

3.2.2 污水处理厂释放的微塑料类型和数量

在污水处理厂中发现了原生微塑料和次生微塑料，其中部分微塑料会被释放到水环境中。在世界各国污水处理设施中到处可见各种形状的微塑料，如合成纤维、微珠、球形颗粒以及其他形状的微塑料，但污水处理厂释放到受纳水体的微塑料数量在各国之间和各年之间都有所不同。Carr 等（2016）调查了美国 7 个采用三级污水处理工艺的污水处理厂和 1 个采用二级污水处理工艺的污水处理厂，结果从采用三级污水处理工艺的出水中没有检出微塑料，而采用二级污水处理工艺的出水中微塑料浓度为 1 440 个 /L，因此认为与采用三级污水处理工艺的污水处理厂相比，采用二级污水处理工艺的污水处理厂更可能是微塑料的来源。然而，Talvitie 等（2017）收集了芬兰 1 个采用三级污水处理工艺的污水处理厂的样品，在三级污水处理工艺后的污水中检出了少量微塑料（0.7～3.5 个 /L）。

污水处理厂中存在微塑料已经众所周知，科学界对此也开展了大量研究（见表3.1和表3.2）。在全球范围内，已经完成的一系列微塑料研究结果表明，污水处理厂之间存在的微塑料类型各不相同。为了检测微塑料的类型，科学家们利用不同孔径的不锈钢筛或滤膜过滤样品，最常用的不锈钢筛直径是 8 cm（Carr et al.，2016；Dyachenko et al.，2017），然而 Ziajahromi 等（2017）使用的不锈钢筛的直径是 12 cm。当然，上面提及的过滤孔径在污水的不同处理阶段有所不同。一般来讲，根据待检测的微塑料粒径范围来决定过滤膜的孔径，但多在 0.7 μm（Leslie et al.，2017）～5 mm（Dyachenko et al.，2017；Lares et al.，2018）之间。

最近，Herzke 等（2018）在挪威的斯瓦尔巴群岛（Svalbard）沿岸污水处理厂出水中检出了微塑料和纤维。污水处理厂中的微塑料应被视为对水生态系统具有真正威胁的优先关注对象。Ramírez-Álvarez 等（2018）评估了墨西哥托多斯桑托斯湾（Todos Santos Bay）的微塑料及其影响，发现污水处理厂是湾内塑料碎片的主要来源（75×10^4～196×10^4 个/h）。

污水不仅是水，也含有大量的有机物、无机物和微生物。这三种成分在污水处理的第一阶段有较高的浓度，但随着进一步处理，它们的浓度降低。同时，它们也被认为是在取样过程中造成筛网和过滤器堵塞的主要原因。这种现象（筛孔堵塞）非常普遍，在许多研究中都有所提及，因此研究人员在取样过程中因遇到滤膜或筛网堵塞，会浪费大量的时间和精力。与通过化学或酶法消化样品有机物不同（Dyachenko 等，2017），到目前为止还没有发现能够过滤大量污水而不会堵塞筛网的解决方案。然而对研究人员而言，这种解决方案却非常重要，因为大多数时候他们不得不取最小体积的样品来获得结果。由于污水中的有机物浓度很高，尤其是在预处理和一级处理阶段，只有少量废水能顺利通过筛网。Murphy 等（2016）收集了苏格兰污水处理厂的污水，结果隔油池总进水和一级处理后污水分别仅能过滤 30 L，但二级污水处理工艺后总出水能够过滤 50 L。

每天有大量的原生微塑料和次生微塑料从污水处理厂不断向水环境释放。纤维是微粒中最主要的组成（表3.2）。"微塑料""球形颗粒""微珠""清洁磨砂膏"是在一些研究中都提及的碎片，在世界范围内污水处理厂中均被广泛

第 3 章 污水处理厂中的微塑料：取样方法与结果的文献综述

检出（Kalčíková et al.，2017）。同时，这些微塑料在污水处理厂的各个处理工艺阶段都被检出，但是它们的数量却随着污水处理过程而减少，直到最终只有少量微粒随着污水处理厂排水而进入水环境。一般来讲，随着污水处理水平的提高，从污水处理厂释放到受纳水体的微塑料数量将会减少。Dyachenko 等（2017）在 1 个二级污水处理工艺的污水处理厂出水中检出了 1.4 个 /L 的塑料碎片，而 Talvitie 等（2017）在 1 个三级污水处理工艺的污水处理厂出水中检出塑料碎片的浓度则是 0.000 5～0.3 个 /L。

检测污水处理厂进出水中微塑料粒径的大小主要取决于所用的筛网孔径。Dyachenko 等（2017）和 Murphy 等（2016）都使用了不锈钢筛和纤维素膜的抽滤系统过滤样品，其中 Dyachenko 等（2017）使用了孔径为 0.8 μm 的 Whatman 1 号纤维素膜，检出的微塑料丰度是 1.4 个 /L；而 Murphy 等（2016）使用了孔径为 11 μm 的 Whatman 1 号纤维素膜，检出的微塑料丰度是 4.5 个 /L。因此，一个主要问题就是使用纤维素过滤膜是否会影响废水中微塑料的检出丰度。根据表 3.2 给出的数据，从多项研究的结果可以计算出污水处理厂出水中微塑料的丰度是 19.2 个 /L。

表 3.2 污水处理厂中微塑料类型与数量的代表性结果列表

文献	不锈钢网/筛滤器		孔径	微塑料类型	结果
	过滤膜类型	数量			
Gies 等（2018）	钢膜	1	63 μm	• 微塑料颗粒 • 纤维	0.5 个/L
Lares 等（2018）	钢筛	2	5 mm 0.25 mm	• 纤维 • 碎片	1.05 个/L
	真空过滤 玻璃纤维过滤膜（底部）	1	0.8 μm 1.5 μm		
Gundogdu 等（2018）	钢膜	1	55 μm	• 纤维（涤纶） • 塑料碎片 • 薄膜	1.8～7.8 个/L
Simon 等（2018）	不锈钢膜	1 (φ47 mm)	10 μm	• PS 微珠 • HDPE 颗粒	19～447 个/L
Dyachenko 等（2017）	不锈钢膜	4 (φ8 cm)	5 mm 1 mm 0.355 mm 0.125 mm	• 颗粒碎片 • 珠子碎片	• 连续进行 5 个月 24 h 取样：0.34 个/L • 单次 2 h 连续取样：2.4 个/L
	布氏漏斗 （真空过滤） （纤维素）		0.8 μm (φ90 mm)		
Leslie 等（2017）	过滤膜（玻璃纤维）	1	0.7 μm	• 纤维 • 薄片 • 球	9～91 个/L

第3章 污水处理厂中的微塑料：取样方法与结果的文献综述

续表

文献	数量	不锈钢网/筛滤器		微塑料类型	结果
		过滤膜类型	孔径		
Mintenig 等（2017）	1	不锈钢网膜	10 μm	合成纤维（涤纶）	0.1~10.5 个/L
Talvitie 等（2017a）	1	过滤装置	300 μm 100 μm 20 μm	• 聚乙烯碎片 • 清洁磨砂膏	0.000 5~0.3 个/L
Talvitie 等（2017b）	1	过滤装置	300 μm	PES PE PP	DF 10 μm 0.3（±0.1）个/L
			100 μm	PS PU PVC PVA	DF 20 μm 0.03（±0.01）个/L
		过滤装置	20 μm	聚酰胺纤维 丙烯酰胺 聚丙烯酸酯 醇酸树脂 PPO EVA	RSF 0.02（±0.007）个/L DAF 0.1（±0.04）个/L MBR 0.005（±0.004）个/L
Ziajahromi 等（2017）	4（φ12 cm）	不锈钢网膜	500 μm 190 μm 100 μm 25 μm	• 合成纤维 • 塑料微珠	• 一级：1.5 个/L • 二级：0.48 个/L • 三级：0.28 个/L

续表

文献	数量	不锈钢网/筛滤器 过滤膜类型	孔径	微塑料类型	结果
Carr 等（2016）	4（φ8 cm）	不锈钢膜	400 μm 180 μm 45 μm 20 μm	蓝色聚乙烯（牙膏配方）	0.001 个/L
Houtz 等（2016）	NA	NA	NA	全氟烷基化合物（PFAS）	0.071～0.19 个/L
Mason 等（2016）	2	泰勒筛	0.355 mm 0.125 mm	• 微纤维 • 微粒	0.05 个/L
Michielssen 等（2016）	5	不锈钢筛	4.75 mm 0.85 mm 0.3 mm 0.106 mm 0.02 mm	• 碎片（粗糙,不规则） • 纤维（单丝和多股细丝） • 油漆碎片 • 微珠（完全球形）	0.5～5.9 个/L
Murphy 等（2016）	4	不锈钢膜 真空过滤 Whatman 1 号滤膜（纤维素）	65 μm 11 μm （φ90 mm）	• 纤维 • 微珠 • 薄片	进水：5.7（±5.23）个/L 砂砾和油脂：8.7（±1.56）个/L 一级出水：3.4（±0.28）个/L 最终出水：0.25（±0.04）个/L
Dris 等（2015）	1	Whatman 滤膜（Sigma-Aldrich）（玻璃纤维）	1.6 μm （φ13 mm）	• 纤维 • 球形颗粒	14～50 个/L
Talvitie 等（2015）	1	过滤装置	200 μm 100 μm 20 μm	• 服装纤维 • 合成颗粒	8.6 个/L

第3章 污水处理厂中的微塑料：取样方法与结果的文献综述

续表

文献	数量	不锈钢网/筛滤器		微塑料类型	结果
		过滤膜类型	孔径		
Magnusson 和 Noren（2014）	1	进水：装有浮游生物网的不锈钢过滤器	300 μm（ϕ 80 mm）	• 纤维 • 塑料碎片 • 薄片	0.008 25 个/L
	1	出水：装有浮游生物网的不锈钢过滤器	300 μm（ϕ 80 mm）		
Browne 等（2011）	NA	NA	NA	涤纶（67%） 丙烯酸树脂（17%） 纤维：聚酰胺（16%）	1 个/L

NA——不详；MP——微塑料；PS——聚苯乙烯；HDPE——高密度聚乙烯；ϕ——直径。

3.3 希腊污水处理厂中的微塑料

据我们所知,在希腊仅有 1 项研究调查了污水处理厂中的小塑料颗粒。Mourgkogiannis 等(2018)以问卷调查的形式研究了希腊 101 个污水处理厂存在的肉眼可见的小塑料碎片。无论采用哪种污水处理工艺(组合式或分体式),塑料颗粒都会进入污水处理设施。颗粒粒径和预处理使用的格栅孔径会直接影响通过污水处理厂进入水环境的小塑料颗粒数量(Carr,2017)。此外,大多数污水处理厂的格栅孔径不足以防止塑料进入水环境,并且棉签棒(一类主要污染物)、塑料帽、塑料颗粒、塑料袋碎片、发卡和避孕套等在希腊污水处理厂和靠近污水处理厂排水口的海滩都有检出。这些在污水处理厂中的不同主要与人口密度、人类行为和习惯等有关。

在两个污水处理厂发现的另外一种微塑料类型是医用微塑料[图 3.1(a)],这是至今尚未广泛开展研究的一种微塑料。同时,这些微塑料在二级污水处理沉淀池的氯化槽和收集桶以及污水处理厂排水口周边的海滩上[图 3.1(b)]被广泛发现。取样工具主要是 2 mm 孔径的筛网和镊子。这两个污水处理厂分布在希腊的不同区域,并且都采用了二级污水处理工艺。一个位于希腊大陆(Mainland Greece),另一个位于希腊西部,服务人口都是10 000 人,并且两个污水处理厂都有来自医院的废水。

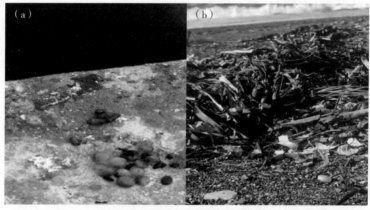

图 3.1　在污水处理厂(a)和污水处理厂排水口周边海滩(b)发现的医用微塑料

第 3 章 污水处理厂中的微塑料：取样方法与结果的文献综述

到目前为止，尚未对希腊污水处理厂中微塑料的存在、检测和定量进行深入研究，因此今后仍需要开展更多研究。从地理的角度来看，希腊被海洋所包围，并且希腊大多数污水处理厂排水口都伸入海里，这可能直接导致海洋污染，因此这些研究将非常重要。

3.4 结论

尽管过去和现在对污水处理厂中微塑料的研究之间存在一些相似之处，但对微塑料的取样方法、取样位置和微塑料检出类型却有较大变化。污水尤其在污水处理的起始阶段的污水中通常含有大量的有机物、无机物和生物质，这也是在取样过程中为何用取样设备仅取小体积样品进行过滤的主要原因。大多数研究使用连续流量泵（电动式、移动式）并设定一定的取样频率来收集样品。然而，用过滤使用的纤维素膜测试样品间的交叉污染也是非常必要的。污水处理厂中检出的微塑料碎片主要是合成纤维，而塑料微珠、薄片、球形颗粒、微粒和清洁磨砂膏等在污水处理厂的最终出水中也有检出。19 项研究发现全球 80 个污水处理厂每天向水环境释放的微塑料平均浓度是 19.2 个/L，这些污水处理厂大多数采用了二级污水处理工艺，只有少数采用了三级污水处理工艺。三级污水处理工艺对微塑料的去除效率高于二级污水处理工艺，尽管如此，由于每天进入污水处理厂的污水量很大，因此仍有大量微塑料从污水处理厂被释放到水环境。为了适应未来发展，大多数常用的取样方法、取样设备和样品过滤方法需要被科学界广泛接收并采用。总而言之，污水处理厂应被看作水环境原生微塑料和次生微塑料的主要来源，并应采取各种措施预防受纳水体中出现微塑料污染。除了以上对污水处理厂中微塑料开展的研究，到目前为止还没有采取任何一项法规来减少污水处理厂向环境释放微塑料。消费者行为应被视为重要因素，并对减少水生生态系统中的微塑料可能发挥重要作用（Karapanagioti & Kalavrouziotis, 2018）。

致谢

非常感谢希腊开放大学的扬尼斯·K.卡拉鲁吉奥提斯教授在撰写本章中所做的宝贵贡献。

参考文献

Andrady A.L. and Rajapakse N.(2017). Additives and chemicals in plastics. In: Hazardous Chemicals Associated with Plastics in the Marine Environment(Handbook of Environmental Chemistry 78), H. Takada and H. K. Karapanagioti(eds.), Springer International Publishing AG: pp. 1-18. DOI 10.1007/698_2016_124.

Browne M. A., Crump P., Niven S. J., Teuten E., Tonkin A., Galloway T. and Thompson R.(2011). Accumulation of microplastic on shorelines worldwide: sources and sinks. *Environmental Science & Technology*, 45, 9175-9179.

Carr S. A.(2017). Sources and dispersive modes of micro-fibers in the environment. *Integrated Environmental Assessment and Management*, 13(3), 466-469.

Carr S. A., Liu J. and Tesoro A. G.(2016). Transport and fate of microplastic particles in wastewater treatment plants. *Water Research*, 91, 174-182.

Dris R., Gasperi J., Rocher V., Mohamed S., Renault N. and Tassin B.(2015). Microplastic contamination in an urban area: a case study in Greater Paris. *Environmental Chemistry*, 12(5), 592-599.

Dyachenko A., Mitchell J. and Arsem N.(2017). Extraction and identification of microplastic particles from secondary wastewater treatment plant(WWTP)effluent. *Analytical Methods*, 9, 1412-1418.

Gatidou G., Arvaniti S. O. and Stasinakis S. A.(2018). Review on the occurrence and fate of microplastics in sewage treatment plants. *Journal of Hazardous Materials*, 367, 504-512.

GESAMP(2015). Chapter 3.1.2 Defining 'microplastics'. Sources, fate and effects of microplastics in the marine environment: a global assessment. In:(IMO/FAO/ UNESCO–IOC/UNIDO/WMO/IAEA/UN/UNEP/UNDP Joint Group of Experts on the Scientific Aspects of Marine Environmental Protection(GESAMP)), P. J. Kershaw(ed.), Rep. Stud. GESAMP No. 90, 96p, London.

Gies E. A., LeNoble J. L., Noël M., Etemadifar A., Bishay F., Hall E. R. and Ross P. S.(2018).

第3章 污水处理厂中的微塑料：取样方法与结果的文献综述

Retention of microplastics in a major secondary wastewater treatment plant in Vancouver, Canada. *Marine Pollution Bulletin*, 133, 553-561.

Gundogdu S., Cevik C., Guzel E. and Kilercioglu S.(2018). Microplastics in municipal wastewater treatment plants in Turkey: a comparison of the influent and secondary effluent concentrations. *Environ Monit Assess*, 190, 626.

Herzke D., Sundet J. H. and Jenssen M.(2018). Microplastics and fibres in the marine environment of Svalbard, Norway. In: Sixth International Marine Debris Conference (6IMDC) Book of Abstracts. 6IMDC, co-hosted by the National Oceanic and Atmospheric Administration(NOAA)and the United Nations Environment(UN Environment)in San Diego, California, 12-16 March 2018. p. 194. See: http://internationalmarinedebrisconference.org/wp-content/uploads/2018/10/6IMDC_Book-of-Abstracts_2018.pdf(accessed 6 June 2019).

Houtz E. F., Sutton R., Park J. S. and Sedlak M.(2016). Poly- and perfluoroalkyl substances in wastewater: Significance of unknown precursors, manufacturing shifts, and likely AFFF impacts. *Water Research*, 95, 142-149.

Kalčíková G., Alic B., Skalar T., Bundschuh M. and Gotvajn A. Ž.(2017). Wastewater treatment plant effluents as source of cosmetic polyethylene microbeads to freshwater. *Chemosphere*, 188, 25-31.

Karapanagioti H. K.(2017). Microplastics and synthetic fibers in treated wastewater and sludge. In: *Wastewater and Biosolids Management*, I. K. Kalavrouziotis(ed.), IWA Publishing, London, pp. 77-88.

Karapanagioti H. K. and Kalavrouziotis I. K.(2018). Microplastics in Wastewater Treatment Plants-A totally preventable source, In: Sixth International Marine Debris Conference (6IMDC) Book of Abstracts. 6IMDC, co-hosted by the National Oceanic and Atmospheric Administration(NOAA)and the United Nations Environment(UN Environment)in San Diego, California, 12-16 March 2018. p. 41. See: http://internationalmarinedebrisconference.org/wp-content/uploads/2018/10/6IMDC_Book-of-Abstracts_2018.pdf(accessed 6 June 2019).

Karapanagioti H. K. and Klontza I.(2008). Testing phenanthrene distribution properties of virgin plastic pellets and plastic eroded pellets found on Lesvos island beaches(Greece). *Marine Environmental Research*, 65, 283-290.

Lares M., Ncibi M. C., Sillanpää M. and Sillanpää M.(2018). Occurrence, identification and removal of microplastic particles and fibers in conventional activated sludge process and advanced MBR technology. *Water Research*, 133, 236-246.

Leslie H. A., Brandsma S. H. and Vethaak A. D. (2017). Microplastics en route: Field measurements in the Dutch river delta and Amsterdam canals, wastewater treatment plants, North Sea sediments and biota. *Environment International*, 101, 133-142.

Magnusson K. and Noren F. (2014). Screening of microplastic particles in and down-stream a wastewater treatment plant. IVL-report C 55, Swedish Environmental Research Institute, Stockholm. See: https://www.diva-portal.org/smash/get/diva2: 773505/FULLTEXT01.pdf (accessed 6 June 2019).

Mason S. A., Garneau D., Sutton R., Chu Y., Ehmann K., Barnes J., Fink P., Papazissimos D. and Rogers D. L. (2016). Microplastic pollution is a widely detected in US municipal wastewater treatment plant effluent. *Environmental Pollution*, 218, 1045-1054.

Michielssen M. R., Michielssen E. R., Ni J. and Duhaime M. B. (2016). Fate of microplastics and other small anthropogenic litter (SAL) in wastewater treatment plants depends on unit processes employed. *Environmental Science Water Research & Technology*, 2, 1064-1073.

Mintenig S. M., Int-Veen I., Löder M. G. J., Primpke S. and Gerdts G. (2017). Identification of microplastic in effluents of waste water treatment plants using focal plane array-based micro-Fourier-transform infrared imaging. *Water Research*, 08, 365-372.

Mourgkogiannis N., Kalavrouziotis I. K. and Karapanagioti H. K. (2018). Questionnaire-based survey to managers of 101 wastewater treatment plants in Greece confirms their potential as plastic marine litter sources. *Marine Pollution Bulletin*, 133, 822-827.

Murphy F., Ewins C., Carbonnier F. and Quinn B. (2016). Wastewater Treatment Works (WwTW) as a Source of Microplastics in the Aquatic Environment. *Environmental Science & Technology*, 50(11), 5800-8.

Ogata Y., Takada H., Mizukawa K., Hirai H., Iwasa S., Endo S., Mato Y., Saha M., Okuda K., Nakashima A., Murakami M., Zurcher N., Booyatumanondo R., Zakaria M. P., Dung L. Q., Gordon M., Miguez C., Suzuki S., Moore C. J., Karapanagioti H. K., Weerts S., McClurg T., Burresm E., Smith W., Van Velkenburg M., Lang J. S., Lang R. C., Laursen D., Danner B., Stewardson N. and Thompson R. C. (2009). International Pellet Watch: global monitoring of persistent organic pollutants (POPs) in coastal waters. 1. Initial phase data on PCBs, DDTs, and HCHs. *Marine Pollution Bulletin*, 58, 1437-1446.

Ramirez-Alvarez N., Rios-Mendoza L. M., Macías-Zamora J. V., Álvarez-Aguilar A., Oregel-Vázquez L., Hernández-Guzmán F. A., Sánchez-Osorio J. L., Charles M. J., Silva-Jiménez H. and Navarro-Olache L. F. (2018). Microplastic distribution in environmental matrices

第 3 章 污水处理厂中的微塑料：取样方法与结果的文献综述

(water-sediment) in Todos Santos Bay, Mexico. In: Sixth International Marine Debris Conference (6IMDC) Book of Abstracts. 6IMDC, co-hosted by the National Oceanic and Atmospheric Administration (NOAA) and the United Nations Environment (UN Environment) in San Diego, California, 12-16 March 2018. p. 195. See: http://international marinedebrisconference.org/wp-content/uploads/2018/10/6IMDC_Book-of-Abstracts_2018.pdf (accessed 6 June 2019).

Rochman C. M., Browne M. A., Halpern B. S., Hentschel B. T., Hoh E., Karapanagioti H. K., Rios-Mendoza L. M., Takada H., Teh S. and Thompson R. C. (2013). Classify plastic waste as hazardous. *Nature*, 494, 169-171.

Simon M., van Alst N. and Vollertsen J. (2018). Quantification of microplastic mass and removal rates at wastewater treatment plants applying Focal Plane Array (FPA)-based Fourier Transform Infrared (FT-IR) imaging. *Water Research*, 142, 1-9.

Talvitie J., Heinonen M., Pääkkönen J. P., Vahtera E., Mikola A., Setälä O. and Vahala R. (2015). Do wastewater treatment plants act as a potential point source of microplastics? Preliminary study in the coastal Gulf of Finland, Baltic Sea. *Water Science & Technology*, 2(9), 1495-504.

Talvitie J., Mikola A., Setälä O., Heinonen M. and Koistinen A. (2017a). How well is microlitter purified from wastewater? A detailed study on the stepwise removal of microlitter in a tertiary level wastewater treatment plant. *Water Research*, 109, 164-172.

Talvitie J., Mikola A., Koistinen A. and Setälä O. (2017b). Solutions to microplastic pollution-Removal of microplastics from wastewater effluent with advanced wastewater treatment technologies. *Water Research*, 123, 401-407.

Ziajahromi S., Neale P. A., Rintoul L. and Leusch F. D. (2017). Wastewater treatment plants as a pathway for microplastics: development of a new approach to sample wastewater-based microplastics. *Water Research*, 112, 93-99.

第 4 章　微塑料：在污水处理厂的输送和去除

S. A. 卡尔（S. A. Carr）[1]，J. 汤普森（J. Thompson）[2]

[1] 洛杉矶县卫生局，圣何塞溪水质控制实验室，美国加利福尼亚州惠蒂尔
（Sanitation Districts of Los Angeles County, San Jose Creek Water Quality Control Laboratory, Whittier, California, USA）

[2] 洛杉矶县卫生局，圣何塞溪污水处理厂，美国加利福尼亚州惠蒂尔
（Sanitation Districts of Los Angeles County, San Jose Creek Treatment Plant, Whittier, California, USA）

关键词：生物膜，浮力，密度，重力分离，亲脂性，聚合物，除渣

4.1　引言

迄今为止，很少有研究关注污水处理厂各污水处理阶段对微塑料输送和去除的影响，信息的缺乏限制了我们深入了解污水处理工艺过程中不同阶段对去除微塑料所起的作用。本章查阅并综述了在污水处理过程中有助于去除一般性固体颗粒的过程，并评估了现有污水处理方案对污水中微塑料的去除效果（GESAMP，2015）。这些发现是基于对美国加利福尼亚州南部 7 个采用三级污水处理工艺和 1 个采用二级污水处理工艺的污水处理厂的研究结果。

聚合物碎片仅占每天进入污水处理厂污水中固体废物的很小部分（Carr et al., 2016；Horton & Dixon, 2018；Talvitie et al., 2017a, b）。因此，我们将重点放在污水处理厂与传统活性污泥（conventional activated sludge, CAS）处理相关的机械过程、化学过程和生物过程，以及在最近发表的研究中提及的如何确保这些过程对微塑料的去除水平。污水处理厂利用这些常见的大量

第4章 微塑料：在污水处理厂的输送和去除

物理特性就可以有效去除"新型"微量污染物，这一点看起来可能很直观。然而，最近的研究结果表明，过去一个多世纪以来在污水处理过程中使用的固液分离工艺可能仍然是分离和去除污水中微塑料的最可靠、最有效的方法（Murphy et al.，2016；Carr et al.，2016），仅仅利用污水流密度差这种简单方法就可以促进分离和去除新出现的塑料污染物，这看起来令人难以置信。

其他的处理过程（如通过添加化学混凝剂产生的絮凝过程）也可以促进对污水中的胶体大小、中性浮力的固体颗粒进行整体的重力分离（Bagchia et al.，2016；Leslie et al.，2017）。因此，认为常规的固液分离方案因不是"最新技术"、"现代技术"或"先进技术"而无法有效去除微塑料和微纤维可能是一个错误的结论（Ziajahromi et al.，2016，2017；Simon et al.，2018）。我们希望对现有处理工艺过程进行更深入的研究，以挑战这些假设（Baldwin et al.，2016；Schneiderman，2015）。

WWTPs 也称作污水处理厂、水污染控制厂或水回收厂，将污水中绝大部分污染物去除后再排放到当地的受纳水体中（Miller et al.，2017；Hollender et al.，2009；Mrowiec，2018）。在污水处理过程中，通常采用模拟河流、溪流、湖泊和湿地的物理和生物自然净化过程来处理和净化污水。在自然环境中需要数周才能完成的污水净化，在现代化的污水处理设施中平均只需要 7 h 就能完成。然而，自然系统本身却无法处理现代大都市产生的大量废物（Clara et al.，2005）。

在污水处理厂，进水要依次经过 6 个处理单元：①预处理；②一级污水处理；③二级污水处理；④三级污水处理（过滤）；⑤消毒；⑥污泥处理（在固体处理设施处）（见图 4.1）。一级污水处理工艺和二级污水处理工艺首先去除了污水中 85%～95% 的污染物，处理后的污水经消毒后被排入当地的受纳水体（Qasim，1999）。

沉淀污泥是一级污水处理工艺的副产物，通过消化进行稳定化处理，然后脱水以方便后续处理。这种脱水后的物质被称为生物固体，可以将其作为土壤改良剂用于土地，或进一步加工成堆肥或植物肥料。

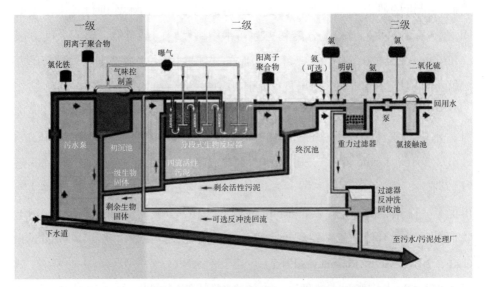

图4.1　圣何塞溪污水处理厂三级污水处理工艺流程图（无预处理和固体处理过程）
来源：洛杉矶县卫生局新闻办公室

4.2　预处理

当废水通过下水道从家庭和企业被输送进入污水处理厂时，就开始了污水处理过程。从理论上讲，从微米到厘米甚至更大的任何粒径的塑料碎片都能够进入废水，就像自然环境中发生的一样。流入污水处理厂的污水（即"总进水"）首先通过间隔2.5～10 cm、由直杆组成的粗格栅。格栅能够拦截体积较大的垃圾和碎屑，如织物、棍棒、报纸、软饮料罐、瓶子、塑料杯以及其他大体积的物品，这些大体积的物品会损坏后续的处理设备并影响污水处理过程。最初的物理筛选仅仅是根据尺寸将固体从污水中分离出来。这些过程并不需要设计或进行特殊修改即可分离塑料垃圾组分。在污水处理厂的截流井，任何直径大于2.0 cm的固体颗粒都会被粗格栅拦截并去除，经统一收集后被填埋处理,而经过粗格栅的污水则被污水主泵从粗格栅池输送到污水处理厂进行一级处理。

4.2.1 一级处理

经粗筛后,污水随后进入砂滤和初级沉淀池(也称沉淀池)。根据污水处理厂流速设置,污水会在沉淀池停留 1~2 h。在一些污水处理厂,常常通过添加明矾或氯化铁来提高预处理效果。这个阶段的污水流速较慢,从而使得较重的固体逐渐沉降,而较轻的物质则会有充足的时间漂浮在污水表层。沉降和漂浮是同时发生的过程(Levine et al., 1985),这些过程会直接影响对塑料颗粒的去除效果。沉淀过程形成的漂浮物质(通常称为"浮渣")由油脂、油、塑料和皂化物组成,正是这些低密度疏水性物质的聚集截留了那些通过粗筛后的塑料碎片。随后,这些浮渣通过缓慢移动的耙子或连续刮擦沉淀池表面的刮板被去除。

4.2.2 初级沉淀阶段对微塑料的影响

4.2.2.1 高密度塑料

进入污水处理厂的绝大部分塑料在初级沉淀阶段就会被去除。在曝气沉砂池,塑料和其他无机固体碎片(密度大于 1.0 mg/L)通过沉降被分离出来,然后那些高密度碎片(通常称为"砂砾")被污水泵输送到旋流分离器(cyclone degritter)。旋流分离器利用离心力将沙粒、砂砾(如咖啡渣)、砾石以及任何高密度的大块和小块碎片进行分离。在沉砂池进行曝气可以促进包括塑料在内的高密度碎片沉降。清理分离出来的砂砾,其经清洗后被运往垃圾填埋场,那些高密度的大块和小块碎片也随着这些砂砾被清理处置;经过处理的污水则被输送到初沉池,再进一步分离和处理(见表 4.1 和表 4.2)。

表 4.1 污水处理各工艺段的微塑料估算

取样点	取样量	MPP 数量	每天排放 MPP 总量
初沉池除渣	5 g	20[a]	数据不可用
二沉池除渣	5 g	未发现[a]	数据不可用
CST 进水	100 mL	51	数据不可用
浓缩液	100 mL	267	数据不可用
砂砾	2.1 g	1[a]	约 7.78×10^6 个（根据 18 TPD）
生物固体/污泥	5 g	5[a]	约 1.09×10^9 个（根据 1 200 TPD）
最终出水	111 787 gal	373	约 0.93×10^6 个（根据 280 MGD）
Σ（砂砾+污泥+出水）	—	—	1.099×10^9 个/d
砂砾+污泥	—	—	1.098×10^9 个/d（约 99.9% 被污水处理厂去除）
进水	—	—	3.93 个/gal（根据 280 MGD）

[a] 2~3 个平行样的平均值。
CST——离心系统处理（centrate system treatment）；TPD——ton[①]/d；MGD——10^6 gal/d（1×10^6 gal=3 785 412 L）；MPP——微塑料颗粒。
数据来源：Carr 等（2016）。

表 4.2 三级污水处理厂微塑料分布

取样点	MPP 数量/体积
初沉池除渣	最高[a]
曝气池浮渣	一些[a]
回流活性污泥	1 个/20 mL[b]
二级处理后出水	1 个/15 000 gal
重力过滤器反冲洗	未发现/12 gal[b]
最终出水	未发现/50 898 gal

[a] 无法与进水量关联；[b] 4 个重复的平均值；MPP——微塑料颗粒；1 gal =3.79 L。

4.2.2.2 低密度塑料

就像无处不在的食品垃圾中的油脂一样，仅通过密度差异就可以实现对

---

① 1 ton=907.184 74 kg（美制）。——译者

第4章 微塑料：在污水处理厂的输送和去除

初沉池中低密度微塑料的分离。日常生活中常用的塑料大部分是由低密度的聚乙烯和聚丙烯制成，这些塑料很容易被吸附到疏水性残渣（如脂肪、油、油脂和其他亲脂性组分）表面并结合，然后一起漂浮到初沉池表面，并且漂浮和分离的过程不受这些疏水性组分粒径的影响。无论是作为分散在表面活性剂上的胶束，还是吸附在其他疏水性固体如脂肪或凝结的油脂表面，微米级或纳米级油滴以及微米或纳米塑料都似乎与这种无定形聚集相关。随后，聚集形成的漂浮残渣被表面撇渣器去除。对聚集形成的残渣进行镜检，发现聚集过程捕获了所有疏水性残渣，无论是液体还是固体，且与粒径无关。

我们初步的研究结果表明，在污水的一级处理阶段，通过撇渣（见图4.2、表4.1和表4.2）和沉淀过程就可以去除污水中绝大部分的微塑料（Carr et al., 2016）。出乎意料的是，在二级处理阶段以及随后的处理阶段几乎都没有观察到塑料。这些结果反映了污水处理厂中固体分布和去除的典型模式（Gies et al., 2018）。

图4.2 不同粒径微塑料在混合液中的分配和分布

圣何塞溪污水处理厂回流活性污泥（RAS）与聚乙烯小球混合样品：粒径（从左到右）为10～45 μm（红色）；53～63 μm（蓝色）；90～106 μm（绿色）；125～150 μm（紫色）；250～300 μm（黄色）。

4.3 二级处理

由于向污水中注入了空气和回流活性污泥（RAS）以促进其他有机质分解，因此污水的二级处理阶段是一个典型的活性污泥处理过程。空气被泵入大型曝气池，增加了氧气含量，曝气池内部产生的湍流将污水和污泥充分混合，促进污水中好氧菌和其他微生物的快速繁殖。这些有益微生物能够快速消耗污水中残留的有机残渣。污水在曝气池的停留时间为 3～6 h，这个过程会形成较重的颗粒，这些颗粒在随后的处理过程中沉降下来（Henze et al., 2001）。曝气的污水随后流入与初级沉淀池相似的最终沉淀池，较重的颗粒和其他致密固体在这里沉降到池底部，生成二级活性污泥。随后，这些活性污泥被回流到曝气池以促进形成活性污泥。回流的活性污泥中含有大量微生物，这些微生物在曝气池中与细菌维持适当的比例，从而有利于对各种污染物的高效去除。令人意外的是，我们的研究显示这些回流污泥中仅含有很少的塑料颗粒。回流活性污泥在 12 天微生物平均停留时间（mean cell residence time，MCRT）内积累了 2.3×10^8 L/（d·厂）（总体积为 2.73×10^9 L）。由于所研究的污水处理厂活性污泥总体积约为 7.95×10^7 L，理论上污泥中的固体浓度应等于每日处理污水体积的 34.3 倍。然而，回流污泥样品（20 mL 的等分试样）仅仅含有 1 个可见的塑料碎片，而不是计算预测的 20.4 个，这说明污水的一级处理工艺能够去除污水中 95% 以上的塑料颗粒（见表 4.2）。

4.4 三级处理

4.4.1 过滤器的作用

我们对 1 个采用三级处理工艺的污水处理厂开展研究时，发现了非常有趣的结果，即用于净化最终出水的滤床在污水处理厂去除塑料颗粒过程中仅起到了次要作用。在实验室利用显微镜检查经浓缩的大体积（45.43 L）反冲洗样品时证实了这个结果。令人非常意外的是，在这些反冲洗样品中没有发现微塑料颗粒，这也证实了几乎没有微塑料颗粒积累在滤床表面。滤床通常被认为在最后捕获全部的微塑料颗粒过程中起着关键作用，从而减少处理能力为 227×10^6 L/d 的三级污水处理厂的微塑料外排，但我们观察到的结果却不支持这个假设。

4.4.2 氯消毒／次氯酸盐消毒

污水经过一级处理和二级处理后，病原微生物可能仍在二级处理污水中存在。通常利用氯作为消毒剂来杀死或灭活任何病原体。为了保护那些在出水排放点或其附近使用当地海滩并享受其他娱乐活动的市民的公共健康，消毒是必要的步骤。在消毒过程中，次氯酸盐（常见家用漂白剂的活性成分）和氨首先反应生成氯胺，二级处理污水在氯接触池与氯胺相互作用 60～120 min。然后，经过处理的污水被排放到受纳水体。即使在较长的存储时间下，常见塑料容器对浓缩消毒剂（如次氯酸盐、二氧化氯和氯胺）也会表现出良好的耐受性。与之相比，在污水消毒过程中，微塑料暴露在低浓度消毒液环境下所持续的时间较短，说明污水处理厂的消毒处理不能引起大多数常见微塑料的结构变化。

4.5 聚合物的化学和微生物耐受性

4.5.1 塑料的耐受特性

可以通过水解、直接氧化、光解等方式对聚合物产生化学破坏。高度活性化学物质还可以通过交联、催化、聚合链断裂、取代和氧化等修饰方式使聚合物表面发生改变（Burnett & Mark，1954）。长时间暴露后，这些反应会导致聚合物表面发生不可逆的变化。然而，与聚合物的单体相比，这些反应发生时的速率非常缓慢，并且需要注意的是，不同聚合物的反应性与其单体之间几乎没有共同点（见表 4.3）。因此，塑料在我们的环境中持续存在并不断积累，这可能与塑料本身固有的惰性有着直接的关系。

表 4.3 塑料的化学耐受性

物质类型(20℃)	LDPE	HDPE/XLPE	PP/PA	PMP	PEP/TFE/PFA	ECTFE/ETFE	ACL	PC	PSF	PVC	PS	PUR	NYL	PVDF	PMMA
弱酸或稀酸	E	E	E	E	E	E	N	E	E	E	E	G	F	E	G
强酸或浓酸	E	E	E	E	E	G	N	N	E	E	F	F	N	E	N
脂肪族醇	E	E	E	E	E	E	G	G	G	E	E	F	G	E	N
醛	G	G	G	G	E	E	F	G	F	F	N	G	F	E	G
碱	E	E	E	E	E	E	G	N	E	E	E	N	F	E	F
酯	G	G	G	G	E	E	E	F	N	N	N	N	E	G	N
脂肪烃	F	G	G	F	E	E	F	N	G	G	N	N	E	E	G
芳烃	F	G	F	F	E	E	N	N	N	N	N	N	E	E	N
卤代烃	N	F	F	N	N	E	G	N	N	N	N	N	N	E	N
酮	G	G	G	F	E	G	G	N	N	G	N	N	E	N	N
强氧化剂	F	F	F	F	E	F	N	N	N	G	N	N	N	G	N

分类关键:
E——30天持续暴露没有损坏。塑料甚至可以耐受很多年。
G——30天持续暴露后几乎无损坏。
F——7天持续暴露后有一些影响。根据塑料材质不同,这些影响可能是发生开裂,出现裂纹,强度降低或褪色。溶剂可能会导致LDPE、HDPE、PP、PA和PMP发生软化、膨胀或渗透损失,但溶剂对这5种塑料的影响可能是可逆的,即在溶剂挥发后塑料通常会恢复到正常状态。
N——不建议连续使用。可能会即刻发生损坏。根据塑料材质的不同,这些影响可能是发生开裂,出现裂纹,强度降低,褪色,变形,溶解或渗透损失等。

第4章 微塑料：在污水处理厂的输送和去除

塑料对强氧化剂、紫外光催化、微生物攻击和物理风化作用的耐受性均可归因于聚合物化学键的保护特性。毫不奇怪，所观察到的塑料的反应性和外观还可能受到诸如手性（R/S）、构象构型（顺式、反式）和聚合物固有的玻璃化转变温度（T_g）等变量的影响（表4.4）。例如，聚丙烯和聚乙烯不仅能被氧化性酸（如硝酸）慢慢腐蚀，也会在有羧基和硫酸基团的氧化剂存在的条件下被非氧化性酸腐蚀。在分子水平上，任何材料的反应性都取决于其最弱的键，但是对塑料而言，还有其他因素会影响其固有的惰性。如属于聚合物织物的无纺布就是通过限制分子结构里最易发生反应的化学位点，从而在空间上保护了复合材料免受化学物质的腐蚀。从最基本的分子结构来讲，这一特性也就解释了为什么聚合物总是比单体更难发生化学反应。当然，其他因素（如聚合物的结晶度、分子间键合程度以及大量未反应的饱和共价键）相互结合、发挥了协同作用，从而使塑料具有很强的耐受性。

表 4.4 各种塑料的物理特征

聚合物*	最高使用温度/℃	脆化温度/℃	透明度	相对密度	流动性	吸水率/%
LDPE	80	−100	半透明	0.92	好	<0.01
HDPE	120	−100	半透明	0.95	硬	<0.01
PP	135	0	半透明	0.9	硬	<0.02
PMP	175	20	透明	0.83	硬	<0.01
FEP	205	−270	半透明	2.15	好	<0.01
ETFE/ECTFE	150	−105	半透明	1.7	中	<0.1
PC	135	−135	透明	1.2	硬	0.35
PVC	70	−30	透明	1.34	硬	0.06
PA	121	−40	半透明	0.9	中	<0.02
PSF	165	−100	透明	1.24	硬	0.3
ACL	121	270	不透明	1.43	硬	0.41
PFA	250	−270	半透明	2.15	好	<0.03
PUR	82	−70	透明	1.2	好	0.03

续表

聚合物*	最高使用温度/℃	脆化温度/℃	透明度	相对密度	流动性	吸水率/%
XLPE	100	-118	半透明	0.93	硬	<0.01
NYL	90	0	半透明	1.13	硬	1.3
PS	90	100	透明	1.05	硬	0.05
PMMA	50	NA	透明	1.2	硬	0.3
PVDF	110	-62	半透明	1.75	好	0.05

聚合物缩写：ACL——聚甲醛；ECTFE——乙烯-三氟氯乙烯共聚物；ETFE——乙烯-四氟乙烯；FEP——氟化乙烯丙烯；HDPE——高密度聚乙烯；LDPE——低密度聚乙烯；NYL——尼龙，聚酰胺纤维；PA——聚酰胺；PC——聚碳酸酯；PFA——可溶性聚四氟乙烯；PMMA——聚甲基丙烯酸甲酯；PMP——聚甲基戊烯（"TPX"）；PP——聚丙烯；PS——聚苯乙烯；PSF——聚砜；PUR——聚氨酯；PVC——聚氯乙烯；PVDF——聚偏二氟乙烯；TFE——四氟乙烯；XLPE——交联高密度聚乙烯。

为了进一步了解塑料的高度复杂性，我们只需要比较相同聚合物结晶态和非晶态的特性。一般来讲，具有相同化学组成的聚合物可能具有截然不同的反应性和稳定性，而半结晶聚合物通常比其对应的无定性聚合物显示出更弱的反应性。例如，聚酰胺（尼龙）的规则对称结构比其结晶形式表现出更大的分子柔性。当聚合形式转变为较高结晶度状态时，它的结构会变得更坚硬，这就使得重叠的分子链对化学试剂（如溶剂和气体）的分子扩散形成更有效的屏障。另外一个例子就是聚碳酸酯，由于聚合物中间极性降低了聚合物基体分子间吸引力，因此聚碳酸酯就容易受到大多数常用溶剂的攻击。在这种有限的柔性和分子间弱吸引力的共同作用下，聚碳酸酯的硬度增加，但这会导致聚碳酸酯抵抗表面活性剂和溶剂腐蚀的能力减弱。

最后，聚合物的稳定性和反应性还会受到增塑剂、稳定剂和染色剂等添加剂的影响（Campo，2008）。这些可能都会导致聚合物的反应性发生轻微的变化，这些变化大部分是聚合物表面的变化，尤其是在消毒过程中对生物腐蚀或氧化敏感性的改变。即使对这些所有的变化都进行分类，也可能无法准确预测污水处理厂中大多数塑料的环境归趋。但是，仍可以得出一个初步

第4章 微塑料：在污水处理厂的输送和去除

结论，即由于大多数塑料都具有极强的抗化学和抗生物破坏的能力，同时考虑到污水处理各工艺流程中相对较短的固体停留时间（solids retention time，SRT）和相对较短的输送时间，塑料通过污水处理厂时可能发生的破碎或变化将会是微不足道的，或者更可能不会发生。

4.5.2 污水处理过程中塑料的生物转化

正如上面所得出的结论，聚合物碎片通常会对任何试图降解或以它们作为食物来源的微生物提出巨大的挑战，因为常见的微生物细胞内消化方式和细胞外消化方式[如吞噬作用（phagocytosis）和胞饮作用（pinocytosis）]对促进消化塑料和利用塑料作为食物来源似乎是无效的。考虑到前面讨论的所有挑战，微塑料似乎不太可能作为能量为微生物提供任何有营养的食物来源。另外，聚合物的整体热动力学对部分氧化聚合物和非卤代聚合物的降解也是不利的，而聚合物分子空间的有效屏蔽甚至可以耐受最具破坏性和最有效生物酶的降解作用。因此，污水处理厂中的好氧和厌氧消化过程难以去除微塑料或大块塑料也就不足为奇了。最近，Rom等（2017）调查了活性污泥中聚乳酸（polylactide，PLA）纤维在嗜温（36℃）和嗜热（56℃）条件下4周的变化，结果发现活性污泥中的PLA仅发生了最低程度的转化，并进一步证实即使在当前具有破坏性的生物条件下（这在嗜温和嗜热的活性污泥系统中很常见），也不足以促使PLA和其他塑料发生生物降解。

4.5.3 污水处理过程是否影响塑料光解？

进入污水处理设施后，塑料可能仅会受到有限的紫外线或可见光照射，很少有处理过程直接暴露在阳光照射之下。在污水的一级处理阶段，为了控制气味和其他污染物向环境排放，处理池要被严格封盖，进入污水处理厂的塑料将仅受到紫外线最低程度的照射。另外，污水处理厂中的疏水性塑料碎片也可能吸附污水中的脂肪、油以及油脂，从而被包裹起来。再加上相对较短的输送时间，我们就可以排除因紫外线照射而导致塑料分解或影响塑料在污水处理厂的归趋。

4.6 影响污水处理厂中塑料归趋的其他因素

4.6.1 中性浮力塑料

尽管浮力可能是在污水处理过程中影响塑料输送的一个被忽视的因素，但微小碎片的表观密度可能会对微塑料的去除产生明显影响。在污水处理厂最终外排水中观察到的微塑料表面都被生物膜沉积物所包裹。由生物膜生长、矿物质沉积和表面活性剂润湿等因素造成的塑料密度微小变化都可以显著影响微塑料的去除效率。另外，在塑料表面形成的生物膜可能引起微塑料的密度发生变化。同样，在污水处理过程中，塑料与其他疏水性物质结合也可能影响对微塑料的分离和去除。在这种情况下，当塑料的表观密度因吸附其他物质或微生物而接近中性浮力范围时，塑料似乎就会从污水处理的撇渣和沉降过程逃逸出来。据估计，塑料在高丰度微塑料排放系统中的停留时间要比在最终排放中没有塑料的上游设施中的时间更长，而更长的停留时间就会促进微塑料表面生物膜的繁殖和生长（Harrison et al.，2018）。

4.6.2 污水处理厂对塑料颗粒的机械/化学破碎

最近的研究表明，污水处理期间对微塑料的机械破碎可能是污水处理过程中塑料颗粒增多的一个原因。但是，污水处理又似乎不太可能导致粒径小于 5 mm 的塑料颗粒再次破碎。这是因为尽管微塑料颗粒与污水流动过程中墙壁和其他物理障碍物发生动态碰撞，但这不可能赋予导致微塑料机械破碎所需的足够能量。另外，微塑料和水泵叶轮之间可能会发生一些碰撞，并且这些碰撞可能导致微塑料破碎，但总体来讲这些碰撞不太可能导致污水输送过程中微塑料的颗粒数明显增多。同样，在污水处理过程中相对较短的停留时间、中等浓度的消毒剂和相对较低的温度的条件下，微塑料几乎没有被破坏或破碎而发生降解的机会。

4.7 污泥处理

经过一系列的污水处理，污泥处理阶段将最终决定微塑料的归趋。以下是污泥处理过程的几个典型阶段。

4.7.1 浓缩

通过二级污水处理产生的活性污泥含水率约为99%，因此必须进行浓缩以方便进一步处理。污泥浓缩池用于收集、沉降和使污泥与水分离，最长可达24 h。分离出来的泥水又被输送到污水处理厂起始阶段或被输送到曝气池以用于其他处理过程。活性污泥中的各种塑料将不同程度地被沉降下来，从而在此处实现分离和去除。

4.7.2 消化

为确保污泥对环境安全，在污泥浓缩之后仍需对一级污泥（沉降产生的污泥和浮渣）和二级污泥（浓缩污泥）做进一步处理，即用泵将污泥输送到被称为消化池的厌氧罐中，加热到至少95°F（35℃）并保持15~20天。在此条件下，厌氧细菌会快速生长，从而消耗污泥中的有机质。与曝气池中的细菌不同，这些细菌在无氧或"厌氧"的环境中快速繁殖。污泥消化过程将大量可消化的有机质转化为水、二氧化碳和甲烷气体，这有利于稳定沉降的一级污泥和剩余活化浓缩污泥。消化后残留的黑色污泥具有浓豌豆汤的味道，几乎没有异常气味。这种污泥称为消化污泥。用泵将消化后的污泥从污泥储罐中输送到脱水设备，脱水仅仅是将微塑料碎片浓缩，而不能转化或降解微塑料。

4.7.3 污泥脱水

脱水可以使污泥的体积减小90%左右。一般来讲，消化后的污泥通过类似洗衣机的大型离心机进行脱水处理，离心机快速旋转产生的离心力将污泥中的大部分水与固体分离，产生一种称为"生物固体"的物质（污泥），而脱水分离出来的水被输送至污水处理厂的初始阶段进行再次处理。在此过程中，添加有机聚合物可以提高泥饼的稠度，从而获得更坚固、更易管理的生物固体（污泥）。污泥饼的重量占固体总重的25%～27%，并且在污水处理过程中去除的绝大多数微塑料都会存留在这些污泥里。

4.8 污水处理厂中塑料颗粒的去除

通常来讲，污水处理厂对处理大型固体和微小固体并没有任何处理工艺上的区别，并且在这个污水处理过程中也没有自然废物、人工合成废物或其来源固体之间的明显区别。因此，人们常说污水处理厂能够去除污水中微塑料和微纤维并不是故意"设计"的结果。这听起来好像很有道理，并且这个观点还能够支持一些人的猜想，即他们认为污水处理厂采用简单的处理方案即使不是完全无效，但也无法全部去除微塑料。现实情况是，污水处理厂从未针对某种特定类型或类别的固体废物设计处理工艺，而是为了能够处理和去除那些具有共同的物理特性（如密度、疏水性或其他物理特性）的普通固体设计的通用工艺。任何能够将固体从水相中分离出来的特性都可以用于实际固体分离。实际上，运行良好的现代化污水处理厂根本就无需采用特殊的或强化的分离工艺［如微滤（microfiltration）或纳滤（nanofiltration）］就可以有效地去除塑料颗粒。大型塑料或微塑料碎片都会归入一种或多种常见的固体类别（Vesilind，2003）。当微塑料碎片（＜0.5 mm）通过污水处理厂处理时，这一点便得到了验证（Friedler & Pisanty，2006）。Magnusson 和 Wahlberg（2014）研究了瑞典3个分别采用物理处理工艺、化学处理工艺和生物处理工艺的污水处理厂进水和出水中微塑料颗粒的归趋，结果发现在所有微塑料颗粒中，对300 μm～5 mm和20 μm～5 mm微塑料颗粒的平均去除率达到了99.4%。同样，对丹麦10个单独的污水处理厂的研究发现，各污水处理厂对微塑料的去除率也非常高，即进水中占总质量99.7%的微塑料都能够被去除（Vollertsen & Hansen，2017），这与我们的研究结果相似（Carr et al.，2016）。

4.9 结论

看起来污水处理厂能够去除进入污水处理厂的所有固体，当然塑料颗粒也不例外。只要固体具有某种固有的特性，就可以利用这个特性并通过过滤将其从污水中物理分离出来，从而成为沉降污泥的一部分或随着低密度浮渣漂浮在污水表层。一旦分离出来，就可以通过简单的物理过程和机械过程直接去除这些固体，从而有效地去除漂浮固体或可沉降的固体。幸运的是，这些分离方式似乎都不会受到粒径的影响。最近，大量的研究已经证实微塑料颗粒可以通过污水处理厂传输，现有的污水处理设施对微塑料的去除已经非常有效，进水中95%～99%的可见塑料颗粒都可以被去除（Carr et al., 2016; Magnusson & Norén, 2014; Magnusson et al., 2016; Mason et al., 2016; Murphy et al., 2016）。对"没有针对微塑料进行特殊设计"的现有污水处理工艺而言，这个数字已经非常惊人了。

由于现有污水处理工艺对微塑料已经具有非常高的去除效率，应暂停对污水处理厂立即升级以减少微塑料排放的需求。应当指出的是，在进入污水处理厂的废水中，塑料仅占固体废物的一小部分，而现有的固体去除工艺只利用了基本的物理过程，仅通过密度差异和重力就实现了超过98%的去除率，因此当前很难证明有足够的经费预算来提高现有能够去除进水中98%～99.9%的微塑料的污水处理工艺。

考虑到现有污水处理工艺对微塑料已经具有如此高的去除效率，再将"先进过滤"和其他"创新处理方法"纳入污水处理工艺设计的要求似乎有些多余了。任何试图进行此类改进操作所带来的挑战都可能令人生畏，更不用说还要付出高昂的代价。将过滤工艺融合到现有污水处理过程中，充其量只能最大限度地提高去除效率，但最坏的情况是会造成操作意外中断。如果这些改进的工艺设计在微塑料丰度最高的处理阶段，那么发生后一种情况的可能性是非常高的。如果采取这些改进措施，工厂将必须采取更加积极的清理方案以最大限度地减少流速降低的影响，并尽量避免其他不可预见的运营损失。这些清理的挑战将非常大，相关的维护费用将非常高，并且会对工厂的日常运转造成很大的影响。而根据我们对现有过滤技术的了解，大多数提出的改进措施都可能产生严重的表面污损，并且长期运行之后可能产生意想不到的后果。因此，在完全审查和解决这些问题之前，需要谨慎改进现有处理工艺。现有的污水处理工艺似乎仍然能够满足去除最广泛的微小和大块疏水性固体颗粒（包括污水处理厂出水中的油滴、表面活性剂胶束、脂肪残渣和微塑料碎片）的需要。直接去除低密度疏水碳氢化合物的方式似乎仍是分离和去除污水处理厂中微塑料颗粒的最有效方法。

致谢

非常感谢以下人员审阅本章并给予技术上的帮助：克里斯·维斯曼（Chris Wissman）、乔·格利（Joe Gully）、斯蒂芬·约翰逊（Stephen Johnson）、杰夫·瓦尔德斯（Jeff Valdes）、玛莎·特伦布莱（Martha Tremblay）、罗伯特·费兰特（Robert Ferrante）、米歇尔·V. 卡尔（Michelle V. Carr）以及洛杉矶县卫生局对本工作的支持。

参考文献

Bagchia S., Probasco S., MardanDoost B. and Sturma B. S.（2016）. Fate of microplastics in Water Resource Recovery Facilities（WRRFs）and National Environmental Loading Estimates. *Proceedings of the Water Environment Federation*, 2016（7）, 353-361.

Baldwin A. K., Corsi S. R. and Mason S. A.（2016）. Plastic debris in 29 great lakes tributaries: relation to watershed attributes and hydrology. *Environ. Sci. Technol*, 50（19）, 10377-10385.

Burnett G. M. and Mark H. F.（1954）. Mechanism of Polymer Reactions（Vol. 3）. Interscience Publishers, New York.

Campo E. A.（2008）. Selection of Polymeric Materials: How to Select Design Properties from Different Standards. William Andrew, Norwich NY, USA.

Carr S. A., Liu J. and Tesoro A. G.（2016）. Transport and fate of microplastic particles in wastewater treatment plants. *Water Res*, 91, 174-182.

第 4 章 微塑料：在污水处理厂的输送和去除

Clara M., Kreuzinger N., Strenn B., Gans O. and Kroiss H.(2005). The solids retention time—a suitable design parameter to evaluate the capacity of wastewater treatment plants to remove micropollutants. *Water Research*, 39(1), 97-106.

Friedler E. and Pisanty E.(2006). Effects of design flow and treatment level on construction and operation costs of municipal wastewater treatment plants and their implications on policy making. *Water Research*, 40(20), 3751-3758.

GESAMP(2015). Chapter 3.1.2 Defining 'microplastics'. Sources, Fate and Effects of Microplastics in the Marine Environment: A Global Assessment. In:(IMO/FAO/ UNESCO-IOC/UNIDO/WMO/IAEA/UN/UNEP/UNDP Joint Group of Experts on the Scientific Aspects of Marine Environmental Protection(GESAMP)), P. J. Kershaw(ed.), Rep. Stud. GESAMP No. 90, 96p, London.

Gies E. A., LeNoble J. L., Noël M., Etemadifar A., Bishay F., Hall E. R. and Ross P. S.(2018). Retention of microplastics in a major secondary wastewater treatment plant in Vancouver, Canada. *Marine Pollution Bulletin*, 133, 553-561.

Harrison J. P., Hoellein T. J., Sapp M., Tagg A. S., Ju-Nam Y. and Ojeda J. J.(2018). Microplastic-associated biofilms: a comparison of freshwater and marine environments. In: Freshwater Microplastics. The Handbook of Environmental Chemistry. M. Wagner and S. Lambert(eds.), Springer, Cham, vol. 58.

Henze M., Harremoes P., la Cour Jansen J. and Arvin E.(2001). Wastewater Treatment: Biological and Chemical Processes. Springer Science & Business Media, Berlin.

Hollender J., Zimmermann S. G., Koepke S., Krauss M., McArdell C. S., Ort C. and Siegrist H.(2009). Elimination of organic micropollutants in a municipal wastewater treatment plant upgraded with a full-scale post-ozonation followed by sand filtration. *Environmental Science & Technology*, 43(20), 7862-7869.

Horton A. A. and Dixon S. J.(2018). Microplastics: An introduction to environmental transport processes. *Wiley Interdisciplinary Reviews: Water*, 5(2), e1268.

Leslie H. A., Brandsma S. H., Van Velzen M. J. M. and Vethaak A. D.(2017). Microplastics en route: field measurements in the Dutch River Delta and Amsterdam Canals, wastewater treatment plants, North Sea Sediments and Biota. *Environment International*, 101, 133-142.

Levine A. D., Tchobanoglous G. and Asano T.(1985). Characterization of the size distribution of contaminants in wastewater: treatment and reuse implications. *Journal(Water Pollution Control Federation)*, 805-816.

Magnusson K. and Norén F.(2014). Screening of microplastic particles in and down-stream a wastewater treatment plant. Swedish Environmental Protection Agency, Environmental Monitoring Unit SE-106 48 Stockholm, Sweden, IVL Swedish Environmental Research Institute.

Magnusson K. and Wahlberg C. (2014). Mikroskopiska skräppartiklar i vatten från avloppsreningsverk. *Rapport NR B*, 2208, 33.

Magnusson K., Lloyd H. and Talvitie J. (2016). Microlitter in sewage treatment systems: A Nordic perspective on waste water treatment plants as pathways for microscopic anthropogenic particles to marine systems. Nordic Council of Ministers.

Mason S. A., Garneau D., Sutton R., Chu Y., Ehmann K., Barnes J. and Rogers D. L. (2016). Microplastic pollution is widely detected in US municipal wastewater treatment plant effluent. *Environmental Pollution*, 218, 1045-1054.

Miller R. Z., Watts A. J., Winslow B. O., Galloway T. S. and Barrows A. P. (2017). Mountains to the sea: river study of plastic and non-plastic microfiber pollution in the northeast USA. *Marine Pollution Bulletin*, 124(1), 245-251.

Mrowiec B. (2018). The role of wastewater treatment plants in surface water contamination by plastic pollutants. In E3S Web of Conferences, EDP Sciences, Bielsko-Biala, July 2018. Poland, Vol. 45, p. 00054.

Murphy F., Ewins C., Carbonnier F. and Quinn B. (2016). Wastewater treatment works (WwTW) as a source of microplastics in the aquatic environment. *Environmental Science & Technology*, 50(11), 5800-5808.

Nalgene Company/Sybron Corp (2019). Chemical Resistance of Plastics: Chemical compatibility chart. See: https://www.calpaclab.com/chemical-compatibility-charts/ (accessed May 2019).

Qasim S. R. (1999). Wastewater Treatment Plants: Planning. Design and Operation, 2, CRC Press, London.

Rom M., Fabia J., Grübel K., Sarna E., Graczyk T. and Janicki J. (2017). Study of the biodegradability of polylactide fibers in wastewater treatment processes. *Polimery*, 62(11-12), 834-840.

Schneiderman E. T. (2015). Discharging Microbeads to Our Waters: an Examination of Wastewater Treatment Plants in New York, 1-11. See: https://ag.ny.gov/pdfs/2015_Microbeads_Report_FINAL.pdf. (accessed May 2019).

Simon M., van Alst N. and Vollertsen J. (2018). Quantification of microplastic mass and removal rates at wastewater treatment plants applying Focal Plane Array (FPA)-based

Fourier Transform Infrared(FT-IR)imaging. *Water Research*, 142, 1-9.

Talvitie J., Mikola A., Setälä O., Heinonen M. and Koistinen A.(2017a). How well is microlitter purified from wastewater? A detailed study on the stepwise removal of microlitter in a tertiary level wastewater treatment plant. *Water Research*, 109, 164-172.

Talvitie J., Mikola A., Koistinen A. and Setälä O.(2017b). "Solutions to microplastic pollution– Removal of microplastics from wastewater effluent with advanced wastewater treatment technologies". *Water Research*, 123, 401-407.

Vesilind P.(ed.)(2003). Wastewater Treatment Plant Design(Vol. 2). IWA Publishing, London.

Vollertsen J. and Hansen A. A.(2017). Microplastic in Danish wastewater: Sources, occurrences and fate press, Danish Environmental Protection Agency.

Ziajahromi S., Neale P. A. and Leusch F. D.(2016). Wastewater treatment plant effluent as a source of microplastics: review of the fate, chemical interactions and potential risks to aquatic organisms. *Water Science and Technology*, 74(10), 2253-2269.

Ziajahromi S., Neale P. A., Rintoul L. and Leusch F. D.(2017). Wastewater treatment plants as a pathway for microplastics: development of a new approach to sample wastewater-based microplastics. *Water Research*, 112, 93-99.

第 5 章 污水中微塑料分析方法的开发

A. 季亚琴科（A.Dyachenko）[1]，M. 莱什（M. Lash）[1]，N. 阿塞姆（N. Arsem）[1,2]

[1] 东湾水务局检测服务部，美国加利福尼亚州奥克兰

[East Bay Municipal Utility District（EBMUD），Laboratory Services Division, 2020 Wake Ave., Oakland, CA, 94607, USA]

[2] 湾区清洁水机构微塑料工作组，美国

[Bay Area Clean Water Agencies（BACWA）Microplastics Workgroup, USA]

关键词：出水，尼罗红（Nile Red），取样，光谱，污水处理厂

5.1 引言

近年来，世界各地对不同污水处理厂出水中的微塑料颗粒进行了大量的研究和报道。然而，目前还没有用于废水中微塑料取样、样品制备、鉴定和定量的标准化方法。这就导致了不同研究之间的差异性，也影响了数据的可比较性。事实上，用于测定地表水和沉积物中微塑料的方法并不适用于复杂基质，如污水处理厂的二级处理出水（Dyachenko et al., 2017）。虽然污水处理厂三级处理出水基本上是清洁的，但大多数污水处理厂的出水基本上仅经过了二级处理。

我们在综述污水处理厂出水中微塑料颗粒数的现有数据时，可以得出两个重要的结论（如表 5.1 所示）。首先，由图 5.1 可以直观地看出，随着取样体积的增加，微塑料颗粒浓度呈现降低的趋势。瞬时取样和不充分的短时取样均不足以产生可用于准确估算每日微塑料排放量的代表性出水样品，因此代表性取样可以说是方法开发的关键第一步。

第5章 污水中微塑料分析方法的开发

表 5.1 最近出版的污水处理厂最终出水中微塑料计数结果及研究设计详细信息列表

参考文献	取样位置与出水类型	样品收集	样品制备	分析技术	质量控制与保证	微粒丰度
Carr 等（2016）	美国洛杉矶：二级处理	连续流量（11.4～22.7 L/min）/通过组合筛（100～400 μm）收集 423 000 L 样品	无额外制备	显微镜观察；傅里叶变换红外光谱（FTIR）	实验室空白加标（Laboratory Fortified Blank）	0.000 88 个/L
Dris 等（2015）	法国巴黎：二级处理	24 h 的复合样品；分析了 50 mL 样品	1.6 μm 玻璃纤维滤膜过滤	显微镜观察	现场空白	14～50 个/L
Dyachenko 等（2017）	美国奥克兰：二级处理	①连续流量 20 h/5 440 L；②连续流量（1 gal/min），2 h/450 L；使用组合筛（125～1 000 μm）	湿式过氧化氢氧化；0.8 μm 滤膜过滤	显微镜观察；FTIR 和拉曼（Raman）光谱技术确认	实验室空白加标	① 0.34 个/L ② 2.4 个/L
Gies 等（2018）	加拿大温哥华：二级处理	瞬时取样/30 L，筛网（63 μm）	湿式过氧化氢氧化；1 μm 聚碳酸酯膜过滤；密度分离（油苯取方案）	显微镜观察；FTIR 确认	空气空白；基质加标	0.5 个/L
Lares 等（2018）	芬兰米凯利：二级处理和三级处理（膜生物反应器）	①二级处理：瞬时取样 17.5～30 L；②三级处理：瞬时取样/16～23.5 L，（1 gal/min），2 h 复合样（0.25～5 mm）	干燥处理；湿式过氧化氢氧化；0.8 μm 硝酸纤维素滤膜过滤	显微镜观察；FTIR 和 Raman 光谱技术确认	现场空白；实验室空白加标	① 1.0 个/L ② 0.4 个/L
Mason 等（2016）	美国 17 个污水处理厂：二级处理和三级处理（深度过滤）	连续流量 12～18 L/min，持续 2～24 h/500～41 000 L，使用组合筛（125～355 μm）	湿式过氧化氢氧化；装于有去离子水的玻璃培养皿中	显微镜观察	现场空白	0.017～0.195 个/L
Mintenig 等（2017）	德国 12 个污水处理厂：二级处理和三级处理（过滤）	连续流量：390～1 000 L，通过定制滤芯（20 μm）	酶消解（蛋白酶、纤维素酶）；湿式过氧化氢氧化；使用 ZnCl₂ 溶液进行密度分离；0.2 μm 氧化铝滤膜过滤	显微镜观察；焦平面阵列显微红外光谱法（FPA Micro-FTIR）和 ATR-FTIR 确认	实验室试剂空白	0.01～9 个/L

续表

参考文献	取样位置与出水类型	样品收集	样品制备	分析技术	质量控制与保证	微粒丰度
Michielssen 等（2016）	美国密歇根州2个污水处理厂：二级处理和三级处理（砂滤）	瞬时取样；34～38 L	组合筛（0.2～4.5 μm）	显微镜观察	实验室试剂空白	0.59～37.4 个/L
Murphy 等（2016）	苏格兰格拉斯哥：二级处理	瞬时取样；50 L通过65 μm网筛过滤	11 μm Whatman 滤膜过滤	显微镜观察；FTIR	空气空白	0.25 个/L
Simon 等（2018）	丹麦10个污水处理厂：二级处理和三级处理（砂滤）	连续流量：4.1～81.5 L	10 μm 筛网；纤维素酶消解；湿式过氧化氢氧化；乙醇溶液浮选	基于FPA的FTIR	基质加标；实验室法空白	19～447 个/L
Sutton 等（2016）	美国加利福尼亚州8个污水处理厂：二级处理和三级处理（过滤）	连续流量：314～1 250 L，使用组合筛（125～355 μm）	湿式过氧化氢氧化；组合筛（125～355 μm）	显微镜观察	实验室空白加标；实验室试剂空白	0.071～0.19 个/L
Taivitie 等（2015）	芬兰赫尔辛基：三级处理（生物过滤）	流速：1 mL/min；取样量：575 L；连续过20～300 μm筛网过滤	无额外处理	显微镜观察	现场空白	8.6 个/L
Ziajahromi 等（2017）	澳大利亚悉尼附近3个污水处理厂：二级处理和三级处理（超滤、反渗透、去碳化）	①二级处理：收集150 L水样（10 L/min）；②三级处理：连续流量（10 L/min）收集200 L水样；使用25～500 μm堆叠筛预过滤	过氧化氢消解；密度分离；染色	显微镜观察；FTIR确认	实验室空白；基质加标	0.48 个/L；0.28 个/L

第 5 章 污水中微塑料分析方法的开发

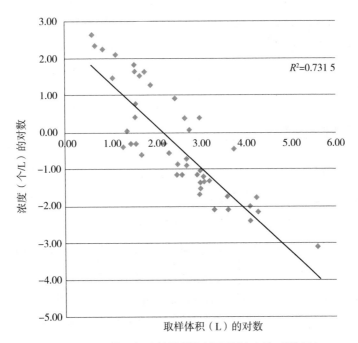

图 5.1 取样体积与计算的微塑料颗粒浓度的对数表达

包括从 12 项研究中收集的 51 个二级处理和三级处理最终出水样品（Carr et al.，2016；Dyachenko et al.，2017；Gies et al.，2018；Lares et al.，2018；Mason et al.，2016；Mintenig et al.，2017；Murphy et al.，2016；Simon et al.，2018；Sutton et al.，2016；Talvitie et al.，2015，2017；Ziajahromi et al.，2017）。随着取样体积的增大，微塑料颗粒浓度呈下降趋势，且相关系数显著（$R^2 = 0.731\ 5$）。

其次，当仅使用目视观察（显微镜）作为分析工具时，微塑料颗粒的数量往往高于使用光谱分析确认的结果。已有研究证明，小于 1.0 mm 的纤维（如棉和尼龙）在视觉上是无法进行区分的（Dyachenko et al.，2017）。然而，已有研究报道了在比较微塑料的目视分类与光谱分析中存在正负偏差（Hanvey et al.，2016；Murphy et al.，2016；Ziajahromi et al.，2017）。

很少有科学出版物全面地解决了污水中微塑料颗粒分析标准方法开发面临的挑战，特别是有关污水处理流程中代表性样品收集的考虑更是很少被讨论。基于此，本章描述了在污水处理厂二级处理出水中微塑料标准化定量分析方法开发中面临的挑战和必要的步骤。污水中微塑料鉴定的以下方面被认为是重要的因素，必须在方法开发时得到解决：取样策略（sampling strategy）（包括取样时间和收集总量）、样品制备、用于颗粒鉴定和计数的分析工具以及质量控制。

5.2　取样策略

作为微塑料分析的初始步骤，收集具有代表性的污水样品对精确定量微塑料颗粒数以及随后的日排放量估算至关重要。在试图收集具有代表性的样品时，污水处理厂水力停留时间（hydraulic retention time，HRT）是必须考虑的一个重要参数，即污水完成处理周期并排放的时间。污水处理厂的流量和停留时间在一天中可能会有很大的变化，这取决于许多因素，包括用户行为（consumer behavior）、一天中的时间（time of day）、潮湿或干燥的天气状况、一年中的时间（time of year）、污水处理厂的处理能力、维护操作等。在24 h内连续收集混合出水样品的能力是减少样品变化及其对污水处理厂停留时间依赖性的一种方法。较短时间的样品收集技术包括不连续的混合取样（间隔取样），可能会导致过高或过低估计检测到的微塑料颗粒数量，从而导致将结果用于估算日排放量时的误差被放大。研究人员报道了在个人用品使用高峰时段1 h或2 h内收集样品的结果；然而，用户使用高峰期或进水流量峰值往往与出水流量峰值存在显著差异（Sutton et al.，2016；Ziajahromi et al.，2017）。例如，表5.2列出了天气干燥时污水处理厂的每日实际测量值，假设工厂流量为每天5.7×10^7 gal，总水力停留时间为12 h。在这种情况下，下午5时进入工厂的废水直到次日早晨5时才能完成处理周期。

在收集样品时，区分特定的污水处理厂设计和实际运行状态非常关键。这是因为污水处理厂在既定时间内都很有可能不是满负荷运行；如果不可能进行24 h连续取样，分析人员则应参考历史值来获得最佳近似值的代表性样品。当以较短的取样时间推算结果时，至少必须考虑污水处理厂流量的日变化极值及其时间。除了对时间变化进行调整外，标准化取样程序是获得一致性和可靠性结果的关键步骤。二级污水样品应收集在筛网孔径和直径经过认证的组合筛上,同时在收集二级处理出水样品时,主要关注的问题之一是存在的干扰物质的数量,特别是纤维素及脂肪、油和油脂(fats, oil and grease, FOG)。此外,这些干扰物质的量随取样持续时间的延长而增加,尤其是孔径较小的筛网在积聚大量纤维素时容易堵塞。在连续流动收集过程中,可以通过在样品收集筛网上按筛网孔径大小降序排列,从而筛选出较大的颗粒来避免堵塞。例如,Dyachenko 等(2017)将 5.0 mm 和 1.0 mm 的筛网叠加在两个样品收集筛网(筛网孔径分别为 355 μm 和 125 μm)上。

表 5.2 二级污水处理厂的水力停留时间(HRT)

处理阶段	体积 /10^6 gal	在用数量 / 个	单元体积 /10^6 gal	HRT/h
沉淀池	0.49	9	4.41	1.9
反应池	1.58	5	7.90	3.3
澄清池	1.61	8	12.88	5.4
污水泵站(Effluent Pumping Station,EPS)	3.38	1	3.38	1.4
汇总			28.57	12

对于取样位置,可以在脱氯前或脱氯后收集二级处理出水样品,这具体要取决于污水处理厂与最终出水的连接点。图 5.2 是 1 个带有出水泵站的污水处理厂的示意图,可以在进行脱氯和排放之前连续收集样品,脱氯阶段不太可能对微塑料浓度产生影响。

最好在干燥的天气条件下收集样品,以减轻地表径流增加和雨水的影响。在雨水-污水联合排水系统中,雨水往往会携带街道上的碎片,从而影响污水处理厂最终出水的成分。取样记录报告应包括样品收集期间的天气情况。至少取样点的出水流量必须在取样前后进行测量。理想情况下,应该使用流量监测器来获得整个取样期间的平均流量。通常测量出水流量的简单方法是充满 1 个 10 L 的容器,并记录所需花费的时间。为了准确起见,这个方法至少需要重复 3 次并取其平均值(Sedlak et al.,2017)。

水和废水中的微塑料

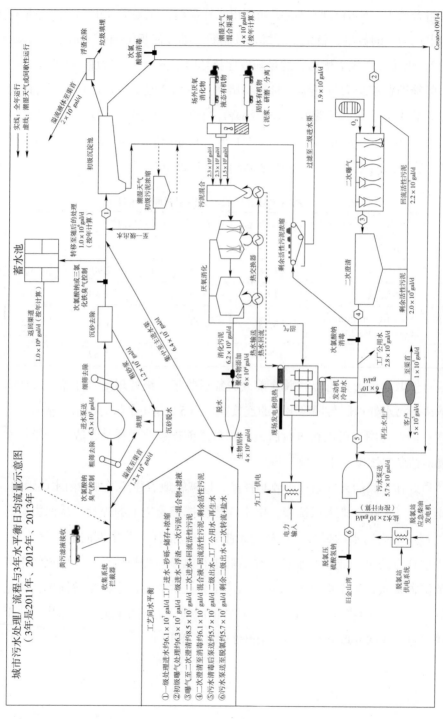

图 5.2 东湾水务局主要污水处理厂流程示意（来源：东湾水务局）

第 5 章　污水中微塑料分析方法的开发

因为需要估算每天排放的微塑料颗粒数，故准确地记录样品体积是非常必要的。为了获得最具代表性的样品，必须确定各取样设备不会造成较大筛网堵塞的最大流量。例如，在最终出水中悬浮固体含量较低且流量较高的取样点通常适合连续收集样品。图 5.3 是收集污水处理厂微塑料样品的现场记录表的示例。一旦样品被过滤筛收集，那么所收集到的样品必须被转移到适当的容器以进行处理。分析人员应该将所有物质转移到过滤筛的一侧，并使用喷水瓶或专用软管中的去离子水，将其清洗到适当尺寸的玻璃样品瓶中。其他工具如镊子或匙等可以帮助我们以最小的损失将收集到的物质转移到样品采集容器中。所有取样工具必须在使用前进行彻底的清洗，以避免交叉污染。装有样品的容器应贴好标签并保存在 4～6℃的温控环境中，避免潜在细菌的生长，同时要设定样品保存时间。在长期储存和运输过程中，甲醇或乙醇可以作为防腐剂来抑制细菌的生长，但是目前还不知道它们是否会导致聚合物降解。同时应避免样品冷冻，因为低温冷冻可能会导致微塑料颗粒破碎。

废水处理设施：		
样品编号	开始日期	每周开始日期
取样人员/污水处理厂协助人员：	开始时间	结束时间
实地观察：		
取样口位置（水槽、输水管等）	一般性描述	
取样时的照片名：		
测量流量：		
测定流量的方法（桶/次、仪表等）	仪表　开始时仪表读数：	结束时读数：
如果使用桶，体积：	开始时间：	结束时间：
如果使用桶，体积：	开始时间：	结束时间：
如果使用桶，体积：	开始时间：	结束时间：

图 5.3　污水处理厂微塑料取样现场记录表（Sedlak et al., 2017）

5.3 样品制备

污水样品通常含有高含量的有机物或生物质，可能会干扰微塑料的识别，而且干扰程度与通过过滤筛的样品体积成一定比例。二级处理出水中含有大量的纤维素、脂肪、油和油脂等干扰物质，这些物质通常会附着在微粒颗粒表面，因此需要在分析之前进行去除（Dyachenko et al., 2017）。最常见的有机物消解技术包括湿式过氧化氢氧化（wet peroxidation，WPO），如催化湿式过氧化氢氧化 [亦称芬顿试剂（Fenton's reagent）] 和10%～20%氢氧化钾（KOH）消解（Lares et al., 2018；Silva et al., 2018）。当在高温下对样品进行湿法过氧化反应处理时应注意安全，因为可能会突然发生剧烈的沸腾。

酶消解法已经被证明是有效的，并且是消除大多数持久性干扰物质的第一步。纤维素酶已被证明能有效地消解纤维素，而脂肪酶则能显著地减少脂肪、油和油脂等干扰物质。此外，蛋白酶能有效地去除剩余的生物质。因为最终出水中通常存在与微塑料密度相似的许多有机盐、无机盐、混凝剂和絮凝剂，故密度分离法不适用于二级处理出水中干扰物质的去除（Tagg et al., 2015）。

5.3.1 化学消解

我们之前已经证明了使用芬顿试剂对纤维素的消解是不充分的（图5.4）。虽然多次消解可以促进对干扰物质的完全消除，但是也会带来微塑料颗粒损失、降解和污染的风险。最近，Munno等（2018）对微塑料的各种消解方案进行了研究，结果表明，在消解或提取干燥阶段应用超过60℃高温的化学消解方法，可能会导致多个聚合物基团的降解。在室温下，用20%氢氧化钾进行消解可以有效去除大部分有机物，但完全消解可能需要7天或更长的时间，特别是转移那些富集在更小筛网上的纤维素更是需要很长时间（图5.5）。

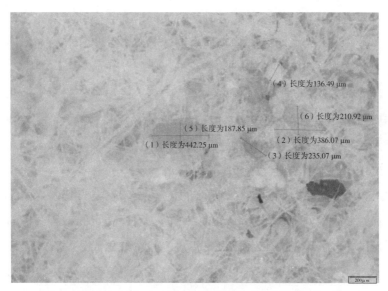

图 5.4　污水处理厂二级处理出水提取物（湿法过氧化反应）

图 5.5　20% 氢氧化钾消解 7 天前后的污水处理厂二级处理出水样品
（a）355 μm 过滤筛样品；（b）125 μm 过滤筛样品

5.3.2　酶消解

最全面的基于酶的消解方案似乎是由 Löder 等（2017）开发建立的。所谓的碱性酶纯化方案（Basic Enzymatic Purification Protocol，BEPP）包括从十二烷基硫酸钠（sodium dodecyl sulfate，SDS）处理开始的连续纯化步骤，然后是纤维素酶消解和过氧化氢（H_2O_2）氧化。扩展的通用酶纯化方案（Universal Enzymatic Purification Protocol，UEPP）似乎特别适合，因为其使用了其他酶，如蛋白酶和脂肪酶。后者在消解污水基质中的脂肪、油和油脂等干扰物质方面特别有效。由于各种酶之间的潜在竞争和其他相互作用，消解必须连续进行。平均而言，完成所有消解步骤需要 24 h。然而，该方案尚未在混合的二级处理出水样品上进行试验。

一种混合方法是先用酶消解法去消解大部分纤维素、脂肪、油和油脂等干扰物质，然后再用 20% 氢氧化钾或 30% 过氧化氢进行消解。需要使用来自不同类型污水处理工艺的二级处理出水样品进行实验室间研究，以确定对不同类型出水的最有效的组合。

样品制备的最后一步是将所提取的微塑料颗粒收集到基底（substrate）上，这通常是通过真空过滤来实现的。然而，需要注意的是所选择的基底必须与采用的分析技术相兼容，如氧化铝过滤膜对红外光透明，并允许在透射模式下进行焦平面阵列傅里叶变换显微红外光谱法（FPA Micro-FTIR）分析（Löder et al., 2017）。此外，提取物要在避光和干燥的条件下保存，分析前应避免交叉污染。

5.4 颗粒分析

目前用于微塑料定性定量分析的技术包括显微镜法（microscopy）、光谱法（spectroscopy）(FTIR、拉曼光谱）、电子显微镜法（electron microscopy）、色谱法（chromatography）[热解 - 气相色谱 / 质谱（pyrolysis-GC/MS）及液相色谱 / 质谱（LC/MS）]和荧光显微镜法（Gago et al., 2018；Li et al., 2018；Zhang et al., 2018）。

傅里叶变换显微红外光谱法（Micro-FTIR）和显微拉曼光谱（Micro-Raman）等光谱技术能够通过比较所获得的光谱与标准谱库或通过分析内部参考聚合物标准材料获得的光谱，对微塑料进行准确的鉴定。由于衍射现象的存在，FTIR 方法对典型塑料颗粒粒径的下限被广泛认为在 20～30 μm。拉曼光谱法则具有较高的空间分辨率，能够识别小于 1 μm 甚至更小的塑料颗粒（Araujo et al., 2018；Li et al., 2018）。

虽然目视观察（即使用立体显微镜进行微粒分类）是最简单的方法，但是并不够准确,因为其容易产生错误鉴定和重复计数。复杂的污水基质也更加凸显了这些错误类型。而色谱技术又不能提供有关微塑料颗粒的数量或其形态的信息。因此,当光谱技术不能提供明确答案时,电子显微镜技术则可以作为一种辅助分析工具(特别是当存在无机盐时)。

5.4.1 光谱分析

与 Micro-Raman 相比,Micro-FTIR 是目前应用更为普遍的光谱分析技术,因为其具有成本较低且标准参考谱库更丰富等优点。由于拉曼散射(Raman scattering)和荧光发射(fluorescent emission)的竞争性,拉曼光谱不能用于荧光颗粒的分析检测。为了开发用于污水中微塑料颗粒鉴定的标准方法,颗粒粒径下限为 100 μm 是适用于光谱分析的。尽管 Micro-FTIR 的典型仪器检出限(detection limit)为 20~30 μm(取决于配置),但标准环境水和污水处理方法的常见做法是选择比仪器检出限高 2~3 倍的定量限,以消除基质对灵敏度的影响。此外,使用显微镜进行目视评估和分类通常是光谱确认的第一步,对于 1 个典型的 40 倍体视镜来说,实际的下限是 100 μm。在自动化解决方案完全被开发出来之前,用光谱法来鉴定每个微塑料颗粒可能并不可行。在目视观察过程中,应按以下类别对微塑料颗粒进行分类:纤维、碎片、颗粒、泡沫或薄膜,以及颜色,同时记录所有颗粒的图像。1 种简化光谱分析的方法是:如果某一特定类别的颗粒数超过 100 个,则确认其中 10% 的颗粒;对于任何少于 100 个的颗粒类别,则确认其中 10 个颗粒。

每个颗粒会生成化学光谱,并与已知的化学光谱库进行比较,这种方法的目标应该是满足 80% 或更高的光谱匹配。然而,基质干扰可能使这一问题变得具有挑战性。对每 1 个被确认的微塑料颗粒都应记录其图像,并记录相应的形态。据报道,常用的化学消解技术(包括芬顿试剂和 20% KOH 以及酶消解技术)都不会改变微塑料颗粒的红外光谱或拉曼光谱特性(Lares et al.,2018;Mintenig et al.,2017;Tagg et al.,2015)。

5.4.2 自动化

Micro-FTIR 和 Micro-Raman 光谱分析是非常耗时的分析技术，因此需要训练有素的分析人员。目视分选和人工选择微塑料颗粒以进行光谱确认是繁琐而劳动密集型的过程。Primpke 等（2017）提出了 1 种消除视觉分类步骤的自动化方法，使用 Micro-FTIR 结合复杂的软件，获得的结果与人工分析非常一致。然而，该软件还没有被商业化。

5.4.3 快速筛选/荧光显微镜

由于某些塑料颗粒和非塑料颗粒在形态上的相似性，聚乙烯（PE）和其他聚合物的潜在透明性，以及物理上遮盖目标微塑料的干扰颗粒，对污水样品进行微塑料的目视筛选容易造成错误鉴定。使用聚合物选择性染色剂可以使筛选更加快速和准确。尼罗红是 1 种亲脂性荧光染料，其发射光谱随溶剂和染色颗粒的极性而变化。尼罗红可以有效地对微塑料进行染色（Andrady et al., 2011），由此产生的荧光信号可以用于检测复杂基质中的潜在微塑料。尼罗红染色已被有效地用作快速检测水和污泥中微塑料的筛选工具（Cole et al., 2016; Maes et al., 2017; Shim et al., 2016; Wang et al., 2018），但用于污水样品的鉴别荧光染色（differential fluorescent staining）还未见报道。

使用尼罗红筛选地表水和污泥中微塑料的方法因研究目的而异。染色剂浓度、载体溶剂、接触时间、激发波长、显微镜功率等因素均会影响该技术的效果。Maes 等（2017）使用带有法医光源的体视镜照射样品，与使用荧光显微镜相比，允许较大的焦距（working distance），从而筛选更大的微塑料颗粒。

在用尼罗红筛选微塑料的研究中，染色剂通常溶解在丙酮、氯仿或甲醇中。然而，丙酮可溶解聚合物是已知的，溶解在丙酮中的尼罗红在所有测试的微塑料中均产生强烈的荧光，但会使较小的颗粒和熔融的聚丙烯酰胺（polyacrylamide）变形。甲醇在目标颗粒中会产生微弱的荧光，氯仿则更弱，减少与溶剂的接触时间可以减少微塑料的变形，但也会导致荧光信号变弱。

由 A. Dyachenko 和 M. Lash（未发表的数据）优化的尼罗红染色方法如下：将经过处理的样品过滤到 37 mm 玻璃纤维过滤器上，置于玻璃培养皿中，并用 1.2 mL 的 5.0 μg/mL 尼罗红在甲醇-丙酮溶液（体积比为 1∶1）中处理，然后盖上盖子并在 60℃下培养 30 min。这种方法产生了强烈的荧光，而目标颗粒的变形可以忽略不计，非目标颗粒的背景染色极少。在此过程中，6 种不同的塑料在体视镜下发出明亮的黄橙色荧光，用蓝绿色（波长为 450～510 nm）的法医光源和 1 个橙色（波长为 529 nm）的滤光片照明（图 5.6）。背景材料是可见的淡粉红色。使用该方案对基质添加的 200～400 μm 聚苯乙烯小球进行染色，结果使小球产生明亮的荧光，在背景下很容易看到。使用尼罗红染色后，透明薄膜变得明显（图 5.7），这些薄膜被怀疑是聚乙烯和纤维，在白光照射下很难观察到。

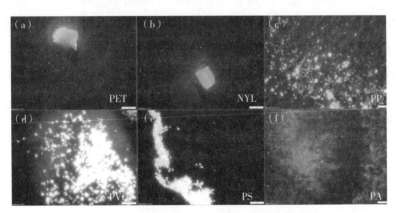

图 5.6　实验室空白加标（LFBs）用尼罗红染色，
用蓝绿色荧光光源通过橙色滤镜观察，放大 6.7 倍

第一行（a～c）：聚对苯二甲酸乙二酯颗粒、尼龙颗粒、聚丙烯粉末；第二行（d～f）：聚氯乙烯颗粒、聚苯乙烯小球、聚丙烯酰胺粉末。

尼罗红染色的样品应使用玻璃纤维或氧化铝过滤膜。当暴露于丙酮或丙酮-甲醇溶液（体积比为 1∶1）时，聚碳酸酯（PC）、改性纤维素酯（modified cellulose ester，MCE）和聚醚砜（polyethersulfone，PES）过滤膜会变形，纤维素过滤膜可能保留着色。在二级处理出水中，样品制备后的干扰物质可能包括纤维素、非塑料纤维、有机盐和无机盐沉积物以及脂肪酸

（fatty acids），具体取决于所使用的消解方法。上述染色程序在实验室空白加标的硬脂酸、纤维素或棉纤维中不产生荧光。

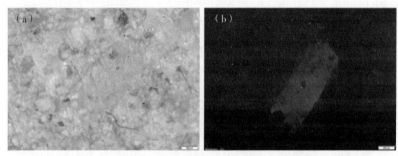

图 5.7　污水处理厂二级处理出水提取物用尼罗红染色，放大 25 倍，用白光照射（a）和通过橙色滤光片观察的蓝绿色法医光源（b）

尼罗红鉴别染色是很有前景的用于微粒目视分类的筛选工具，可以从背景干扰中发现微塑料。除了筛选之外，这一步骤还可以帮助分析人员对微塑料进行目视鉴定，并有助于进行光谱的确认分类。这种方法可能不会染色所有的微塑料颗粒，而且一些用于染色非塑料微粒的染料也可能在激发尼罗红的波长下发出荧光。实际上，任何快速筛选技术都有其局限性，必须通过光谱分析加以验证。

5.5　数据质量目标

污水处理实验室中最常用的分析方法包括那些由美国环境保护局（United States Environmental Protection Agency，USEPA）、美国材料与试验协会（American Society for Testing and Materials，ASTM）和美国水行业协会（American Water Works Association，AWWA）开发的标准方法，这些方法通常提供方案来评估数据质量，如灵敏度、准确性和重现性。任何用于测定二级处理出水中微塑料的标准方法都应包括已颁布方法中所包含的质量控制要素，以符合既定的方案，并产生已知质量的数据。

5.5.1 认证的标准物质

在美国（和其他地方），最理想的标准是使用美国国家标准与技术研究院（National Institute of Standards and Technology，NIST）可追溯的微塑料参考标准进行质量控制。目前，仅有有限的粒径和组成的聚合物小球可以作为有证标准物质（certified reference material，CRM）在市场上购买到。这就给采购代表性标准品带来了挑战。在初步验证和证明能力之前，实验室应收集、提取和分析未加标的污水处理厂出水样品，以评估特定污水处理厂排水中存在的微粒类型。这将指导分析人员选择1种不太可能在最终出水中检测到的参考物质，因为收集相同的重复样品对细颗粒（如微塑料）可能并不总是可行的。微珠是有证标准物质的很好的候选者，因为其通常少于污水处理厂出水中微塑料总数的10%，而且许多都可以通过商业途径获得（Simon et al.，2018；Ziajahromi et al.，2017）。低密度聚乙烯（LDPE）和高密度聚乙烯（HDPE）等聚合物薄膜在污水中普遍存在，因此不应用于基质加标。

有证聚合物超细纤维作为有证标准物质尤其具有挑战性，目前还没有NIST可追溯的商业化的有证微塑料纤维参考标准。在二级处理出水中，纤维可能占到全部微塑料总量的50%以上（Cesa et al.，2017；De Falco et al.，2018；Gies et al.，2018；Mason et al.，2016；Railo et al.，2018）。一些研究人员已经自行制定了微塑料纤维标准，以完成他们的研究工作（Core，2016；Lares et al.，2018）。然而，在标准方法被广泛采用之前，有经过认证的可追溯的参考标准非常重要。

5.5.2 能力的初步验证和证明

每个实验室应使用加标试剂空白样品来验证筛分性能。这可以通过将适当大小的珠子混合物倒在组合筛上，并分别检查各部分占比以验证每个筛子的效率。这个过程需要体视镜作为唯一的分析工具。每种粒径至少应使用10个微珠。回收率超过90%即可视为满意的结果。筛子应定期验证，至少每12个月检查1次。实验室应该提取并分析4个实验室空白加标（LFB）和

1个实验室试剂空白（laboratory reagent blank，LRB），作为初始方法验证的一部分。实验室空白加标应使用去离子水制成，水中加入通过不同孔径筛子（例如200 μm和400 μm）且已知数量的经过认证的两种粒径的微塑料颗粒。每种粒径至少应加入10个微塑料颗粒。初始验收标准是4个结果的平均回收率为70%～130%，相对标准偏差（Relative Standard Deviation，RSD）≤30%，即为满意。个别实验室最终可能会建立统计上确定的控制限值。使用小球、薄膜和纤维微塑料参考标准的混合物加标的实验室试剂空白将是回收率和仪器性能的最准确表征。

实验室还应通过提取和分析实验室基质加标样品（laboratory fortified matrix sample，LFM）来证明污水基质中可接受的回收率。基质必须用污水中通常没有的微塑料有证参考标准进行加标。该参考标准应具有经认证的两种颗粒粒径（例如200 μm和400 μm），回收率在60%～140%范围内的初始验收标准应视为满意。个别实验室可为实验室基质加标样品建立统计上确定的控制限值。对于离散颗粒分析，检出限（DL）被定义为1。Micro-FTIR或Micro-Raman必须通过分析至少5种常见的微塑料聚合物类型来验证，且结果必须与参考光谱相符。实验室可能需要开发1个内部光谱库。用于仪器验证的微塑料颗粒粒径不应超过采集样品的最小筛网孔径的2倍。

废水中常见的聚合物类型包括聚乙烯（PE）、聚对苯二甲酸乙二酯（PET）、聚丙烯（PP）、聚苯乙烯（PS）、聚酰胺（PA）、聚氯乙烯（PVC）和尼龙。仪器性能检查（Instrument Performance Check，IPC）应包含至少5种常见聚合物类型，粒径不大于200 μm，应每天通过Micro-FTIR或Micro-Raman分析样品。仪器性能检查中使用的所有聚合物的光谱与NIST光谱库的光谱匹配值必须超过80%。每个批次应包括表5.3所列的LRB、LFB和LFB副本。

表 5.3 提取和分析方法的质量控制清单

质量控制参数	接受标准	目标
仪器性能检查（IPC）	NIST 库与混合物中所有微塑料标准品匹配	每天进行仪器性能分析
实验室试剂空白（LRB）	不存在微塑料颗粒	确认样品制备过程中无污染
现场试剂空白（Field Reagent Blank，FRB）	不存在微塑料颗粒	确认取样过程中无污染
实验室空白加标（LFB）	70%～130% 回收率或内部制定的控制限值	验证方法的准确性
实验室空白加标（LFB）副本	30% 相对百分比差异（Relative Percentage Difference，RPD）或内部制定的标准	验证方法的精密度
实验室基质加标（LFM）	60%～140% 回收率或内部制定的标准	在初始验证期间和分析样品的每个季度评估基质中的方法性能

5.6 报告和文件

文件应包括取样细节、检测到的微塑料颗粒图像和光谱数据。报告的数据应包括以下分类的颗粒粒径范围和颗粒形态：纤维、薄膜、颗粒、碎片或泡沫。此外，可报告的其他有用性能包括颗粒颜色和聚合物组成。按类别进行单个颗粒的分类对数据的解释很重要，例如这些数据可用于识别环境中微塑料颗粒的来源。为了使报告标准化，旧金山河口研究所（San Francisco Estuary Institute，SFEI）已向州水务委员会（State Water Board）提交了一份与微塑料有关的词汇要求，其中包括操作粒径和颗粒类别。

5.7 结论

污水处理厂出水中微塑料分析方法的开发必须包括质量控制和聚合物确认，以确保研究结果具有可比性和可验证性。污水处理厂二级处理出水中微塑料的准确定量需要有代表性的取样和准确的鉴定。污水是复杂的基质，含有大量的干扰物质,包括纤维素和脂肪,因此需要有效且不会破坏微塑料的消解过程。尼罗红染色法对快速筛选微塑料是一种很有前途和具有经济效益的新方法,具有通过目视分析简化微塑料分类的潜力。代表性的微粒需要进行光谱确认。取样和样品制备步骤必须包括质量控制样品,以评估方法空白污染和消解后微塑料的回收率。分析仪器的性能,如 Micro-FTIR 或 Micro-Raman 的性能必须每天进行验证。此外,作为初始方法验证的一部分,必须评估从基质中提取的微塑料回收率的准确性和精密度。为了确定标准方法的适用性,有必要从具有不同处理能力的污水处理厂二级处理出水取样并进行实验室验证。报告至少应包括总取样量和颗粒特征,以便对来自不同污水处理厂的微塑料排放进行等效比较和持续监测。如何获得具有代表性的有证参考标准和开展自动化光谱分析是未来研究的重大挑战。

致谢

感谢湾区清洁水机构微塑料工作组和旧金山河口研究所的宝贵贡献。

参考文献

Andrady A. L.(2011). Microplastics in the marine environment. *Marine Pollution Bulletin*, 62 (8), 1596-605.

Araujo C. F., Nolasco M. M., Ribeiro A. M. P. and Ribeiro-Claro P. J. A.(2018). Identification of microplastics using Raman spectroscopy: latest developments and future prospects. *Water Research*, 142, 426-440.

Carr S. A., Liu J. and Tesoro A. G.(2016). Transport and fate of microplastic particles in wastewater treatment plants. *Water Research*, 91, 174-82.

Cesa F. S., Turra A. and Baruque-Ramos J.(2017). Synthetic fibers as microplastics in the marine environment: a review from textile perspective with a focus on domestic washings. *Science of the Total Environment*, 598, 1116-112.

Cole M.(2016). A novel method for preparing microplastic fibers. *Scientific Reports(Nature*

Research), 6, 34519.

De Falco F., Gullo M. P., Gentile G., Di Pace E., Cocca M., Gelabert L., Brouta-Agnésa M., Rovira A., Escudero R., Villalba R., Mossotti R., Montarsolo A., Gavignano S., Tonin and Avella M. (2018). Evaluation of microplastic release caused by textile washing processes of synthetic fabrics. *Environmental Pollution*, 236, 916-925.

Dris R., Gasperi J., Rocher V., Saad M., Renault N. and Tassin B. (2015). *Environmental Chemistry*, 12 (5), 592-599.

Dyachenko A., Mitchell J. and Arsem N. (2017). Extraction and identification of microplastic particles from secondary wastewater treatment plant (WWTP) effluent. *Analytical Methods*, 9, 1412-1418.

Gago J., Carretero O., Filgueiras A. V. and Viña S. L. (2018). Synthetic microfibers in the marine environment: a review on their occurrence in seawater and sediments. *Marine Pollution Bulletin*, 127, 365-376.

Gies E. A., LeNoble J. L., Noël M., Etemadifar A., Bishay F., Hall E. R. and Ross P. S. (2018). Retention of microplastics in a major secondary wastewater treatment plant in Vancouver, Canada. *Marine Pollution Bulletin*, 133, 553-561.

Hanvey J., Lewis P., Lavers J., Crosbie N., Posa K. and Clarke B. (2016). A review of analytical techniques for quantifying microplastics in sediments. *Analytical Methods*, 9, 1361-1368.

Lares M., Ncibi M. C., Sillanpää M. and Sillanpää M. (2018). Occurrence, identification and removal of microplastic particles and fibers in conventional activated sludge process and advanced MBR technology. *Water Research*, 133, 236-246.

Li J., Liu H. and Paul Chen J. (2018). Microplastics in freshwater systems: a review on occurrence, environmental effects, and methods for microplastics detection. *Water Research*, 137, 362-374.

Löder M. G. J., Imhof H. K., Ladehoff M., Löschel L. A., Lorenz C., Mintenig S., Piehl S., Primpke S., Schrank I., Laforsch C. and Gerdts G. (2017). Enzymatic purification of microplastics in environmental samples. *Environmental Science & Technology*, 51 (24), 14283-14292.

Maes T., Jessop R., Wellner N., Haupt K. and Mayes A. G. (2017). A rapid-screening approach to detect and quantify microplastics based on fluorescent tagging with Nile Red. *Scientific Reports*, 7, 44501.

Mason S. A., Garneau D., Sutton R., Chu Y., Ehmann K., Barnes J., Fink P., Papazissimos and

Rogers D. L. (2016). Microplastic pollution is widely detected in US municipal wastewater treatment plant effluent. *Environmental Pollution*, 218, 1045-1054.

Michielssen M. R., Michielssen E. R., Niac J. and Duhaime M. B. (2016). Fate of microplastics and other small anthropogenic litter (SAL) in wastewater treatment plants depends on unit processes employed. *Environmental Science: Water Research & Technology*, 2, 1064-1073.

Mintenig S. M., Int-Veen I., Löder M. G. J., Primpke S. and Gerdts G. (2017). Identification of microplastic in effluents of waste water treatment plants using focal plane array-based micro-Fourier-transform infrared imaging. *Water Research*, 08, 365-372.

Munno K., Helm P. A., Jackson D. A., Rochman C. and Sims A. (2018). Impacts of temperature and selected chemical digestion methods on microplastic particles. *Environmental Toxicology and Chemistry*, 37(1), 91-98.

Murphy F., Ewins C., Carbonnier F. and Quinn B. (2016). Wastewater Treatment Works (WwTW) as a source of microplastics in the aquatic environment. *Environmental Science & Technology*, 50(11), 5800-8.

Primpke S., Lorenz C., Rascher-Friesenhausenbc R. and Gerdtsa G. (2017). An automated approach for microplastics analysis using focal plane array (FPA) FTIR microscopy and image analysis. *Analytical Methods*, 9, 1499-1511.

Railo S., Talvitie J., Setälä O., Koistinen A. and Lehtiniemi M. (2018). Application of an enzyme digestion method reveals microlitter in Mytilus trossulus at a wastewater discharge area. *Marine Pollution Bulletin*, 130, 206-214.

Sedlak M., Sutton R., Box C., Sun J. and Lin D. (2017). Sampling and Analysis Plan for Microplastic Monitoring in San Francisco Bay and Adjacent National Marine Sanctuaries. *San Francisco Estuary Institute (SFEI) Contribution*. No.819. SFEI, Richmond, CA.

Shim W. J., Song Y. K., Hong S. H. and Jang M. (2016). Identification and quantification of microplastics using Nile Red staining. *Marine Pollution Bulletin*, 113(1-2), 469-476.

Silva A. B., Bastos A. S., Justino C. I. L., da Costa J. P., Duarte A. C. and Rocha-Santos T. A. P. (2018). Microplastics in the environment: challenges in analytical chemistry-A review. *Analytica Chimica Acta*, 1017, 1-19.

Simon M., van Alst N. and Vollertsen J. (2018). Quantification of microplastic mass and removal rates at wastewater treatment plants applying Focal Plane Array (FPA)-based Fourier Transform Infrared (FT-IR) imaging. *Water Research*, 142, 1-9.

Sutton R., Mason S. A., Stanek S. K., Willis-Norton E., Wren I. F. and Box C. (2016). Microplastic contamination in the San Francisco Bay, California, USA. *Marine Pollution*

Bulletin, 109 (1), 230-235.

Tagg A. S., Sapp M., Harrison J. P. and Ojeda J. J. (2015). Identification and quantification of microplastics in wastewater using focal plane array-based reflectance Micro-FT-IR imaging. *Analytical Chemistry*, 87 (12), 6032-40.

Talvitie J., Heinonen M., Pääkkönen J. P., Vahtera E., Mikola A., Setälä O. and Vahala R. (2015). Do wastewater treatment plants act as a potential point source of microplastics? Preliminary study in the coastal Gulf of Finland, Baltic Sea. *Water Science & Technology*, 2 (9), 1495-504.

Talvitie J., Mikola A., Setälä O., Heinonen M. and Koistinen A. (2017). How well is microlitter purified from wastewater? A detailed study on the stepwise removal of microlitter in a tertiary level wastewater treatment plant. *Water Research*, 109, 164-172.

Wang Z., Su B., Xu X., Di D., Huang H., Mei K., Dahlgren R. A., Zhang M. and Shang X. (2018). Preferential accumulation of small (300 μm) microplastics in the sediments of a coastal plain river network in eastern China. *Water Research*, 144, 393-401.

Zhang K., Shi H., Peng J., Wang Y., Xiong X., Wu C. and Lam P. K. S. (2018). Microplastic pollution in China's inland water systems: a review of findings, methods, characteristics, effects, and management. *Science of the Total Environment*, 630, 1641-1653.

Ziajahromi S., Neale P. A., Rintoul L. and Leusch F. D. (2017). Wastewater treatment plants as a pathway for microplastics: development of a new approach to sample wastewater-based microplastics. *Water Research*, 112, 93-99.

第 6 章　污泥中的微塑料：被捕获但又被释放？

A. L. 卢舍（A. L. Lusher），R. R. 赫尔利（R. R. Hurley），C. 福格尔桑（C. Vogelsang）

挪威水资源研究所，挪威奥斯陆

(Norwegian Institute for Water Research，Oslo，Norway)

关键词：农业，污染，（污水处理厂）出水，微垃圾，纳米塑料，塑料，废水，污水处理厂

6.1　引言

　　污泥是污水处理过程中产生的固体副产物。全球在提高污水处理能力方面做出的努力加上人口的增长，导致污泥产生量快速增加。按照惯例，污水处理过程中产生的污泥是通过填埋处理。但是在过去 25 年里，立法已大大减少了这种处置污泥的方式，尤其是在发达国家（如欧盟理事会指令 86/278/EEC）(EU，1986)，取而代之的是提倡以"有益用途"为目的对污泥进行增值或再利用的策略，最近开始对原本用于循环经济框架的处理方法产生了兴趣（Kacprzak et al.，2017）。目前，对污泥的处置方式有几种，包括用作土壤改良剂和焚烧。然而，在全球范围内对如何处理和处置污泥仍存在很大的差异。

　　污水处理厂（WWTPs）接收了各种来源的塑料颗粒，包括生活污水、城市污水和工业废水。这些颗粒粒径范围很广，从大块垃圾到微米级甚至纳米级颗粒。这些人工合成颗粒要么在污水处理的不同阶段被捕获，要么进入污水处理厂的最终出水中。一些研究结果表明，尽管污水处理厂在去除微塑料（颗粒粒径小于 5 mm；GESAMP，2015）的效率上差别较大，但都对微塑料

具有较高的去除效率。在污水处理过程中，微塑料会在一定处理阶段被捕获，进而被转移到污泥中，这就使微塑料不随最终出水被释放到环境中。但是，现有的污泥处置方式仍可能会导致微塑料被再次释放进入环境。污泥的处置方式有非法倾倒、填埋、焚烧或土地利用。其中一些处置方式可能会导致大量的微塑料被释放到环境中。基于污泥含有的高浓度微塑料颗粒以及一些国家将污泥广泛用于农业生产，最近的研究重点已转向污泥组分。据估算，大量的微塑料会通过污泥的施用而被释放到陆地环境，因此污水处理厂被认为是导致微塑料污染的一个重要途径，这就突显了彻底了解与污泥相关的微塑料的环境行为和潜在影响的迫切需求。在本章中，我们将讨论可能导致微塑料被捕获并转移到污泥的处理过程，因污泥处置或再利用可能导致向环境中直接释放微塑料的机制，以及这种释放的潜在后果。

6.2 微塑料向污泥相的迁移

为使微塑料能够最终进入污泥，首先需要将微塑料从水相中物理去除，然后使其在污泥的不同处理阶段得以保留下来。对大型污水处理厂的现有研究结果表明，至少对已研究的微塑料颗粒而言，当前常用的污水处理工艺对去除微塑料是非常有效的。在采用生物处理、化学沉淀或同时使用两种方式的污水处理厂，微塑料的总去除率通常可达84%～99.9%（表6.1）。然而，研究方法上的一些潜在差异在一定程度上限制了直接比较不同污水处理厂对微塑料的去除率，包括取样方法（如取样的持续时间、样品体积、颗粒的检出限等）、样品制备、颗粒定量和聚合物确认。此外，取样期间现场的特定条件也可能会造成结果差异，包括使用的处理设备、各污水处理厂的运行条件以及特定时间或特定情况的条件，如污水处理系统运行稳定性和负荷高峰。根据微塑料颗粒本身材质特征，同时结合从水相去除颗粒的内在机制以及污水处理厂的运行条件等，就可以预测在特定处理阶段去除微塑料颗粒的可能性。在考虑污水处理过程对微塑料的去除效果时，微塑料颗粒的粒径、形状、比密度以及表面特征（粗糙度、电荷、亲水性/疏水性）是最重要的几个属性。

表 6.1 污泥中的微塑料调查总结

地点	污水处理厂类型（等量人口）	报道的去除效率	处理类型	污泥中的微塑料平均丰度	分析的微塑料粒径范围 /μm	微塑料主要类型	聚合物	文献
意大利	二级处理（120万人）	84%	NR	113 个/g（DW）	10～5 000	薄膜	丙烯腈-丁二烯	Magmi 等（2019）
澳大利亚	NR（NR）	NR	好氧和厌氧消化	微珠 966 个/kg	1 000	仅调查了微珠	NR	Wijesekara 等（2018）
中国	28 个污水处理厂：混合类型（51 900～705 000人）	NR	各种	1 565～56 386 个/kg	37～5 000	纤维	聚烯烃类	Li 等（2018）
中国	NR（NR）	NR	NR	(240.3±31.4) 个/g（DW）	60～4 200	碎片	尼龙	Liu 等（2019）
韩国	3 个污水处理厂（A：67 700人；B：235 700人；C：245 200人）	98%	A 和 B：污泥浓缩脱水；C：污泥浓缩、厌氧消化和脱水	A：14.9 个/g（DW） B：9.6 个/g（DW） C：13.2 个/g（DW）	106～5 000	碎片	NR	Lee and Kim（2018）
芬兰	三级处理（55 000人）	98%	厌氧消化（和脱水）	4.2～28.7 个/g	250～5 000	纤维	聚酯	Lares 等（2018）
加拿大	二级处理（NR）	98%	NR	可疑颗粒 14.9 个/g（一级）4.4 个/g（二级）（DW）	5 000	纤维	NCR	Gies 等（2018）
挪威	2 个三级处理污水处理厂，4 个二级处理污水处理厂，2 个一级处理污水处理厂（18 150～615 000人）	NR	各种	1 701～19 837 个/kg	50～5 000	微珠	聚乙烯	Lusher 等（2018）
荷兰	1 个三级处理污水处理厂，1 个二级处理污水处理厂（NR）	72%	NR	370～950 个/kg	10～5 000	NR	NR	Leslie 等（2017）
德国	1 个二级处理污水处理厂，5 个（11 000～56 000人）	NR	NR	1 000～24 000 个/kg（DW）	<500	NR	聚乙烯	Mintenig 等（2017）

第 6 章 污泥中的微塑料：被捕获但又被释放？

续表

地点	污水处理厂类型（等量人口）	报道的去除效率	处理类型	污泥中的微塑料平均丰度	分析的微塑料粒径范围/μm	微塑料主要类型	聚合物	文献
德国	污水处理厂（50 000 人）	NR	NR	223 个/100 mL 或 495 个/kg（DW）	0.48～500	NR	NR	Sujathan 等（2017）
芬兰	三级处理污水处理厂（800 000 人）	>99%	剩余污泥和干污泥；厌氧消化和脱水	76.3 个/g（过量）和 186.7 个/g（干）	100～5 000	NR	NR	Talvitie 等（2017）
丹麦	5 个污水处理厂（NR）	92.6%～99.7%	NR	169 000 个/g	20～500	NR	聚乙烯	Vollertsen and Hansen（2017）
西班牙	一级处理污水处理厂（210 000 人）	NR	初级厌氧消化污泥	NR：存在微塑料	NR	NR	聚酯	Bayo 等（2016）
苏格兰	二级处理污水处理厂（650 000 人）	98.4%	污泥浓缩离心后产生的脱水污泥饼	大约 2.5～2.5 g	NR	NR	聚酯	Murphy 等（2016）
爱尔兰	7 个污水处理厂（6 500～240 万人）	NR	各种	4 196～15 385 个/kg(DW)	250～5 000	纤维	高密度聚乙烯	Mahon 等（2017）
美国	NR	NR	脱水、厌氧消化	纤维 4 个/g	NR	仅调查了纤维	NCR	Zubris and Richards（2005）
美国	7 个三级处理污水处理厂，1 个二级处理污水处理厂（NR）	NR	回流污泥	1 个/20 mL	45～5 000	NR	NR	Carr 等（2016）
瑞典	三级处理污水处理厂（14 000 人）	>99.9%	部分脱水	16 700 个/kg（DW）	300～5 000	纤维	NCR	Magnusson and Norén（2014）

NR——没有报道；NCR——没有报道特征；DW——干重；WW——湿重。

6.2.1 粗格栅和沉砂池

粗格栅可以去除棍棒、碎布和其他碎屑等较大杂质，否则这些较大杂质会损坏和堵塞处理设备、降低污水处理系统的稳定性和处理效率。尽管格栅空隙之间的距离通常大于 6 mm，但较大杂质的堆积也会截留一部分小颗粒，如较大粒径的微塑料颗粒（1～5 mm）。因此，截留效率将主要取决于堆积的杂质数量和清理频次。在粗格栅之后通常设置 1 个沉砂池，用于去除那些重的小粒径（约 0.1 mm）矿物颗粒，比如砾石和沙子。设计的沉砂池通常可去除相对密度约为 2.65 的颗粒，但对除砂数据的分析表明，去除颗粒的相对密度范围是 1.3～2.7（WPCF，1985），这包括那些较高密度的微塑料。例如，Michielssen 等（2016）发现在预处理阶段（格栅和沉砂池）就能够去除 35%～59% 的微塑料（20～4 750 μm）。在中国北京的 1 个污水处理厂，大约有 58% 的微塑料颗粒在曝气沉砂池阶段被去除（Yang et al.，2019a）。另外，Carr 等（2016）根据对 2.1 g 沉砂样品中单个颗粒的计数，进而估算在每天的污水处理中大约会有 7.78×10^6 个微塑料颗粒在沉砂池被去除。需要注意的是，在这个阶段收集的所有固体废物最终都不会进入污泥，而是被焚烧或填埋处理。

6.2.2 撇油器

在沉砂池或初级沉淀池阶段，通常可以通过表面撇渣的方式去除进入污水的油脂。由于许多沉砂池利用曝气的方式冲洗砂砾颗粒以减少有机物含量（导致砂砾的相对密度增加），这使得那些密度小于水（1.0 g/cm^3）的微塑料颗粒具有漂浮到水体表面的额外浮力。Murphy 等（2016）研究发现粗格栅（6～19 mm）和装有油脂分离器的曝气沉砂池能够去除 45%（颗粒数）的微塑料（63～5 000 μm），并且分离出来的油脂中微塑料浓度是最高的。油脂样品（2.5 g）中含有的微塑料颗粒的平均数达到 20 个，其中聚乙烯、聚酯、聚对苯二甲酸乙二酯和醇酸树脂是最常见的聚合物（Murphy et al.，2016）。相似地，从初级撇渣器样品（样品量：5 g）里面分离了 24 个微塑料颗粒（主要

第 6 章 污泥中的微塑料：被捕获但又被释放？

是蓝色聚乙烯碎片）(Carr et al., 2016)。然而，根据每天收集的油脂总量，我们可以估算出油脂分离仅去除了大约 6% 的微粒。

污水处理厂通常会将分离的油脂和其他污泥一同处理，因此油脂和泡沫可能是低密度微塑料向污泥处理线转移的重要载体。我们在挪威的研究发现，从污泥分离出来的微塑料颗粒中，62% 的颗粒的密度小于纯水密度（Lusher et al., 2018），这说明这些漂浮颗粒物可能在早期的分离阶段就已经被去除了。

6.2.3　初级澄清池和二级澄清池

污水中更高密度的微塑料颗粒在初级澄清池和二级澄清池阶段就可能被分离出来。初级澄清池能够去除易沉降的固体和漂浮物（如果沉砂池未配备油脂分离装置），从而减少了悬浮固体的含量。Michielssen 等（2016）发现在初级澄清池阶段能够去除 62%～82% 的微塑料颗粒（>20 μm），尽管他们研究的污水处理厂使用了低剂量的混凝剂和絮凝剂以促进对初级澄清池中颗粒物的去除，但这仍与 Murphy 等（2016）的研究结论（61%）一致。

二级澄清池对经过生物处理和/或化学处理后的污水进行再次沉淀，并在污泥被送至脱水或返回生物反应器之前对污泥进行浓缩（在处理活性污泥的工艺中）。在这个过程中，自然发生的生物絮凝、化学混凝或絮凝沉淀都可以显著提高颗粒物的沉降速率。二级澄清池的设计沉降时间通常比初级澄清池的沉降时间要长，这就为颗粒沉降提供了充足的时间。Michielssen 等（2016）发现只有 7% 的微塑料颗粒残留在二级澄清池出水中（93% 已经被去除），但在 Michielssen 等（2016）所研究的两个污水处理厂中，二级处理工艺（活性污泥处理和二级澄清池）对微塑料的去除效率只有 12%～61%。混凝剂尤其是絮凝剂常用于改善污泥絮凝沉降特性，同时促进了对污水中残留微塑料的去除。

6.2.4　其他处理过程

膜生物反应器（MBR）将活性污泥和处理后的水进行分离，可以省去二级澄清池过程，在大规模污水处理厂中越来越受到欢迎。膜生物反应器工艺有望显著提高对微塑料的去除效率（Lares et al.，2018）。

一些污水处理厂会利用净化工艺去除从二级澄清池流出的污泥絮凝物，也就是通常的快速砂滤。颗粒特征（如粒径分布和表面性质）、过滤器的容量负荷和老化程度、所用砂砾类型以及粒径分布等决定了膜生物反应器对微塑料的去除效率。通常有 90% 的 10 μm 颗粒被去除，但对 2 μm 颗粒的去除效率仅有 10%（Tchobanoglous et al.，2003）。

除了那些预处理装置产生的污泥（收集的固体，如木棍、碎布和沙子），污水处理过程中产生的所有污泥均需进行混合处理，以便减少污泥的最终产生量，并控制污泥的潜在健康风险。各污水处理厂之间对污泥的处理存在较大差异，一般的步骤包括浓缩、添加石灰以稳定化、好氧和 / 或厌氧消化及堆肥、调理、脱水和热干化。通常来讲，这些步骤主要取决于所采用的污泥处置方法，因此某些污泥可能不会经过稳定化的过程。

污泥处置过程可能会导致塑料颗粒的破碎。研究表明，石灰稳定化过程中产生的碎片（如尼龙纤维和聚乙烯碎片）是高 pH 值和机械破损以及熔融等共同作用的结果，同时在热干化过程中高密度聚乙烯和聚乙烯碎片起泡也会产生塑料碎片（Cole et al.，2013；Mahon et al.，2017；Zubris & Richards，2005）。更为重要的是，脱水污泥中产生的废水可能会含有很大一部分微塑料颗粒；Murph 等（2016）发现脱水污泥产生的废水能够携带 20% 的微塑料颗粒重新进入污水处理厂。

6.3 已报道的污泥中微塑料的浓度

在编写这本书的时候，已经有 19 项研究报道了污泥中微塑料的含量（表 6.1）。在这些研究中，由于使用了不同的方法收集、处理和分析污泥中的微塑料，导致几乎无法直接比较不同研究之间的结果。此外，在这些研究中提到的"污泥"一词在定义上可能会有所不同，这点也需要加以注意。另外，几项研究调查了特定阶段污泥（如回流活性污泥）而不是最终污泥中的微塑料浓度，还有研究报道了脱水或污泥处理之前或之后的微塑料含量。所有这

第6章 污泥中的微塑料：被捕获但又被释放？

些因素都会影响污泥中的微塑料含量，因此也就无法直接比较不同研究之间的结果。由于目前缺少分析污泥中微塑料的技术标准或统一的分析方法，导致在各研究之间存在分析方法上的差异，从而进一步阻碍了对不同研究结果的比较。

6.3.1 使用的分析方法

通常使用抓斗式取样器（grab sampler）收集污泥样品，可以收集单个样品，也可以在一段时间内收集混合样品（如 Lusher et al.，2018）。污泥是由固体物质（包括微生物、有机物和无机物以及微塑料）组成的复杂混合物，几种不同方法常用于分解复杂并且富含有机物的样品，包括密度分离［使用氯化钠（NaCl）、碘化钠（NaI）、氯化锌（$ZnCl_2$）和氯化钡（$BaCl_2$）］、过氧化氢（H_2O_2）处理、氢氧化钠（NaOH）处理、筛分和目视分类等。在使用这些方法进行样品测试和回收率测试之后，证明芬顿试剂可以有效地去除样品中有机物而不会影响塑料颗粒特征（Hurley et al.，2018）。酶消解也是去除有机物（如纤维素）的有效方法；与其他方法相比，酶消解方法更加昂贵并且耗费更长时间，但可作为分析非常小的微塑料颗粒（如 50 μm）或特别复杂的污泥样品的最佳方法。污泥样品的含量不同（例如进入污水处理厂的不同固体物质来源所致）和后续处理差异（可能会影响不同的有机物组分并改变诸如污泥 pH 值等因素）导致污泥样品多样化和复杂化，这阻碍了建立污泥中微塑料统一分析方法的进程。为了解决这个问题，已采取了一些创新的方法，例如开发了稀有元素标记的微米塑料颗粒和纳米塑料颗粒，这可以有效地用于评估不同污水或污泥处理方法对不同类型微塑料颗粒的影响（Mitrano et al.，2019；Schmiedgruber et al.，2019）。需要不断优化方法，以提高分析精度，并对污水处理厂内部以及与污泥归趋有关的微塑料动力学有更加全面的了解。

6.3.2 研究之间的相互比较

在讨论污泥中微塑料浓度时，面临的主要困难之一就是没有两个完全相同的污水处理厂，这就阻碍了对不同研究结果进行相互比较，使得对不同污水处理厂特征（如服务人口数量、污水来源以及采用的污水处理工艺等）的影响的调查变得更加复杂。由于微塑料颗粒往往积累在混合污泥中，而绝大部分混合污泥被回收以为微生物提供充足污泥，因此应在充分了解研究条件的基础上对进水与出水进行直接比较。

尽管如此，仍可以从当前文献中了解一些值得关注的地方。例如，在分析时如果更小微塑料颗粒组分（如颗粒下限 10～20 μm）也被计入微塑料总量，则微塑料的含量就会变得更高（Magni et al., 2019；Sujathan et al., 2017；Vollertsen & Hansen，2017）。从表 6.1 可以明显看出，各研究之间存在着较大差异，无法建立污泥中微塑料浓度与控制措施之间的明确关系，如污泥处理过程对污泥中微塑料含量的影响。然而，通过这些研究，我们可以看出一些趋势，即处理水平的特定差异与污水处理厂的特征有关。污泥中微塑料形状和粒径的变化说明污泥处理过程可能会影响微塑料颗粒特征，并且污水处理可能会增加较小粒径级别颗粒的比例。尽管无法对各项研究进行直接比较，但目前的文献仍提出了一些重要的发现，这些发现值得我们对污泥中的微塑料开展更深一步的研究。

6.4 污泥中微塑料的归趋

随着污泥中高浓度微塑料的证据越来越多，科学家更加关注污泥的当前处置方式和再利用过程产生的后果。污泥中微塑料的归趋与污泥处置所采取的方式和法律规定有关，目前主要有两种方式有可能部分或完全限制污泥中微塑料的释放：热处理和填埋。热处理是指可能会破坏微塑料颗粒的一系列技术，包括焚烧、热解（pyrolysis）和气化（gasification）以及混烧（co-incineration）（Kacprzak et al., 2017），代表了利用污泥中存储的能量产生热能或最终产生电能的技术。热处理的原理是燃烧，如果燃烧的温度很高，就会破坏包括微塑料在内的各种有机成分。在高收入国家，热处理通常与磷回收和烟气洗涤同时进行，目前这种方式的成本较高（Fytili & Zabaniotou, 2008）。尽管焚烧会产生颗粒物并向环境排放，但在经济欠发达地区，焚烧仍

第6章 污泥中的微塑料：被捕获但又被释放？

是处置污泥的一种主要方式。

填埋也是一种污泥处置方式，并有望能够控制微塑料的释放。如果填埋能够得到妥善管理，微塑料颗粒就不会被释放到环境中。然而，由于受到立法上的阻碍、处理能力限制和公众难以接受，填埋处理污泥的方式正在快速减少（Milieu Ltd. et al., 2013）。另外，尚未开展对垃圾填埋场渗滤液中微塑料或因不当操作导致颗粒释放的细化研究。

部分国家对污泥的处置要求有着严格的法律规定，但在某些情况下污泥仍会被倾倒在土地上，如中国有超过80%的污泥是通过不当倾倒而处置的（Yang et al., 2015）[1]。因此这些不当处置的污泥将成为周围环境中微塑料的重要来源，污泥中微塑料的释放主要是通过倾倒的方式。与水生生态系统的距离、坡向和坡度以及当地的地貌等因素，都会影响微塑料在垃圾填埋场中的扩散。但是由于没有对倾倒进行严格的监管和记录，因此通过污泥倾倒处置释放微塑料的潜力很难估计。此外，污泥中微塑料的含量可能与污水处理厂污水潜在来源（如工业废水）、污水处理程度以及社会行为（如洗衣服等活动）有关（Napper & Thompson, 2016）。

在此讨论的污泥最终处置方式是作为土壤改良剂或肥料进行再次利用。在将污泥用作土壤改良剂之前，首先需要对其进行稳定化和无害化处理。其中，堆肥是一种常见的处置方式，厌氧消化和/或石灰稳定化处置也是常见

---

[1] Li 等（2018）调查发现，中国部分城市活性污泥中微塑料含量为 $1.60 \times 10^3 \sim 56.4 \times 10^3$ 个 /kg；Xu 等（2020）调查北京典型城市污水处理厂活性污泥中微塑料含量，结果表明为（$2\,933 \pm 611$）~（$5\,333 \pm 1\,501$）个 /kg。结合我国城市污水处理厂每年出厂活性污泥量（按照 4 000 万 t 计算），李小伟等（2019）估算我国每年因污泥的不当处置或土地利用而引入土壤系统的微塑料总量可达 15 万亿~51 万亿个 /a。——译者

Li X W, Chen L B, Mei Q Q, et al., 2018. Microplastics in sewage sludge from the wastewater treatment plants in China[J]. Water Research, 142: 75-85.

Xu Q J, Gao Y Y, Xu L, et al., 2020. Investigation of the microplastics profile in sludge from China's largest water reclamation plant using a feasible isolation device[J]. Journal of Hazardous Materials, 388: 122067.

李小伟, 纪艳艳, 梅庆庆, 等. 2019. 污水处理厂污水和污泥中微塑料的研究展望[J]. 净水技术, 38（7）: 13-22, 84.

的处置方式。经过这些处置后，污泥通常就会被直接用作作物肥料和土壤改良剂以促进生产。尽管美国联邦立法与污染物的水平变化有关（目前微塑料不被认为是一种污染物），但污泥在美国受到严格的管制并且应用也受到严格限制（Harrison et al., 1999）。相反，由于污泥中富含各种营养物质，目前包括欧盟在内的许多国家（地区）的立法都鼓励将污泥用于土地的做法［欧盟理事会指令86/278/EEC，见EU（1986）］。

尽管欧盟各成员国之间的污泥利用差异较大，总体上大约有40%的污泥被用于农业生产（Fytili & Zabaniotou, 2008; Mateo-Sagasta et al., 2015），因此这可能是微塑料被释放进入环境的主要途径。据Nizzetto等（2016）估算，每年大约有43 000～630 000 ton的微塑料通过污泥利用的方式进入欧洲农田，而据Lusher等（2018）估算，每年大概有584×10^9个微塑料颗粒在污泥用作土壤改良剂的过程中被释放进入挪威的环境中。微塑料一旦进入土壤，则很快就会混入其中（Rillig et al., 2017）。环境过程可能会进一步促进微塑料颗粒从陆地系统向水域系统转移，并最终汇入海洋，这个过程使微塑料可以在更广的范围内传播，并导致原本没有被微塑料污染的系统受到污染（Hurley & Nizzetto, 2018）。

6.4.1 与微塑料释放相关的潜在影响

迄今为止，只有少数研究调查了微塑料与陆地生物之间的相互作用，产生的各种不利影响包括导致弹尾目（Collembola）生长和繁殖力降低（Zhu et al., 2018）、蚯蚓（earthworm）肠道组织病理损伤（Rodriguez-Seijo et al., 2017）、多溴二苯醚（PBDEs）由微塑料向蚯蚓体内转移（Gaylor et al., 2013）等。然而，其他研究结果显示或不会产生不利影响（如Jemec Kokalj et al., 2018），或仅在超标浓度下才产生不利影响（Cao et al., 2017; Huerta Lwanga et al., 2016）。从当前文献中可以明显看出，尽管微塑料可能会通过连续的污泥施用而在土壤中积累并持久存在，但微塑料对土壤生物区系的潜在影响尚不清楚。

研究表明，微塑料可作为一些环境污染物的载体，如重金属（如Brennecke

第 6 章　污泥中的微塑料：被捕获但又被释放？

et al., 2016）和持久性有机污染物（POPs；如 Bakir et al., 2014）。各种污染物在污水处理厂高度浓缩，而污泥中的微塑料则可能会由于颗粒表面的吸附或形成生物膜而高度富集各种污染物（如 Wijesekara et al., 2018）。这种吸附了各种污染物的微塑料一旦被释放进入环境，就会导致各种污染物再次进入环境。然而，更重要的是发现了微塑料导致潜在风险的各种科学证据。例如，有研究指出微塑料在抗生素耐药性传播中的作用（Arias-Andres et al., 2018；Eckert et al., 2018），这是应对全球重大挑战的重要因素。尽管如此，抗生素耐药性在更大范围内的传播扩散与污泥中有机质有关（Bondarczuk et al., 2016；Chen et al., 2016），而与微塑料颗粒相关的迁移可能只占很小部分。实际上，吸附的污染物（例如抗生素）通常对有机质的亲和力比对塑料微粒的亲和力要高得多（Xu et al., 2018），并且自然过程显著降低了微塑料吸附污染物的迁移（Koelmans et al., 2016）。尽管如此，微塑料仍然会存在很长时间，并有可能在更大的空间范围内传播。因此，微塑料被描述为海洋环境中抗生素抗性的"储存库"（Yang et al., 2019b），需要在一定条件下科学评估微塑料颗粒所扮演的角色。

6.5　结论

在污水处理厂捕获的大量微塑料从水相转移到了污泥相，导致污泥中富集了高浓度的微塑料。微塑料通过几种机制和途径进入环境，其中污泥是一个非常重要的释放途径。目前，污水处理厂对进入污水处理厂的微塑料来源的控制能力有限，并且目前还没有能够去除微塑料并将其与污泥分离的技术。在这种情况下，通过立法限制污泥中微塑料的含量将非常困难。如挪威现行的《肥料产品法规》（*Fertiliser Product Regulations*，Gjødselvareforskriften）规定"粒径大于 4 mm 的塑料、玻璃或金属颗粒的总重量不得超过干物质总重量的 0.5%"（LMD KLD and HOD, 2019；译自挪威语）。为了防止微塑料在污泥中聚集，在污泥处理过程起始阶段就应采取预防措施，尽量避免或减少微塑料向污泥处置阶段转移。现有研究表明，简单的处理方式（如粗筛、砂滤和撇油器等）就可以捕获和去除一部分微塑料［根据Murphy等（2016）的研究结果，简单的方式对微塑料的去除率有可能达到80%］。如果通过撇油器收集的固体废物经焚烧或简单处置，就会防止大量微塑料进入污泥。然而，油脂也是污泥厌氧消化过程中产生沼气的重要底物，因此需要更加全面综合的方法来处置污泥并去除微塑料。

相反，今后应将工作的重点放在通过源头控制来减少向污水处理厂中输入微塑料。根据《关于化学品注册、评估、许可和限制》法规（*Registration, Evaluation, Authorisation and Restriction of Chemicals, REACH*），目前欧盟提议对在个人护理产品和家用产品中故意添加微塑料的方式进行审查。最近，欧洲化学品管理局（European Chemicals Agency，ECHA）也强调污泥可能是微塑料进入环境的主要途径（ECHA，2018）。为减少这些来源，应降低污泥中微塑料的浓度，但其他类型的微塑料也非常重要。纤维和碎片通常是污泥中微塑料的主要形态，对这些微塑料也必须加以解决。

研究污泥中微塑料的控制措施、归趋和影响是当前迫切需要开展的工作。而解决污泥中微塑料的潜在风险、建立污泥中微塑料的效应阈值也是未来研究的重点方向。污泥是环境微塑料的一个来源，因此定量各地区（包括发展中地区）的污泥产量也非常重要。最后，为有效减少污泥中微塑料的含量，应评估减少污水处理厂中微塑料来源的解决方案。

致谢

非常感谢卢卡·尼泽托博士（Dr. Luca Nizzetto）对本章的评论和早期的讨论。

参考文献

Arias-Andres M., Klümper U., Rojas-Jimenez K. and Grossart H.-P. (2018). Microplastic pollution increases gene exchange in aquatic ecosystems. *Environmental Pollution*, 237, 253-

261.

Bakir A., Rowland S. J. and Thompson R. C. (2014). Enhanced desorption of persistent organic pollutants from microplastics under simulated physiological conditions. *Environmental Pollution*, 185, 16-23.

Bayo J., Olmos S., López-Castellanos J. and Alcolea A. (2016). Microplastics and microfibers in the sludge of a municipal wastewater treatment plant. *International Journal of Sustainable Development and Planning*, 11, 812-821.

Bondarczuk K., Markowicz A. and Piotrowska-Seget Z. (2016). The urgent need for risk assessment on the antibiotic resistance spread via sewage sludge land application. *Environment International*, 87, 49-55.

Brennecke D., Duarte B., Paiva F., Caçador I. and Canning-Clode J. (2016). Microplastics as vector for heavy metal contamination from the marine environment. *Estuarine, Coastal and Shelf Science*, 178, 189-195.

Cao D., Wang X., Luo X., Liu G. and Zheng H. (2017). Effects of polystyrene microplastics on the fitness of earthworms in an agricultural soil IOP Conf. Ser. *Earth Environmental Science*, 61, 012148.

Carr S. A., Liu J. and Tesoro A. G. (2016). Transport and fate of microplastic particles in wastewater treatment plants. *Water Research*, 91, 174-182.

Chen Q., An X., Li H., Su J., Ma Y. and Zhu Y.-G. (2016). Long-term field application of sewage sludge increases the abundance of antibiotic resistance genes in soil. *Environment International*, 92-93, 1-10.

Cole M., Lindeque P., Fileman E., Halsband C., Goodhead R., Moger J. and Galloway T. S. (2013). Microplastic Ingestion by Zooplankton. *Environmental Science & Technology*, 47 (12), 6646-6655.

Eckert E. M., Di Cesare A., Kettner M. T., Arias-Andres M., Fontaneto D., Grossart H.-P. and Corno G. (2018). Microplastics increase impact of treated wastewater on freshwater microbial community. *Environmental Pollution*, 234, 495-502.

European Council (EU)(1986). EU Council Directive of 12 June 1986 on the Protection of the Environment, and in Particular of the Soil, when Sewage Sludge is Used in Agriculture (86/278/EEC). Council of the European Communities. Official Journal of the European Communities No. L, 181/6-12. See: https://eur-lex.europa.eu/eli/dir/1986/278/oj (accessed May 2019).

European Chemicals Agency (ECHA)(2018). Intentionally added microplastics likely to accumulate in terrestrial and freshwater environments. ECHA/PR/18/15 See: https://echa.europa.eu/-/intentionally-added-microplastics-likely-to-accumulate-in-terrestrial-and-freshwater-environments(accessed May 2019).

Fytili D. and Zabaniotou A.(2008). Utilization of sewage sludge in EU application of old and new methods: a review. *Renewable & Sustainable Energy Reviews*, 12, 116-140.

Gaylor M. O., Harvey E. and Hale R. C.(2013). Polybrominated Diphenyl Ether(PBDE) Accumulation by Earthworms(Eisenia fetida) Exposed to Biosolids-, Polyurethane Foam Microparticle-, and Penta-BDE-Amended Soils. *Environmental Science & Technology*, 47, 13831-13839.

GESAMP(2015). Chapter 3.1.2 Defining 'microplastics'. Sources, Fate and Effects of Microplastics in the Marine Environment: A Global Assessment. In:(IMO/FAO/UNESCO–IOC/UNIDO/ WMO/IAEA/UN/UNEP/UNDP Joint Group of Experts on the Scientific Aspects of Marine Environmental Protection(GESAMP)), P. J. Kershaw(ed.), Rep. Stud. GESAMP No. 90, 96p, London.

Gies E. A., LeNoble J. L., Noël M., Etemadifar A., Bishay F., Hall E. R. and Ross P. S.(2018). Retention of microplastics in a major secondary wastewater treatment plant in Vancouver, Canada. *Marine Pollution Bulletin*, 133, 553-561.

Harrison E. Z., McBride M. B. and Bouldin D. R.(1999). Land application of sewage sludges: an appraisal of the US regulations. *International Journal of Environment and Pollution*, 11(1), 1-36.

Huerta Lwanga E., Gertsen H., Gooren H., Peters P., Salánki T., van der Ploeg M., Besseling E., Koelmans A. A. and Geissen V.(2016). Microplastics in the terrestrial ecosystem: implications for *Lumbricus terrestris*(Oligochaeta, Lumbricidae). *Environmental Science & Technology*, 50, 2685-2691.

Hurley R. R. and Nizzetto L.(2018). Fate and occurrence of micro(nano)plastics in soils: knowledge gaps and possible risks. *Current Opinion in Environmental Science & Health*, 1, 6-11.

Hurley R. R., Lusher A. L., Olsen, M. and Nizzetto L.(2018). Validation of a method for extracting microplastics from complex, Organic-Rich, Environmental Matrices. *Environmental Science & Technology*, 52(13), 7409-7417.

Jemec Kokalj A., Horvat P., Skalar T. and Kržan A.(2018). Plastic bag and facial cleanser derived microplastic do not affect feeding behaviour and energy reserves of terrestrial isopods. *Science of the Total Environment*, 615, 761-766.

第6章　污泥中的微塑料：被捕获但又被释放？

Kacprzak M., Neczaj E., Fijałkowski K., Grobelak A., Grosser A., Worwag M., Rorat A., Brattebo H., Almås Å. and Singh B. R. (2017). Sewage sludge disposal strategies for sustainable development. *Environmental Research*, 156, 39-46.

Koelmans A. A., Bakir A., Burton G. A. and Janssen C. R. (2016). Microplastic as a vector for chemicals in the aquatic environment: critical review and model-supported reinterpretation of empirical studies. *Environmental Science & Technology*, 50, 3315-3326.

Lares M., Ncibi M. C., Sillanpää M. and Sillanpää M. (2018). Occurrence, identification and removal of microplastic particles and fibers in conventional activated sludge process and advanced MBR technology. *Water Research*, 133, 236-246.

Lee H. and Kim Y. (2018). Treatment characteristics of microplastics at biological sewage treatment facilities in Korea. *Marine Pollution Bulletin*, 137, 1-8.

Leslie H. A., Brandsma S. H., van Velzen M. J. M. and Vethaak A. D. (2017). Microplastics en route: field measurements in the Dutch river delta and Amsterdam canals, wastewater treatment plants, North Sea sediments and biota. *Environment International*, 101, 133-142.

Li X., Chen L., Mei Q., Dong B., Dai X., Ding G. and Zeng E.Y. (2018). Microplastics in sewage sludge from the wastewater treatment plants in China. *Water Research*, 142, 75-85.

Liu X., Yuan W., Di M., Li Z. and Wang J. (2019). Transfer and fate of microplastics during the conventional activated sludge process in one wastewater treatment plant of China. *Chemical Engineering Journal*, 362, 176-182.

LMD KLD and HOD (2019). Forskrift om gjødselvarer mv. av organisk opphav (Regulations on fertilizer products, etc. of organic origin). Ministry of Agriculture and Food (LMD), Ministry of Climate and Environment (KLD) and Ministry of Health and Care Services (HOD), FOR-2003-07-04-951, last amendment 30 January 2019. See: https://lovdata.no/dokument/SF/forskrift/2003-07-04-951 (accessed 12 June 2019).

Lusher A. L., Hurley R. R., Vogelsang C., Nizzetto L. and Olsen M. (2018). Mapping microplastics in sludge. Report No. M907 for the Norwegian Institute for Water Research (NIVA). NIVA, Oslo.

Magni S., Binelli A., Pittura L., Avio C. G., Della Torre C., Parenti C. C., Gorbi S. and Regoli F. (2019). The fate of microplastics in an Italian Wastewater Treatment Plant. *Science of the Total Environment*, 652, 602-610.

Magnusson K. and Norén F. (2014). Screening of microplastic particles in and down-stream a wastewater treatment plant. Report for the Swedish Environmental Protection Agency (No. C 55). Swedish Environmental Research Institute (IVL), Stockholm.

Mahon A. M., O'Connell B., Healy M. G., O'Connor I., Officer R., Nash R. and Morrison L. (2017). Microplastics in sewage sludge: effects of treatment. *Environmental Science & Technology*, 51, 810-818.

Mateo-Sagasta J., Raschid-Sally L. and Thebo A. (2015). Global wastewater and sludge production, treatment and use. In: Wastewater: Economic Asset in an Urbanizing World, P. Drechsel, M. Qadir and D. Nad Wichelns (eds.), Springer, Dordrecht, pp. 15-38.

Michielssen M. R., Michielssen E. R., Ni J. and Duhaime M. B. (2016). Fate of microplastics and other small anthropogenic litter (SAL) in wastewater treatment plants depends on unit processes employed. *Environmental Science: Water Research & Technology*, 2, 1064-1073.

Milieu Ltd, WRC, RPA (2013). Environmental, economic and social impacts of the use of sewage sludge on land. Final Report—Part I: Overview Report. Milieu Ltd, Brussels, Belgium.

Mintenig S. M., Int-Veen I., Löder M. G. J., Primpke S. and Gerdts G. (2017). Identification of microplastic in effluents of waste water treatment plants using focal plane array-based micro-Fourier-transform infrared imaging. *Water Research*, 108, 365-372.

Mitrano D. M., Beltzung A., Frehland S., Schmiedgruber M., Cingolani A. and Schmidt F. (2019). Synthesis of metal-doped nanoplastics and their utility to investigate fate and behaviour in complex environmental systems. *Nature Nanotechnology*, 14, 362-368.

Murphy F., Ewins C., Carbonnier F. and Quinn B. (2016). Wastewater Treatment Works (WwTW) as a source of microplastics in the aquatic environment. *Environmental Science & Technology*, 50, 5800-5808.

Napper I. E. and Thompson R. C. (2016). Release of synthetic microplastic plastic fibres from domestic washing machines: effects of fabric type and washing conditions. *Marine Pollution Bulletin*, 112(1-2), 39-45.

Nizzetto L., Futter M. and Langaas S. (2016). Are agricultural soils dumps for microplastics of urban origin? *Environmental Science & Technology*, 50, 10777-10779.

Rillig M. C., Ingraffia R. and Machado de S. A A. (2017). Microplastic incorporation into soil in agroecosystems. *Frontiers in Plant Science*, 8, 1805.

Rodriguez-Seijo A., Lourenço J., Rocha-Santos T. A. P., da Costa J., Duarte A.C., Vala H. and Pereira R. (2017). Histopathological and molecular effects of microplastics in *Eisenia andrei* Bouché. *Environmental Pollution*, 220, 495-503.

Schmiedgruber M., Hufenus R. and Mitrano D. M. (2019). Mechanistic understanding of microplastic fiber fate and sampling strategies: synthesis and utility of metal doped polyester

第6章 污泥中的微塑料：被捕获但又被释放？

fibers. *Water Research*, 155, 443-430.

Sujathan S., Kniggendorf A.-K., Kumar A., Roth B., Rosenwinkel K.-H. and Nogueira R. (2017). Heat and bleach: a cost-efficient method for extracting microplastics from return activated sludge. *Archives of Environmental Contamination and Toxicology*, 73, 641-648.

Talvitie J., Mikola A., Setälä O., Heinonen M. and Koistinen A. (2017). How well is microlitter purified from wastewater?-A detailed study on the stepwise removal of microlitter in a tertiary level wastewater treatment plant. *Water Research*, 109, 164-172.

Tchobanoglous G., Burton F. L. and Stensel H. D. (2003). Wastewater Engineering Treatment and Reuse, 4th Ed. Metcalf & Eddy, Inc., McGraw-Hill, NY, ISBN 0-07-112250-8.

Vollertsen J. and Hansen A. A. (2017). Microplastic in Danish wastewater: Sources, occurrences and fate (Environmental Project No. 1906). Danish Environmental Protection Agency, Copenhagen.

Wijesekara H., Bolan N. S., Bradney L., Obadamudalige N., Seshadri B., Kunhikrishnan A., Dharmarajan R., Ok Y. S., Rinklebe J., Kirkham M. B. and Vithanage M. (2018). Trace element dynamics of biosolids-derived microbeads. *Chemosphere*, 199, 331-339.

Water Pollution Control Federation (WPCF) (1985). Clarifier design, WPCF Manual of Practice FD-10. WPCF, Alexandria, VA.

Xu B., Liu F., Brookes P. C. and Xu J. (2018). Microplastics play a minor role in tetracycline sorption in the presence of dissolved organic matter. *Environmental Pollution*, 240, 87-94.

Yang G., Zhang G. and Wang H. (2015). Current state of sludge production, management, treatment and disposal in China. *Water Research*, 78, 60-73.

Yang L., Li K., Cui S., Kang Y., An L. and Lei K. (2019a). Removal of Microplastics in Municipal Sewage from China's Largest Water Reclamation Plant. *Water Research*, 155, 175-181.

Yang Y., Liu G., Song W., Ye C., Lin H., Li Z. and Liu W. (2019b). Plastics in the marine environment are reservoirs for antibiotic and metal resistance genes. *Environment International*, 123, 79-86.

Zhu D., Chen Q.-L., An X.-L., Yang X.-R., Christie P., Ke X., Wu L.-H. and Zhu Y.-G. (2018). Exposure of soil collembolans to microplastics perturbs their gut microbiota and alters their isotopic composition. *Soil Biology and Biochemistry*, 116, 302-310.

Zubris K. A. V. and Richards B. K. (2005). Synthetic fibers as an indicator of land application of sludge. *Environmental Pollution*, 138, 201-211.

第7章 污水处理厂出水排放管道周围海洋环境中微塑料传输和归趋的数值模拟

D. P. 科尔菲阿提斯（D. P. Korfiatis）

帕特雷大学物理系，希腊帕特雷

（University of Patras, Physics Department, Patras, Greece）

关键词：平流，团聚，降解，扩散，数学模型，沉降，污水处理厂

7.1 引言

塑料是由石油和/或天然气制成的有机聚合物，它们的广泛使用和几乎取之不尽的应用是众所周知的。在过去的几十年里，全球塑料的产量一直在持续增长（Horton & Dixon，2018）。

"微塑料"是指粒径很小的塑料碎片。今天，微塑料已在全球各种环境介质中广泛分布。微塑料对海洋环境的污染是科学研究的焦点，因为其具有重要的生态学意义（Frere et al.，2017）。除了有碍环境美学效果外，海洋环境中微塑料的积累还会对海洋生物系统产生直接的和间接的有害影响（Auta et al.，2017；Ogunola & Palanisami，2016）。

目前，研究人员还未就微塑料和纳米塑料的粒径定义达成共识。在本研究中，微塑料被定义为从任何维度看小于 5 mm 的塑料颗粒，纳米塑料则是粒径在 1～100 nm 范围内的塑料颗粒（GESAMP，2015；Rios Mendoza et al.，2018）。通常，以微型粒径制造的塑料被称为原生微塑料。然而，海洋环境中的微塑料大部分为次生微塑料，是指大型或中型塑料碎片在环境中降解或破碎而成的塑料颗粒（Cole et al.，2011）。大型塑料制品的分解破碎可以通过

第 7 章　污水处理厂出水排放管道周围海洋环境中微塑料传输和归趋的数值模拟

多种机制发生，具体可以分为物理的、化学的和生物的降解过程（Andrady，2011；Horton & Dixon，2018）。

一些研究已经对河流作为海洋微塑料的来源进行了深入调查（Besseling et al.，2017；Schmidt et al.，2017；Siegfried et al.，2017）。Mourgkogiannis 等（2018）在最近的一项研究中表明，因污水处理厂排放而进入海洋环境中的微塑料数量巨大。因此，污水处理厂也必须被视为海洋微塑料的来源。Karapanagioti（2017）报道了微塑料进入污水处理厂的途径。

人们普遍认为，海洋环境中微塑料归趋和传输的数值模拟对理解这一问题和找到可能的解决方案具有至关重要的作用（Hardesty et al.，2017）。Besseling 等（2017）基于浅水圣维南（St. Venant）方程开发了淡水环境数学模型。该模型还包括微塑料的转化和沉降过程。

本章研究的是污水处理厂出水排放管道周围海洋环境中微塑料转化和传输过程的数学模型。

7.2　转化过程

7.2.1　均相团聚（homoaggregation）

相似颗粒相互聚集称为均相团聚。根据 Smoluchowski（1917）提出的模型，海洋环境中塑料颗粒的均相团聚速率可由式（7.1）计算。

$$\frac{\mathrm{d}n_j}{\mathrm{d}t} = \frac{1}{2}\sum_{i=1}^{j-1} a_{i,j-i} \cdot K_{i,j-i} \cdot n_i \cdot n_{j-i} - n_j \sum_{i=1}^{\infty} a_{i,j} \cdot K_{i,j} \cdot n_i \tag{7.1}$$

式中：n_j——粒径级别为 j 的颗粒数，10^9 个 $/\mathrm{m}^3$；

$a_{i,j}$——粒径级别为 i 和粒径级别为 j 的颗粒的吸附效率；

$K_{i,j}$——粒径级别为 i 的颗粒与粒径级别为 j 的颗粒的碰撞频率函数，$\mathrm{m}^3/(10^9 \text{个} \cdot \mathrm{s})$。

方程右侧第一项代表级别小于 j 的颗粒 i 和 $j-i$ 的团聚所形成的 j 级颗粒数目的增加；第二项代表 j 级颗粒与其他粒径级别颗粒 i 碰撞形成较大颗粒所

带来的 j 级颗粒数目的损失。

碰撞速率主要由以下 3 个过程决定：布朗运动（Brownian motion）、流体运动（fluid motion）和差速沉降（differential settling）(Quik et al., 2014）。碰撞频率函数 $K_{i,j}$ 由式（7.2）给出：

$$K_{i,j}=\left[\frac{2k_B T}{3\mu}\frac{(a_i+a_j)^2}{a_i a_j}+\frac{4}{3}G(a_i+a_j)^3+\left(\frac{2\pi g}{9\mu}\right)(\rho_p-\rho_w)(a_i+a_j)^3(a_i-a_j)\right]\cdot 10^9 \quad (7.2)$$

式中：k_B——玻尔兹曼（Boltzmann）常数；

T——绝对温度；

μ——水的动力黏滞系数；

a——颗粒半径；

G——紊动剪切速率；

g——重力加速度；

ρ_p 和 ρ_w——颗粒密度和水的密度。

尽管在许多情况下均相团聚是微塑料的一个非常重要的转化过程，但在污水处理厂并非如此。从污水处理厂出水排放管道排放到海洋环境中的微塑料浓度比从其他海洋塑料垃圾来源的浓度要低得多。从污水处理厂流入海洋的微塑料浓度的最坏情况值在 100~50 000 个 /m³ 之间（Mourgkogiannis et al., 2018）。

由 Smoluchowski［见式（7.1）］推导出的公式可以推断，在微塑料颗粒浓度非常低的情况下，均相团聚的概率很小。Besseling 等（2017）通过数值计算得出了相同的结论。因此，在第一过程中，忽略均相团聚过程被认为是有效的。

7.2.2 异相团聚（heteroaggregation）

异相团聚是在污水处理厂出水中微塑料与悬浮固体（SS）形成聚合体的过程。异相团聚的数学描述与均相团聚相似（Quik et al., 2014；Besseling et al.,

第 7 章　污水处理厂出水排放管道周围海洋环境中微塑料传输和归趋的数值模拟

2017）。因此，式（7.3）给出了由异相团聚引起的粒径级别为 j 的塑料颗粒密度的变化速率。

$$\frac{\mathrm{d}n_j}{\mathrm{d}t}=-a_{\mathrm{het}}n_j\sum_{i=1}^{m}K_{j,\mathrm{SS}i}n_{\mathrm{SS}i} \quad (7.3)$$

式中：m——模型中考虑的悬浮固体粒径级别的数量；

$n_{\mathrm{SS}i}$——半径为 $a_{\mathrm{SS}i}$ 的粒径级别为 i 的悬浮固体的密度。

碰撞频率 $K_{j,\mathrm{SS}i}$ 可由下式表示：

$$K_{j,\mathrm{SS}i}=\left[\frac{2k_{\mathrm{B}}T}{3\mu}\frac{(a_j+a_{\mathrm{SS}i})^2}{a_j a_{\mathrm{SS}i}}+\frac{4}{3}G(a_j+a_{\mathrm{SS}i})^3+\pi(a_j+a_{\mathrm{SS}i})^2|v_{\mathrm{s},j}-v_{\mathrm{s,SS}i}|\right]\cdot 10^9 \quad (7.4)$$

式（7.4）中出现的紊动剪切速率（G）表示层流。紊动剪切速率强烈依赖于天气条件和海水运动（Arvidsson et al.，2011）。微塑料和悬浮固体的沉降速率分别用 $v_{\mathrm{s},j}$ 和 $v_{\mathrm{s,SS}i}$ 表示。与水相相比，沉积物中微塑料颗粒与悬浮固体的碰撞频率更高（Besseling et al.，2017）。

7.2.3　降解

微塑料的降解符合一级反应动力学方程，可以通过降解速率常数（$k_{\mathrm{deg}j}$）对微塑料的降解进行模拟（Besseling et al.，2017），如下式所示：

$$\frac{\mathrm{d}n_j}{\mathrm{d}t}=-k_{\mathrm{deg}j}n_j \quad (7.5)$$

因此，可以假设微塑料的降解速率与现有的颗粒浓度成正比。

7.3　传输

7.3.1　沉降

根据式（7.6）所示关系，每种粒径级别微塑料的沉降速率与该粒径级别的颗粒浓度相似：

$$\frac{\mathrm{d}n_j}{\mathrm{d}t} = -\frac{v_{s,j}}{d_j} n_j \tag{7.6}$$

式中：d_j——沉降深度；

$v_{s,j}$——粒径级别为 j 的颗粒的沉降速率。沉降速率可以通过斯托克斯定律（Stokes' law）计算［式（7.7）］：

$$v_{s,j} = \frac{2a_j^2(\rho_p - \rho_w)g}{9\mu} \tag{7.7}$$

当然，沉降速率取决于颗粒的粒径，随着颗粒粒径的增大，沉降速率也增大。因此，可以将由颗粒直径决定的修正因子加入式（7.6）中（Arvidsson et al.，2011）。

7.3.2 平流－扩散

一维模型中微塑料的平流－扩散过程可以由式（7.8）表示的偏微分方程来描述：

$$\frac{\partial n}{\partial t} + v\frac{\partial n}{\partial x} = D\frac{\partial^2 n}{\partial x^2} - Kn \tag{7.8}$$

式中：Kn——微塑料从水相中的去除率。如上所述，由于微塑料浓度较低，因而均相团聚过程被忽略了。此外，为了清晰起见，我们只考虑了 1 种粒径级别的颗粒。在这些前提下，从描述转化过程和沉降的公式中可以明显看出，颗粒的总损失速率类似于颗粒密度。总比例因子为 K，当然，K 取决于悬浮固体颗粒的浓度。如果考虑均相团聚过程，则还取决于其他粒径级别的微塑料颗粒的浓度。

微塑料在海洋环境中的扩散系数为 D，v 为微塑料颗粒在距离出水管位置 x 处的速度。为了简单起见，仅考虑了一维运动，而忽略了径向扩散。

在稳态条件下，式（7.8）可转化为式（7.9）中给出的常微分方程：

$$D\frac{\mathrm{d}^2 n}{\mathrm{d}x^2} - v\frac{\mathrm{d}n}{\mathrm{d}x} - Kn = 0 \tag{7.9}$$

并且 $n(x=0)=n_0$（管道出口处微塑料的浓度），设 $x \to \infty$ 时 $n=0$ 为边界条件。

第7章　污水处理厂出水排放管道周围海洋环境中微塑料传输和归趋的数值模拟

假设速度 v 和因子 K 均恒定不变，式（7.9）会导致微塑料浓度随距离 x 的增加而呈简单的指数递减，可由式（7.10）表示：

$$n = n_0 \cdot e^{-\lambda x} \qquad (7.10)$$

式中：

$$\lambda = \frac{\sqrt{v^2 + 4DK} - v}{2D} \qquad (7.11)$$

在一个更符合实际情况的模型中，考虑了速度降低作为位置 x 的函数。当微塑料在海洋环境中移动时，由于来自水体的相反阻力，它们的移动速度会减慢。这个运动受牛顿第二定律（Newton's Second Law）支配：

$$m \frac{dv}{dt} = -F_D \qquad (7.12)$$

假设为层流［雷诺数（Reynolds number）较低］，阻力可由下式得出：

$$F_D = \frac{6A\mu}{a} v \qquad (7.13)$$

求解式（7.12），消除时间（t）后，我们得到了关于速度 v 和位移 x 的线性减速方程：

$$v = v_0 - \frac{6A\mu}{ma} x \qquad (7.14)$$

式中：v_0——微塑料从管道流出的速度（$x=0$ 时）。

在雷诺数的值非常高的情况下，阻力与 v^2 近似成正比。这种流动状态有时被称为牛顿定律区域（Newton's Law region）。阻力的表达形式如下：

$$F_D = C \cdot v^2 \qquad (7.15)$$

式中：C——常数，取决于海水密度和颗粒的横截面积。

在这种情况下，速度对 x 的依存性可以用以下形式证明：

$$v = v_0 \cdot e^{-\frac{C}{m} x} \qquad (7.16)$$

换言之，速度随 x 呈指数下降。故用式（7.14）或式（7.16）代替式（7.9）中的 v（取决于雷诺数的值），可以更精确地计算微塑料浓度沿 x 方向的分布。

7.4 数学模型

为了描述通过污水处理厂出水排放管道流到海洋环境中的微塑料的归趋和传输过程，必须将对流-扩散方程[式（7.9）]用于多个颗粒粒径级别微塑料的模拟。我们感兴趣的是恒定流动条件下的恒稳态，同时假设微塑料为球形颗粒。这样，我们将得到一组常微分方程：

$$D_j \frac{d^2 n_j}{dx^2} - v_j(x) \frac{d n_j}{dx} - K_j n_j = 0 \qquad (7.17)$$

式中：$j=1, \cdots, l$。

$$K_j = a_{het} \sum_{i=1}^{m} K_{j,SSi} n_{SSi} + k_{\deg j} + \frac{v_{sj}}{d_j} \qquad (7.18)$$

不考虑均相团聚导致了一个非耦合方程组。符号 l 表示模型中使用的粒径级别的数量，其值取决于具体研究实例。为了在特定情况下确定适当的 n 值，需要考虑污水处理厂出水排放管道的微塑料浓度数据。

系统的解决方案给出了函数 $n_j(x)$，表示从管道末端到距离 x 处的 l 个粒径级别中任何一个粒径级别微塑料的分布。边界条件为：$n_j(x=0)=n_{0j}$，为污水处理厂出水排放管道出口处粒径为 j 的微塑料的浓度，当 $x \to \infty$，$j=1, \cdots, l$ 时，微塑料的浓度 $n_j=0$。

速度 $v_j(x)$ 作为距离 x 的函数，可以通过式（7.14）或式（7.16）代入式（7.17），这取决于颗粒粒径级别。污水出水排放管道末端的初始速度与颗粒粒径无关，可以通过以下关系式进行简单计算得到：

$$v_0 = \frac{Q}{A} \qquad (7.19)$$

式中：Q——管道出口的流量；

A——管道横截面积。Q 和 n_{0j} 的值可以由所考虑的特定污水处理厂提供。

方程组的解为微塑料浓度沿 x 方向的分布。根据该分布，可以很容易地从微塑料在海洋中可检测的浓度推断出与管道出口的最大距离。

值得注意的是，对更复杂的特定污水处理厂模型，必须考虑管道出口相

第 7 章　污水处理厂出水排放管道周围海洋环境中微塑料传输和归趋的数值模拟

对于风向的位置（Critchell & Lambrechts，2016）。

7.5　结论

本章旨在研究微塑料从污水处理厂排放到海洋环境中的归趋和传输过程，并提出了描述微塑料在海洋中扩散的数学模型。微分方程组的解给出了有关与排放管道末端的距离的信息，在该距离处微塑料的浓度较高。

该模型是在同时考虑水阻力和微塑料转化过程及沉降过程前提下，以对流-扩散方程为基础建立起来的。

参考文献

Andrady A. L.（2011）. Microplastics in the marine environment. *Marine Pollution Bulletin* 62, 1596-1605.

Arvidsson R., Molander S., Sandén B. A. and Hassellöv M.（2011）. Challenges in exposure modeling of nanoparticles in aquatic environments. *Human and Ecological Risk Assessment* 17, 245-262.

Auta H. S., Emenike C. U. and Fauziah S. H.（2017）. Distribution and importance of microplastics in the marine environment: a review of the sources, fate, effects, and potential solutions. *Environment International* 102, 165-176.

Besseling E., Quik J. T. K., Sun M. and Koelmans A. A.（2017）. Fate of nano- and microplastic in freshwater systems: a modeling study. *Environment Pollution* 220, 540-548.

Cole M., Lindeque P., Halsband C. and Galloway T. S.（2011）. Microplastics as contaminants in the marine environment: a review. *Marine Pollution Bulletin* 62, 2588-2597.

Critchell K. and Lambrechts J.（2016）. Modelling accumulation of marine plastics in the coastal zone; what are the dominant physical processes? *Estuarine Coastal and Shelf Science* 171, 111-122.

Frere L., Paul-Pont I., Rinnert E., Petton S., Jaffre J., Bihannic I., Soudant P., Lambert C. and Huvet A.（2017）. Influence of environmental and anthropogenic factors on the composition, concentration and spatial distribution of microplastics: a case study of the Bay of Brest （Brittany, France）. *Environment Pollution* 225, 211-222.

GESAMP(2015). Sources, fate and effects of microplastics in the marine environment: a global assessment. In: (IMO/FAO/UNESCO–IOC/UNIDO/WMO/IAEA/UN/UNEP/UNDP Joint Group of Experts on the Scientific Aspects of Marine Environmental Protection (GESAMP)), P. J. Kershaw, (ed.), *Rep. Stud. GESAMP No.* 90, 96p.

Hardesty B. D., Joseph Harari J., Atsuhiko Isobe A., Laurent Lebreton L., Maximenko N., Potemra J., van Sebille E., Vethaak A. D. and Wilcox C. (2017). Using Numerical Model Simulations to Improve the Understanding of Micro-plastic Distribution and Pathways in the Marine Environment. *Frontiers in Marine Science* 4, 30.

Horton A. A. and Dixon S. J.(2018). Microplastics: an introduction to environmental transport processes. *WIREs Water* 5, e1268.

Karapanagioti H. K.(2017). Microplastics and synthetic fibers in treated wastewater and sludge. In: Wastewater and Biosolids Management, I. K. Kalavrouziotis, (ed.), IWA Publishing, London, pp. 77-88.

Mourgkogiannis N., Kalavrouziotis I. K. and Karapanagioti H. K.(2018). Questionnaire-based survey to managers of 101 wastewater treatment plants in Greece confirms their potential as plastic marine litter sources. *Marine Pollution Bulletin* 133, 822-827.

Ogunola O. S. and Palanisami T.(2016). Microplastics in the Marine Environment: current Status, Assessment Methodologies, Impacts and Solutions. *Journal of Pollution Effects Control* 4, 161.

Quik J. T. K., Van de Meent D. and Koelmans A. A.(2014). Simplifying modeling of nanoparticle aggregation-sedimentation behavior in environmental systems: a theoretical analysis. *Water Research* 62, 193-201.

Rios Mendoza L. M., Karapanagioti H. and Ramirez Alvarez N.(2018). Micro(nanoplastics) in the marine environment: current knowledge and gaps. *Current Opinion in Environmental Science & Health* 1, 47-51.

Schmidt C., Krauth T. and Wagner S.(2017). Export of plastic debris by rivers into the sea. *Environmental Science & Technology* 51, 12246-12253.

Siegfried M., Koelmans A. A., Besseling E. and Kroeze C.(2017). Export of microplastics from land to sea. A modelling approach. *Water Research* 127, 249-257.

Smoluchowski M.(1917). Versuch einer matematischen Theorie der Koagulationskinetic kolloider Losungen(Attempt of a mathematical theory of coagulation kinetic colloidal solutions). *Z Phys Chem* 92, 129-168.

第 8 章 评价污水处理厂出水作为环境样品中微塑料的来源

W. 考格（W. Cowger）[1]，A. B. 格雷（A. B. Gray）[1]，M. 埃里克森（M. Eriksen）[2]，C. 穆尔（C. Moore）[3]，M. 蒂尔（M. Thiel）[4]

[1] 加利福尼亚大学河滨分校环境科学系，美国里弗赛德

（Riverside，Environmental Science，University of California，Riverside，USA）

[2] 五大流涡研究所，美国洛杉矶

（5 Gyres Institute，Los Angeles，USA）

[3] 阿尔加利特，美国长滩

（Algalita，Long Beach，USA）

[4] 北加泰罗尼亚大学海洋生物系，智利科金博

（Department of Marine Biology，Universidad Catolica del Norte，Coquimbo，Chile）

关键词：生活垃圾，海洋碎片，管理不当的废弃物，塑料污染，源解析，废水

8.1 引言

人们注意到微塑料（GESAMP，2015）与污水处理厂出水的联系早于 21 世纪才开始的对微塑料污染的关注。来自家用洗涤用品和消费品的合成服装纤维和塑料微珠长期以来一直被排放到污水处理厂。据报道，大部分微塑料被捕获在污泥中，其余部分则留在污水处理厂的出水中（Fendal & Swell，2009；Gregory，1996；Habib et al.，1998；Ziajahromi et al.，2016）。20 世纪 90 年代末，在发现环境合成纤维浓度随着与污泥施用处或排污口距离的增加

而减小后，人们提出了将服装合成纤维作为污水处理厂出水环境通量的指标（Habib et al.，1998）。如今，合成纤维已成为一种公认的污染，环境科学家也对其开展了越来越多的监测研究（Browne et al.，2011；Miller et al.，2017），塑料微珠也已经被禁止用于个人护理产品（CA State Legislature，2015；US Congress，2015）。在随后的几十年中，我们了解到大气沉降也是合成纤维来源（Baldwin et al.，2016；Dris et al.，2016）。随着这一发现以及对其他塑料污染来源的进一步明确，从环境样品中识别微塑料来源的能力受到越来越多的关注（Leslie et al.，2017）。

评估环境样品中微塑料来源的研究论文对确定微塑料来源的能力满怀信心。一些报告指出，无法从环境样品中找到塑料的来源，或者评估塑料的来源存在较高的不确定性（Claessens et al.，2011；Leslie et al.，2017；Woodall et al.，2014）。其他报告则充满信心地指出，他们在环境中观察到的微塑料来源于污水处理厂出水（Estahbanati & Fahrenfeld，2016；Vermaire et al.，2017；Warrack et al.，2018），或者并非来源于污水处理厂（Campbell et al.，2017）。差异主要源自用于识别微塑料来源的技术不同。

为解决研究对微塑料来源不确定性的影响，使用了从污水处理厂出水排放处收集的样品中获得的证据，对23篇评估污水处理厂出水作为环境微塑料来源的论文进行了综述。有关微塑料取样策略的详细信息请参见如下研究工作：Hidalgo-Ruz 等（2012）；Blair 等（2017）；Li 等（2017）；Hanvey 等（2017）；Shim 等（2017）；Mai 等（2018）；Silva 等（2018）。本章主要关注以下问题：*我们使用环境样品确定污水处理厂微塑料来源的方法是否准确以及如何改进？*在这种情况下，来源可以被描述为绝对来源（来自污水处理厂出水微塑料的确切数量）或相对来源（来自污水处理厂出水微塑料与其他来源的比例）。这些论文综述了所有与微塑料相关的资料。与微塑料研究的其他领域一样，讨论污水处理厂出水源解析的论文数量在过去几年里有所增加（Gago et al.，2018）（图8.1）。在此综述的23篇论文代表了全球分布区域（图8.1），除大洋洲和南极洲外，其余所有大洲均有代表性研究。18篇论文表明，污水处理厂出水是其研究区域内微塑料的来源（表8.1）。其中有11篇论

第8章 评价污水处理厂出水作为环境样品中微塑料的来源

文明确指出,确定塑料来源是首要目标(表8.1)。这些研究利用地表水、沉积物、水体和生物样品来评估河流、海岸带、湖泊和河口的塑料污染。其中8篇论文研究了海洋环境,而其余论文则研究了淡水环境。6项研究比较了环境样品与污水处理厂出水样品(表8.1)。在这篇重要的综述中,我们综述了用于评估环境微塑料来源的技术,并为科学界如何权衡这些技术提供了一个框架,即从最低的确定性[轶事型证据(anecdotal evidence)]到最高的确定性[全面质量平衡评估(full mass balance evaluation)](图8.2)。

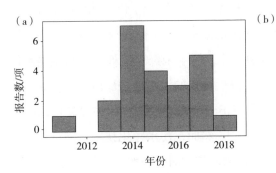

①由译者根据原著整理。

图8.1 (a)本综述中23项研究的年度报告数的直方图
(b)各大洲的微塑料研究论文数量

图8.2 从左到右:本章的各节标题,与源评估技术的确定性增加对应

8.2 轶事型证据

轶事型证据是从经验、未经证实的第三方报告或对潜在来源的特别评估报告中获得的,这是大多数科学研究的开始。尽管大多数科学家都同意轶事型证据不应该成为科学结论的主要依据,但有时情况的确如此。Free 等(2014)和 Zhang 等(2015)在没有污水处理厂的人口密集地区收集了塑料,并判断污水不是他们检出的微塑料的来源。Lechner 等(2014)将他们发现的

123

塑料污染归因于污水处理厂出水，因为他们的取样点位于净化程度较低（一级处理和二级处理）的污水处理厂的下游。这些都是使用轶事型证据的对比示例。Zhang 等（2015）和 Free 等（2014）确定，没有经过市政污水处理和较差的污水质量表明塑料来自污水的可能性很低，Lechner 等（2014）则得出了相反的结论。这种对比似乎围绕着一个问题："什么是污水？"

我们提出将污水处理厂出水定义为人类排放的任何处理后污水的观点，并同意 Lechner 等（2014）的观点，即缺乏处理或低质量的处理相对应的排放污水被塑料污染的可能性更高。在未来的研究中，污水处理的程度可分为非正式的或正式的（对处理程度有深入的解释），并根据与水环境系统的连通性进行评估。例如，在有些发展中国家，污水未经正式处理，与受纳水体（如露天下水道和在溪流中洗涤衣物）高度相连的污水处理厂出水可能是污水中微塑料的重要来源。此外，人们发现正式的污水处理程度的提高可以降低出水中的微塑料浓度（Carr et al., 2016）。然而，污水净化技术特别是三级污水处理技术存在很大的可变性，当采用微滤技术时，三级污水处理非常有效。因此，进一步明确污水是否被处理以及通过何种工艺进行处理，对了解污水的微塑料排放具有重要的意义。污水来源微塑料的贡献还取决于排放点和受纳水体之间的连通性。如果与微塑料颗粒的传输距离相比，从污水排放点到样品受纳水体的塑料传输时间/距离相对较长（Pizzuto et al., 2017），那么与传输初级处理后污水的管道系统相比，发展水平较低的小型社区[如 Free 等（2014）和 Zhang 等（2015）研究的社区]的确可能为特定水体输送较低的污水来源微塑料通量。

这些问题凸显了一个事实，轶事型证据并不是确定微塑料来源的最有效或最准确的手段，应该谨慎使用。通常可以对微塑料来源及其与相关环境系统的连通性进行更准确和定量的评估。

8.3 分类证据

分类方法是利用环境中微塑料的特性（如微珠和纤维的形状；图8.3）来评估微塑料的来源。具体来讲，分类证据可以提供从定性到半定量的微塑料来源证据。在我们综述的23篇论文中，有14篇使用了某种分类证据来确定来源。微塑料的分类特征包括形状、粒径、颜色、聚合物类型和物品类型。遗憾的是，这些分类方法使用的术语没有标准化，而在分类方法尚未标准化的情况下，其用于确定微塑料来源的能力就会受到质疑（Leslie et al., 2017）。然而，通过利用来自微塑料、大型塑料（>5 mm）和非塑料的多种形式的分类证据，则可以增加分类证据的可信度。

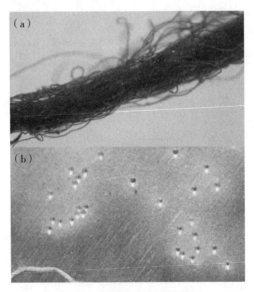

图 8.3　微塑料分类的样例

（a）衣服中的超细纤维；（b）90 μm 透明塑料微珠被 2 μm 微珠包围产生光晕［照片来源：威恩·考格（Win Cowger）］

表 8.1 综述的出版物的元数据

来源	文章类型	出版者名称	定量技术	分类技术	粒径范围	密度分离	有机质消解	取样方法	最小样品体积/L
Baldwin 等（2016）	论文	Environmental Science and Technology	计数	形状（纤维、碎片、颗粒/小球、泡沫、薄膜）；粒径（0.355～0.99 mm、1.00～4.75 mm、≥4.75 mm）	>335 μm	NA	H_2O_2	筛网	大于 1 000
Browne 等（2011）	论文	Environmental Science and Technology	计数	聚合物（涤纶、腈纶、聚丙烯、聚乙烯、聚酰胺）	NA	NaCl	NA	瞬时取样	0.25
Campbell 等（2017）	短文	FACETS	计数	形状（纤维、碎片、小球、泡沫、薄膜）	>5 μm 和 >80 μm	NA	NA	采水器	500
Castañeda 等（2014）	快速发表	NRC Press	计数	形状（微珠）	>500 μm	NA	NA	瞬时取样	2.25
Claessens 等（2011）	论文	Marine Pollution Bulletin	计数	形状（纤维、颗粒、薄膜、小球）	38 μm～1 mm	NaCl	NA	柱状样	0.5
Dris 等（2015）	研究论文	CSIRO Publishing	计数	粒径（100～500 μm、500～1 000 μm、1 000～5 000 μm）	>80 μm 和 >330 μm	NA	NA	筛网	450
Dubaish 和 Liebzet（2013）	研究论文	Water Soil and Air Pollution	计数	形状（颗粒、纤维）	>40 μm	NA	H_2O_2	瞬时取样	0.1
Eriksen 等（2013）	论文	Marine Pollution Bulletin	计数	形状（碎片、薄膜、泡沫、小球、线）；粒径（0.355～0.999 mm、1.00～4.749 mm、≥4.75 mm）	>333 μm	NA	NA	筛网	大于 1 000
Estahbanati 和 Fahrenfeld（2016）	论文	Chemosphere	计数	形状（原生、次生）；粒径（63～125 μm、125～250 μm、250～500 μm、500～2000 μm）	>125 μm	NaCl	H_2O_2	筛网	大于 1 000

第8章 评价污水处理厂出水作为环境样品中微塑料的来源

续表

来源	文章类型	出版者名称	定量技术	分类技术	粒径范围	密度分离	有机质消解	取样方法	最小样品体积/L
Free 等（2014）	论文	Marine Pollution Bulletin	质量和计数	形状（碎片、纤维/线、小球、薄膜、泡沫）；粒径（0.355～0.999 mm，1.00～4.749 mm，≥4.75 mm）	>333 μm	NaCl	H_2O_2	筛网	大于 1 000
Gallagher 等（2016）	论文	Marine Pollution Bulletin	计数	形状（纤维、圆形、不规则、椭圆形）；颜色（黑色、白色、透明、蓝色、白色、灰色、黄色、绿色、橙色、棕色、蓝色/黑色）	>300 μm	NaCl	NA	筛网	大于 1 000
Lechner 等（2014）	短文	Environmental Pollution	计数	形状（颗粒、薄片、球体、其他）	>125 μm	NaCl	H_2O_2	筛网	大于 1 000
Leslie 等（2017）	研究论文	Environment International	计数	形状（纤维、球体、薄片、其他）；粒径（10～300 μm，300～5 000 μm）	10～5 000 μm	NaCl	NA	连续离心	NA
Magnusson 和 Noren（2014）	报告	Swedish Environmental Research Institute	计数	形状（纤维、颗粒、薄片）	>300 μm	NA	NA	筛网	6 600
McCormick 等（2014）	论文	Environmental Science and Technology	计数	体积	>333 μm	NaCl	H_2O_2	筛网	大于 1 000
Miller 等（2017）	研究论文	Marine Pollution Bulletin	计数	颜色（蓝色、红色、黑色、透明、其他）；形状（纤维、圆形、其他）；长度（100 μm～1.5 mm，1.6～3.2 mm，3.3～9.6 mm）	>100 μm	NA	NA	瞬时取样	1

续表

来源	文章类型	出版者名称	定量技术	分类技术	粒径范围	密度分离	有机质消解	取样方法	最小样品体积/L
Smith 等（2017）	报告	Mohawk Watershed Symposium	计数	形状(纤维、薄膜、小球、泡沫、碎片)	>333 μm	NaCl	H_2O_2	筛网、瞬时取样	大于1 000
Talvitie 等（2015）	论文	Water Science and Technology	计数	形状(纤维、颗粒)	>20 μm 和>200 μm	NaCl	NA	过滤	20
Vermaire 等（2017）	论文	FACETS	计数	形状(纤维、微珠、其他塑料)	>100 μm	NaCl	H_2O_2	筛网、瞬时取样、采水泵	3.5
Warrack 等（2018）	研究论文	Frontiers of Undergraduate Research	计数	形状(碎片、泡沫、纤维、小球、薄膜)	>333 μm	NA	H_2O_2	筛网	大于1 000
Woodall 等（2014）	研究论文	Royal Society Open Science	计数	聚合物(聚酯、丙烯酸、其他合成材料)；形状(纤维)；颜色(全部)	>32 μm	NaCl	NA	柱状取样	0.01
Zhang 等（2015）	研究论文	Environmental Pollution	计数	形状(碎片、片、线、泡沫、微珠)；聚合物（PE、PP、PS）；粒径（112～300 μm、300～500 μm、500 μm～1.6 mm、1.6～5 mm）	>112 μm	是	NA	筛网	2 000
Zhao 等（2014）	基线	Marine Pollution Bulletin	计数	形状(纤维、薄膜、颗粒、圆球)；粒径（0.5～1 mm、1～2.5 mm、2.5～5 mm、>5 mm）	>333 μm	$ZnCl_2$	H_2O_2	筛网和过滤	20

第8章 评价污水处理厂出水作为环境样品中微塑料的来源

续表

来源	是否可获取	研究目标包含出水和源解析	出水是否为贡献源	技术	环境介质	生态系统	国家（地区）	化学鉴定技术	收集废水
Baldwin 等（2016）	是	是	否	相关性分析	表层水体	河流	美国	无	否
Browne 等（2011）	否	是	是	分类	沉积物	海岸线	多个国家	傅里叶变换红外光谱技术（FTIR）	是
Campbell 等（2017）	是	是	否	相关性分析	生物体和水体	河流	加拿大	无	否
Castañeda 等（2014）	否	否	是	分类	沉积物	河流	加拿大	无	否
Claessens 等（2011）	是	否	是	分类	沉积物	近海	比利时	傅里叶变换红外光谱技术（FTIR）	否
Dris 等（2015）	否	是	否	分类	表层水体和大气	河流	法国	无	是
Dubaish 和 Liebzet（2013）	否	否	是	分类	表层水体	海洋	北海	无	否
Eriksen 等（2013）	否	否	是	分类	表层水体	湖泊	美国	无	否
Estahbanati 和 Fahrenfeld（2016）	否	是	是	相关性分析	表层水体	河流	美国	无	否

续表

来源	是否可获取	研究目标包含出水和源解析	出水是否为贡献源	技术	环境介质	生态系统	国家(地区)	化学鉴定技术	收集废水
Free等(2014)	是	是	否	叙事型和分类	表层水体	湖泊	蒙古	无	否
Gallagher等(2016)	否	否	是	分类	水体	河口	英国	傅里叶变换红外光谱技术(FTIR)	否
Lechner等(2014)	否	否	是	叙事型	表层水体	河流	欧洲	无	否
Leslie等(2017)	是	是	是	分类	多介质环境	海洋和河流	荷兰	傅里叶变换红外光谱技术(FTIR)	是
Magnusson和Noren(2014)	否	是	是	相关性分析	表层水体	河流	瑞典	傅里叶变换红外光谱技术(FTIR)	是
McCormick等(2014)	否	是	是	相关性分析和其他	表层水体	河流	美国	无	否
Miller等(2017)	否	否	是	分类和相关性分析	表层水体	河流	美国	傅里叶变换红外光谱技术(FTIR)	否
Smith等(2017)	否	否	是	分类和相关性分析	表层水体和沉积物	河流	美国	拉曼光谱技术	否

第8章 评价污水处理厂出水作为环境样品中微塑料的来源

续表

来源	是否可获取	研究目标包含出水和源解析	出水是否为贡献源	技术	环境介质	生态系统	国家(地区)	化学鉴定技术	收集废水
Talvitie 等（2015）	否	是	是	其他来源	水体和沉积物	海岸带	芬兰	无	是
Vermaire 等（2017）	否	是	是	相关性分析	水体和沉积物	河流	加拿大	无	是
Warrack 等（2018）	否	否	是	相关性分析	表层水体	河流	加拿大	无	否
Woodall 等（2014）	是	否	是	分类	沉积物	海洋	多个国家	傅里叶变换红外光谱技术（FTIR）	否
Zhang 等（2015）	否	否	否	叙事型和分类	表层水体	河流	中国	傅里叶变换红外光谱技术（FTIR）	否
Zhao 等（2014）	否	否	是	分类	表层水体	河口和海岸带	中国	无	否

8.3.1 微塑料指标

由于缺少标准化的分类方法，文献中共使用了 19 个不同的分类术语（图 8.4）。虽然许多研究未明确定义其分类学分类，但我们在图 8.4 中使用了最佳判断和上下文或图像示例来定义它们之间的关系。分类单元的选择及其定义的模糊性阻碍了现有微塑料数据的交叉研究比较和更大规模的荟萃分析（meta-analysis）。分类特征的实用性和可比较性将受益于对有效的、标准化的分类方案的优化（Helm，2017）。

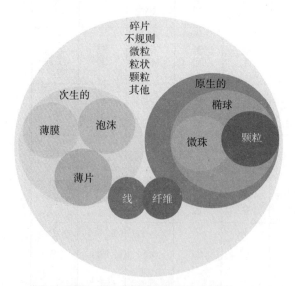

图 8.4　分类术语之间的关系

重叠的圆圈代表被研究的出版物中的共同定义；在一个圆圈中出现多个术语表示这些术语已经被用来代表同一分类。

一些塑料分类方法的定义是重叠的。"微珠"和"小球"在其球形定义上似乎是重叠的，但因粒径不同而有所不同。Castañeda 等（2014）仅量化微珠，并包括直径最大为 2 mm 的颗粒。Eriksen 等（2013）分析了消费性微珠，并将其环境样品中小于 1 mm 的所有球形颗粒归类为微珠。Fendall 和 Sewell（2009）发现很少有大于 1 mm 的化妆品微珠。我们建议微珠和微球粒径的阈值为 1 mm，这是用于区分微塑料和中型塑料（1～25 mm）的常见边

第8章 评价污水处理厂出水作为环境样品中微塑料的来源

界,并且所有研究均应报道用于进行分类学区分的粒径阈值。同样,几乎没有用于区分"纤维"和"线"的标准,一些论文将两者互换使用(Free et al.,2014)。区分纤维和线时,可以将纤维定义为来源于织物,而线为线形片段,并通过为单丝钓鱼线创建一个新的类别来分开。对微塑料分类学中所涉及的不确定性进行严密的研究将极大地促进该领域的发展(Helm,2017)。

最近,仅使用微塑料分类单元来识别微塑料的来源受到了挑战(Leslie et al.,2017)。在我们的综述中,两个最常遇到的分类单元是归因于污水来源的微珠和纤维(图8.3)。微珠和纤维是已被发现在环境中大量存在且在污水处理厂出水中常见的形状(Mason et al.,2016)。纤维是已知来自纺织品的细长线形物体(Helm,2017),而且在大气沉降物中的含量也很丰富(Dris et al.,2016),这可能使纤维成为不可靠的污水来源解析工具。同样,微珠是球形的不规则形状的塑料物体,其来源于消费品(洗面乳、化妆品和牙膏),通过污水处理厂出水进入环境,以及来源于喷砂介质(Castañeda et al.,2014;Eriksen et al.,2013;Free et al.,2014;Gallagher et al.,2016;Smith et al.,2017)。粒径和密度有助于确定每种分类的来源。如果微珠来自污水(化妆品),那么它们会漂浮;如果来源于喷砂,则会下沉(Eriksen et al.,2013)。然而,Castañeda 等(2014)发现了不漂浮的微珠,并将其归因于污水来源,这是基于微珠的平均直径与在化妆品中发现的相似。同样,Dris 等(2015)依据纤维粒径,将他们在河流样品中发现的纤维归因于大气来源,因为其长度更类似于大气样品,而不是污水处理厂出水样品。通过将污水处理厂出水中的纤维与环境样品进行比较,Browne 等(2011)指出他们在沉积物中发现的聚合物类型粒径特征与洗衣污水中纤维特征相似。通过这种方式,利用多种分类学特征,而不仅仅是将环境样品中的所有纤维或微珠归因于污水,可使证据更为可靠。很明显,对污水来源微珠和纤维的特性的深入研究将为该领域作出重大贡献。

8.3.2 大型塑料指标

与使用微塑料分类方法回溯来源的讨论相类似,大型塑料(GESAMP,

2015）可以用肉眼区分，并且有助于微塑料来源的识别。大型塑料可以变成微塑料，是常用的塑料来源的指标。污水处理厂出水排放口的大型塑料通常反映了雨水排水沟中积累的垃圾，或冲入城市下水道系统的垃圾，它们可能绕过垃圾拦截设施并直接进入水道。Morritt 等（2014）在对英国泰晤士河水下垃圾进行取样时，观察到污水处理厂附近存在卫生用品和大量的垃圾，表明塑料类别和数量占比较高可能与出水排放口的地理位置相关。在英国布里斯托尔湾（Bristol Channel）的海滩上，Williams 和 Simmons（1997）报道了可以归类为污水流出物（卫生用品）的大型塑料，他们将其归因于合流制污水溢流（combined sewage overflow，CSO）系统，即在高径流事件中未经处理的污水和雨水一起被排放到环境中。在英国和其他地方的海滩也报道了类似的结果（Ross et al.，1991；Storrier et al.，2007；Velander & Mocogni，1998）。由于污水处理技术和覆盖范围在过去的几十年中得到了改善，这些塑料物品在海滩上的发生率有所下降（Williams et al.，2014）；即使在工业化国家中，污水处理不当的问题似乎仍然存在（Axelsson & van Sebille，2017），这为河流和海洋环境贡献了大量的微塑料和大型塑料（如 Lahens et al.，2018）。

下面的例子强调了评估大型塑料类型的空间分布以识别来源的潜在实用性。2016 年，五大流涡研究所在对北大西洋亚热带流涡的考察中，使用浮游生物网从巴哈马（Bahamas）和纽约市之间的海面收集了 38 个样品（五大流涡研究所，个人通信，2018）。最后一个样品来自哈得孙河（Hudson River），在纽约市附近进行了 60 min 的拖网收集，所收集到的塑料重量比其他 37 个样品的总和还要多。这些物品显然与合流制污水溢流系统有关，包括耳塞的塑料棒、卫生棉条、避孕套、香烟过滤嘴和塑料牙签［图 8.5（a）］。此外，还收集了 400 多个预制塑料颗粒。所有这些物品都被膨润土黏结成块，膨润土是一种黏土矿物，常用来增强絮凝作用，以通过沉降去除细颗粒。在另一个案例中，沿着智利科金博附近的海岸，从靠近海底污水流出处的海岸收集了相似类型的卫生用品［图 8.5（b）］。尽管大量的卫生用品暗示了可能有一个污水来源，但这种方法并不能定量地估算污水对所收集的大型塑料总量的贡献。

第8章 评价污水处理厂出水作为环境样品中微塑料的来源

图8.5 （a）在哈得孙河进行的一场60 min表层拖网的结果，展示了合流制污水溢流系统排放的物品［图片来源：马库斯·埃里克森（Marcus Eriksen）］；（b）与废水排放有关的大型碎片的另一个例子［图片来源：马丁·蒂尔（Martin Thiel）］

8.4 污水指标

　　非塑料指标有助于加强微塑料来源的证据。McCormick等（2014）在他们研究的河流中发现了微塑料，并使用了另外两种形式的证据来确定微塑料的来源。营养水平的升高表明污水的输入与微塑料水平的升高相对应（McCormick et al., 2014）。此外，微塑料上的微生物组合与和污水相关的微生物组合相似（McCormick et al., 2014）。Talvitie等（2015）在环境样品中发现了蜗牛壳，这在他们的污水处理厂出水样品中也很常见，故得出结论认为微塑料的来源是污水处理厂出水。在微塑料取样时可使用的其他污水指标是污水处理过程中常用的或作为副产品产生的化学品，例如乙二胺四乙酸（ethylenediamintetraacetic acid）、氮三乙酸（nitrilotriacetic acid）、烷基酚乙氧基羧酸盐（alkylphenol ethoxycarboxylates）和卤乙酸（haloacetic acids）（Ding et al.，1999）。多个分类单元增加了源解析的确定性，同时测量分类单元丰度和出水之间的相关性可能会提供进一步的证据。

8.5 相关性

研究微塑料丰度与污水排放之间的关系，可以定量检验微塑料是由污水处理厂出水排放的假设（Baldwin et al.，2016）。有两种将污水处理厂出水与微塑料浓度相关联的策略：一种是基于接近污水排放的策略（Campbell et al.，2017；Estahbanati & Fahrenfeld，2016；Magnusson & Noren，2014；McCormick et al.，2014；Miller et al.，2017；Smith et al.，2017；Vermaire et al.，2017），另一种是关于污水排放量的策略（Baldwin et al.，2016；Warrack et al.，2018）。迄今为止，应用这些技术的研究还没有解决其相关性中存在的潜在混淆因素。

在接近污水处理厂出水的地方取样，通常是根据所研究基质的方向通量进行分层，就像排放到河流中一样（Estahbanati et al.，2016）(图 8.6)。监测点可能位于出水口的上游和下游（McCormick et al.，2014），或者位于出水口下游随距离增加的地方（Smith et al.，2017）。如果下游浓度较高或离出水口较近，则推断污水处理厂出水是污染来源。这种方法的好处是不必知道污水处理厂出水排放量（这对获取和评估数据可能是一个挑战），但是必须根据出水的位置对取样点进行分层取样。

为了研究污水处理厂出水与微塑料浓度之间的联系，Baldwin 等（2016）对美国和加拿大的五大湖的流域出口进行了取样；Spearman 相关系数的结果表明，未发现塑料浓度与污水排放量占总流量百分比之间存在显著相关性。

第 8 章　评价污水处理厂出水作为环境样品中微塑料的来源

相反，Warrack 等（2018）发现，污水处理厂出水贡献最高的季节与所发现的微塑料最高浓度相对应。这种方法有其优点，因为不必在出水口的上游和下游对取样点进行分层，但是也需要对各种出水进行取样，以充分评估其相关性。然而，这种方法需要许多复杂的假设，下面将对此进行详细说明。

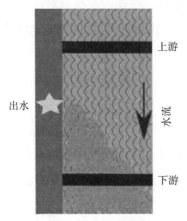

图 8.6　用于评估污水处理厂出水对线性流动系统（如河流）中的微塑料浓度影响的通用取样计划

"上游"和"下游"处的线表示一般的横断面，代表羽流结构（plume structure）未知的出水系统的取样位置。

邻近方法的复杂性包括污水排放口羽流混合的潜在问题，混淆变量之间的相互作用（可能对相关方法的使用产生负面影响），以及缺乏基于通量的考虑。尽管水流主要是单向的，但污水处理厂出水羽流在流场中完全混合所需的距离取决于河流的地貌和水力条件、排水口相对于河流的位置 [例如，在河岸或深泓线（thalweg）]，以及出水和河水的物理化学特性的差异（Robert & Webster，2002）。其次，其他人口驱动变量的混淆因素很可能出现在相关信号中。污水量可能与人口规模、发展强度（Baldwin et al.，2016）成正相关，或者与旅游季节相关，这会使来自污水处理厂出水的信号与该地区其他潜在微塑料来源相混淆。这些潜在的混淆因素还有待于进一步研究。当污水处理厂出水口与取样地点之间的连通性可以假设为在各研究地点相等时，污水量占比（如流量百分比贡献率）（Baldwin et al.，2016）之间的相关性可以避免这些混淆因素。此外，研究微塑料形状特征分类单元（如微珠、纤维和碎片）浓度之间的相关性，可以比仅通过体积浓度进行相关分析获得更多的信息（Baldwin et al.，2016）。然而，水中微塑料与河岸和河床中微塑料的潜在交换可能会使渠化系统中排水口分层取样的简单情况复杂化（Klein et al.，2015）。此外，在没有相应的污水排放数据的情况下对微塑料浓度进行调查，会忽略估计从污水处理厂出水口到受纳水体的微塑料绝对质量通量的可能性，尽管污水处理厂出水被稀释，但其通量仍可能存在。

8.6 质量平衡

量化污水处理厂出水对水环境系统中微塑料的丰度和特性影响的最严格方法是建立完整的微塑料质量平衡方法。但迄今为止，还没有研究使用这种方法。一般质量平衡方法的组成是：①确定所关注的水环境系统边界；②确定哪些边界与样品有关；③监测或评估微塑料在每个边界上的通量（Edwards & Glysson，1999）。在这里，我们讨论了质量平衡方法在河流或溪流环境（这是本综述中最常见的系统）中的应用，但该方法也可以适用于其他系统。

给定河流的微塑料边界条件至少包括来自上游的水中微塑料通量、污水处理厂出水微塑料通量和微塑料流出河流的通量。然而，可能作为源或汇的其他边界包括河床和河岸、其他地表水介质和大气介质。大气沉降物中的微塑料是常见的，也是样品中可能的污染来源（Dris et al.，2016）。河床和河岸物质的侵蚀或沉积可以将微塑料释放或汇集到流场中（Besseling et al.，2017），但即使在河床高程稳定的情况下，也可能发生微塑料的交换（Walling et al.，1998）。为更好地了解微塑料在河流、河床和河岸之间传输的环境行为，首先就需要对微塑料在河道内的储存随时间的变化开展进一步研究，包括微塑料的沉积/降解过程及其时空变化等。

对重要边界的选择要求事先了解各种来源。在大多数情况下，合理地假定潜在的源和汇是不重要的，从而可以简化质量平衡方案。例如，假设保留很少或几乎没有沉积物的混凝土排水渠道，没有河床和河岸间的微塑料交换，

第8章 评价污水处理厂出水作为环境样品中微塑料的来源

这一假设也可能适用于研究过程中处于动态平衡状态的"天然"渠道。也可能发现取样区域和时间尺度上的通量是无关紧要的。如果上游河道的长度比研究河段长得多，则可以预计在到达而不是通过研究河段的过程中，给定水域或将暴露在更多的微塑料大气沉降物中。在大多数河流质量平衡方案中，可以预计来自上游和污水处理厂出水的微塑料通量将是评估污水贡献重要性的最重要组成部分。

颗粒传输的时空动力学和研究约束条件可能会影响有关如何测量微塑料的决定。河道的地貌和水文条件可以极大地影响短距离或短时间内悬浮颗粒物的浓度（Walling，1983）。河流中的涡流能够使颗粒聚集，而湍流扰动可能会将大量的沉积物搅动到表层水体，那些密度更大的微塑料同时也可能会漂浮上来（大多数微塑料取自表层）(Gray & Gartner，2010）。全面的水体取样方案应该设法通过在足够长的时间和距离内整合样品来减小这些短期/范围的变化，以消除潜在的偏差和异常值。微塑料分析需要大量的样品（通常为立方米级），因此需要更长的取样时间，这些因素为跨河道取样断面提供了额外的支持（图 8.6）。对与系统相邻的微塑料存量和跨系统边界通量进行量化会带来额外的逻辑约束。一些通量（例如风驱动的微塑料沉积速率）可以用沉降盘相对容易地进行监测（Dris et al.，2016）。然而，测量流入/流出河床和河岸的微塑料通量则具有挑战性，需要事先了解该位置的沉积形态（Hurley et al.，2018）。从污水处理厂出水本身获得出水流量和微塑料丰度及特性将是非常理想的，并且在回答"有多少微塑料来自污水处理出水"这个问题时，可以使质量平衡变得不必要。

8.7 标准化

如何规范污水中微塑料的源分配？所综述的研究文献几乎都是仅通过对水体的表层取样来监测水环境系统，在某些情况下还对河床沉积物进行取样，而对大部分的河流水体和河岸则不进行监测。样品大小从 1 L 的瞬时取样样品（Miller et al.，2017）到通过数立方米水的长拖网（Eriksen et al.，

2013）捕集的不等，较少的样品量通常导致更高的微塑料浓度（Barrows et al.，2017）。最小粒径阈值范围为 5～500 μm，在所综述的文献中介绍了 20 种不同的微塑料粒径范围。要合并这些数据，需要对每项研究中取样的微塑料的粒径总分布进行一些假设。只有两项研究量化了微塑料质量（Free et al.，2014；Lechner et al.，2014）；其余研究则仅计算了微塑料的数量。然而，计数和质量之间转换的误差范围可能高达 5 个数量级（Schmidt et al.，2017）（图 8.7）。如果研究人员直接测量每个颗粒的粒径，那么科学家们就能更容易、更准确地比较这些研究结果（Mintenig et al.，2018）。Lechner 等（2014）比较了质量和计数，发现形状分类的比例丰度发生了变化，因此重新分配了分类的等级——这就引出了一个问题：研究人员是否应该使用计数（不是守恒单位）来测量通量？此外，数据的获取是重复研究结果和比较文献的必要条件；然而，我们的调查显示，截至综述发表之日，仅有 6 篇论文通过开放门户网站发表了数据。为了使未来的研究标准化，应该制订完整的水体和河岸的取样和分析方案；此外，应该强调量化质量、计数和颗粒粒径特征的努力，并优先采用社区开放获取政策来进行数据归档和传播。

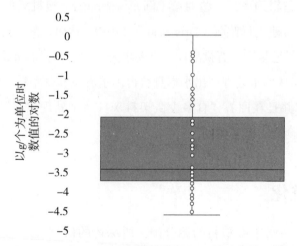

图 8.7　Schmidt 等（2017）从河流微塑料研究中提取的经对数均一化的颗粒质量，表明在颗粒数和质量之间的转换涉及 5 个数量级的范围

在综述了有关污水处理厂出水中微塑料污染的最新论文之后，我们必须

第 8 章 评价污水处理厂出水作为环境样品中微塑料的来源

解决一个基本问题：这些研究是否可靠？它们中的大多数（14 篇论文）都没有采用化学方法来确保颗粒是塑料，仅依靠目视观察。颗粒越小，通过目视技术进行微塑料鉴定的准确性越低，1.5 mm 以下的颗粒鉴定误差显著增加（Löder et al., 2017；Kroon et al., 2018）。拉曼光谱和 FTIR 是确定微塑料聚合物类型的辅助技术，因为它们能够表征非常小的微塑料（最小粒径分别为 1 μm 和 20 μm 的微塑料）(Käppler et al., 2016)。微塑料的分析成本和时间是巨大的（根据我们的经验，每个样品的成本为 500～1 000 美元，时间为 10～50 h），而且很明显未来将需要自动化技术（Primpke et al., 2018）。然而，微塑料污染领域正迅速向光谱验证的方向发展，我们预计使用分析化学技术的污水研究将成为规范。

8.8 结论

本章将现有的方法组织成一个框架，该框架可用于多种证据方法，以评估环境中微塑料的来源。某些形式的证据应该比其他形式更为重要。虽然轶事型证据为进一步的调查提供了基础，但随后应该在更多的定量技术基础上进行调查。分类证据可以定义与来源相匹配的指纹，但迄今为止，对微塑料还没有公认的或标准化的分类系统或策略。目前，多种形式的分类证据对任何来源的识别都是必不可少的。与水源有关的其他形式的非塑料证据应与作用于取样区域的各种环境因素的信息结合起来。只要深入探寻潜在的混淆因素，相关性就可以提供更加定量的来源解析技术。通过明确考虑（如果没有完全阐明）有关水环境系统中微塑料的质量平衡，可以进一步明确环境样品的来源位置。然而，我们强调（如果可能的话）对污水处理厂出水进行取样仍然是污水来源调查中最准确和最有价值的组成部分。展望未来，我们建议立即进行标准化和验证工作，以提高环境中微塑料源解析的实用性和可靠性，包括更广泛地采用 FTIR 和拉曼光谱等分子表征技术。

致谢

本项研究由美国农业部国家食品与农业研究所（USDA National Institute of Food and Agriculture）的孵化计划（A. 格雷，项目编号 CA-R-ENS-5120-H）和美国国家科学基金（National Science Foundation）研究生奖学金（W. 考格）资助。我们感谢来自同行审稿人的宝贵意见。我们感谢凯文·扬（Kevin Yan）、诺埃拉尼·利尔（Noelani Leal）和克里斯滕·布里塞尼奥（Kristen Briseno），他们为本章提出的观点和问题的表达提供了宝贵的意见。

参考文献

Axelsson C. and van Sebille E. (2017). Prevention through policy: Urban macroplastic leakages to the marine environment during extreme rainfall events. *Marine Pollution Bulletin*, 124(1), 211-22.

Baldwin A. K., Corsi S. R. and Mason S. A. (2016). Plastic debris in 29 great lakes tributaries: relations to watershed attributes and hydrology. *Environmental Science & Technology*, 50 (19), 10377-10385.

Barrows A. P. W., Neumann C. A., Berger M. L. and Shaw S. D. (2017). Grab vs. neuston tow net: a microplastic sampling performance comparison and possible advances in the field. *Analytical Methods*, 9(9), 1446-1453.

Besseling E., Quik J. T. K., Sun M. and Koelmans A. A. (2017). Fate of nano- and microplastic in freshwater systems: A modeling study. *Environmental Pollution*, 220(Pt A), 540-548.

Blair R. M., Waldron S., Phoenix V. and Gauchotte-Lindsay C. (2017). Micro- and nanoplastic pollution of freshwater and wastewater treatment systems. *Springer Science Reviews*, 5(1-2), 19-30. http: //dx.doi.org/10.1007/s40362-017-0044-7.

Browne M. A., Crump P., Niven S. J., Teuten E., Tonkin A., Galloway T. and Thompson R. (2011). Accumulation of microplastic on shorelines worldwide: sources and sinks. *Environmental Science & Technology*, 45(21), 9175-9179.

Campbell S. H., Williamson P. R. and Hall B. D. (2017). Microplastics in the gastrointestinal tracts of fish and the water from an urban prairie creek. *FACETS* 2(1), 395-409.

Carr S. A., Liu J. and Tesoro A. G. (2016). Transport and fate of microplastic particles in wastewater treatment plants. *Water Research*, 91, 174-182.

第8章 评价污水处理厂出水作为环境样品中微塑料的来源

Castañeda R., Suncica Avlijas M., Simard A. and Ricciardia A.(2014). Microplastic pollution discovered in St. Lawrence River sediments. *NRC Press*, 88(1-2), 5-6.

CA State Legislature(2015). Waste Management: Plastic Microbeads. *Assembly Bill No. 888 Chapter* 594. See: https://leginfo.legislature.ca.gov/faces/billNavClient.xhtml?bill_id=201520160AB888(accessed 17 February 2018).

Claessens M., De Meester S., Van Landuyt L., De Clerck K. and Janssen C. R.(2011). Occurrence and distribution of microplastics in marine sediments along the Belgian coast. *Marine Pollution Bulletin*, 62(10), 2199-2204.

Ding W. H., Wu J., Semadeni M. and Reinhard M.(1999). Occurrence and behavior of wastewater indicators in the Santa Ana River and the underlying aquifers. *Chemosphere*, 39(11), 1781-1794.

Dris R., Gasperi J., Saad M., Mirande C. and Tassin B.(2016). Synthetic fibers in atmospheric fallout: A source of microplastics in the environment? *Marine Pollution Bulletin*, 104(1-2), 290-293.

Dris R., Gasperi J., Rocher V., Saad M., Renault N. and Tassin B.(2015). Microplastic contamination in an urban area: a case study in Greater Paris. *Environmental Chemistry*, 12(5), 592-599.

Dubaish F. and Liebezeit G.(2013). Suspended microplastics and black carbon particles in the jade system, Southern North Sea. *Water, Air, & Soil Pollution: Focus*, 224(2), 1352.

Edwards T. K. and Glysson D.(1999). *Field Methods for Measurement of Fluvial Sediment. in Techniques of Water-Resources Investigations of the U.S. Geological Survey. Book 3, Applications of Hydraulics. Chapter C2.* USGS Reston, VA, 89 pp.

Eriksen M., Mason S., Wilson S., Box C., Zellers A., Edwards W., Farley H. and Amato S.(2013). Microplastic pollution in the surface waters of the Laurentian Great Lakes. *Marine Pollution Bulletin*, 77(1-2), 177-182.

Estahbanati S. and Fahrenfeld N. L.(2016). Influence of wastewater treatment plant discharges on microplastic concentrations in surface water. *Chemosphere*, 162, 277-284.

Fendall L. S. and Sewell M. A.(2009). Contributing to marine pollution by washing your face: microplastics in facial cleansers. *Marine Pollution Bulletin*, 58(8), 1225-1228.

Free C. M., Jensen O. P., Mason S. A., Eriksen M., Williamson N. J. and Boldgiv B.(2014). High-levels of microplastic pollution in a large, remote, mountain lake. *Marine Pollution Bulletin*, 85(1), 156-163.

Gago J., Carretero O., Filgueiras A. V. and Viñas L.(2018). Synthetic microfibers in the marine environment: A review on their occurrence in seawater and sediments. *Marine Pollution Bulletin*, 127, 365-376.

Gallagher A., Rees A., Rowe R., Stevens J. and Wright P. (2016). Microplastics in the Solent estuarine complex, UK: An initial assessment. *Marine Pollution Bulletin*, 102(2), 243-249.

GESAMP (2015). Sources, fate and effects of microplastics in the marine environment: a global assessment. In: (IMOFAOUNESCO–IOCUNIDOWMOIAEAUNUNEP UNDP Joint Group of Experts on the Scientific Aspects of Marine Environmental Protection (GESAMP)), P. J. Kershaw(ed.), *Rep. Stud. GESAMP No.* 90, 96p.

Gray J. R. and Gartner J. W. (2010). Overview of Selected Surrogate Technologies for High-temporal Resolution Suspended-Sediment Monitoring. Proceedings of the 2nd Joint Federal Interagency Conference, Las Vegas, NV.

Gregory M. R. (1996). Plastic "scrubbers" in hand cleansers: a further (and minor) source for marine pollution identified. *Mar Pollut Bull*, 32(12), 867-871.

Habib D., Locke D. C. and Cannone L. J. (1998). Synthetic fibers as indicators of municipal sewage sludge, sludge products, and sewage treatment plant effluents. *Water, Air, & Soil Pollution*, 103(1), 1-8.

Hanvey J. S., Lewis P. J., Lavers J. L., Crosbie N. D., Pozo K. and Clarke B. O. (2017). A review of analytical techniques for quantifying microplastics in sediments. *Analytical Methods*, 9(9), 1369-1383.

Helm P. A. (2017). Improving microplastics source apportionment: a role for microplastic morphology and taxonomy? *Analytical Methods*, 9(9), 1328-1331.

Hidalgo-Ruz V., Gutow L., Thompson R. C. and Thiel M. (2012). Microplastics in the marine environment: a review of the methods used for identification and quantification. *Environmental Science and Technology*, 46(6), 3060-75.

Hurley R., Woodward J. and Rothwell J. J. (2018). Microplastic contamination of river beds significantly reduced by catchment-wide flooding. *Nature Geoscience*, 11(4), 251-257.

Käppler A., Fischer D., Oberbeckmann S., Schernewski G., Labrenz M., Eichhorn K. J. and Voit B. (2016). Analysis of environmental microplastics by vibrational microspectroscopy: FTIR, Raman or both? *Analytical and Bioanalytical Chemistry*, 408(29), 8377-8391.

Klein S., Worch E. and Knepper T. P. (2015). Occurrence and spatial distribution of microplastics in river shore sediments of the Rhine-main area in Germany. *Environmental Science and Technology*, 49(10), 6070-6076.

第8章 评价污水处理厂出水作为环境样品中微塑料的来源

Kroon F., Motti C., Talbot S., Sobral P. and Puotinen M.(2018). A workflow for improving estimates of microplastic contamination in marine waters: A case study from North-Western Australia. *Environmental Pollution*, 238, 26-38.

Lahens L., Strady E., Kieu-Le T. C., Dris R., Boukerma K., Rinnert E., Gasperi J. and Tassin B.(2018). Macroplastic and microplastic contamination assessment of a tropical river (Saigon River, Vietnam) transversed by a developing megacity. *Environmental Pollution*, 236, 661-671.

Lechner A., Keckeis H., Lumesberger-Loisl F., Zens B., Krusch R., Tritthart M., Glas M. and Schludermann E.(2014). The Danube so colourful: a potpourri of plastic litter outnumbers fish larvae in Europe's second largest river. *Environmental Pollution*, 188, 177-81.

Leslie H. A., Brandsma S. H., van Velzen M. J. M. and Vethaak A. D.(2017). Microplastics en route: Field measurements in the Dutch river delta and Amsterdam canals, wastewater treatment plants, North Sea sediments and biota. *Environment International*, 101, 133-42.

Li J., Liu H. and Chen J. P.(2017). Microplastics in freshwater systems: a review on occurrence, environmental effects, and methods for microplastics detection. *Water Research*, 137, 362-374. https://doi.org/10.1016/j.watres.2017.12.056. See: http://www.sciencedirect.com/science/article/pii/S0043135417310515(accessed 12 May 2019).

Löder M. G. J., Imhof H. K., Ladehoff M., Löschel L. A., Lorenz C., Mintenig S., Piehl S., Primpke S., Schrank I., Laforsch C. and Gerdts G.(2017). Enzymatic purification of microplastics in environmental samples. *Environmental Science and Technology*, 51(24), 14283-92.

Magnusson K. and Norén F.(2014). Screening of microplastic particles in and down-stream a wastewater treatment plant. Swedish Environmental Research Institute, Stockholm, p. 22.

Mai L., Bao L.-J., Shi L., Wong C. S. and Zeng E. Y.(2018). A review of methods for measuring microplastics in aquatic environments. *Environmental Science and Pollution Research* 25(12), 11319-11332.

Mason S. A., Garneau D., Sutton R., Chu Y., Ehmann K., Barnes J., Fink P., Papazissimos D. and Rogers D. L.(2016). Microplastic pollution is widely detected in US municipal wastewater treatment plant effluent. *Environ Pollut*, 218, 1045-54.

McCormick A., Hoellein T. J., Mason S. A., Schluep J. and Kelly J. J.(2014). Microplastic is an abundant and distinct microbial habitat in an urban river. *Environmental Science and Technology*, 48(20), 11863-71.

Miller R. Z., Watts A. JR., Winslow B. O., Galloway T. S. and Barrows A. P. W.(2017).

Mountains to the sea: River study of plastic and non-plastic microfiber pollution in the northeast USA. *Marine Pollution Bulletin*, 124(1), 245-251. https://doi.org/10.1016/j.marpolbul.2017.07.028.

Mintenig S. M., Bäuerlein P. S., Koelmans A. A., Dekker S. C. and van Wezel A. P. (2018). Closing the gap between small and smaller: towards a framework to analyse nano- and microplastics in aqueous environmental samples. *Environmental Science: Nano*, 5(7), 1640-1649.

Morritt D., Stefanoudis P. V., Pearce D., Crimmen O. A. and Clark P. F. (2014). Plastic in the Thames: a river runs through it. *Marine Pollution Bulletin*, 78(1), 196-200.

Pizzuto J., Keeler J., Skalak K. and Karwan D. (2017). Storage filters upland suspended sediment signals delivered from watersheds. *Geology*, 45(2), 151-154.

Primpke S., Wirth M., Lorenz C. and Gerdts G. (2018). Reference database design for the automated analysis of microplastic samples based on Fourier transform infrared (FTIR) spectroscopy. *Analytical and Bioanalytical Chemistry*, 410(21), 5131-5141. http://dx.doi.org/10.1007/s00216-018-1156-x.

Roberts P. J. W. and Webster D. R. (2002). Turbulent diffusion. In: Environmental Fluid Mechanics: Theories and Application, H. H. Shen (ed.), American Society of Civil Engineering, New York.

Ross J. B., Parker R. and Strickland M. (1991). A survey of shoreline litter in Halifax Harbour 1989. *Marine Pollution Bulletin*, 22(5), 245-248.

Schmidt C., Krauth T. and Wagner S. (2017). Export of Plastic Debris by Rivers into the Sea. *Environmental Science & Technology*, 51(21), 12246-12253. http://dx.doi.org/10.1021/acs.est.7b02368.

Shim W. J., Hong S. H. and Eo S. E. (2017). Identification methods in microplastic analysis: a review. *Anal Methods*, 9(9), 1384-91.

Silva A. B., Bastos A. S., Justino C. I. L., da Costa J. P., Duarte A. C. and Rocha-Santos T. A. P. (2018). Microplastics in the environment: challenges in analytical chemistry-a review. *Anal Chim Acta*, 1017, 1-19. See: http://www.sciencedirect.com/science/article/pii/S0003267018302587 (accessed 12 May 2019).

Smith J. A., Hodge J. L., Kurtz B. H. and Garver J. I. (2017). The Distribution of Microplastic Pollution in the Mohawk River. Mohawk Watershed Symposium.

Storrier K. L., McGlashan D. J., Bonellie S. and Velander K. (2007). Beach litter deposition at a selection of beaches in the Firth of Forth, Scotland. *Journal of Coastal Research*, 813-822.

第8章 评价污水处理厂出水作为环境样品中微塑料的来源

Talvitie J., Heinonen M., Pääkkönen J. P., Vahtera E., Mikola A., Setälä O. and Vahala R. (2015). Do wastewater treatment plants act as a potential point source of microplastics? Preliminary study in the coastal Gulf of Finland, Baltic Sea. *Water Science and Technology*, 72(9), 1495-504.

US Congress (2015). HR 1321 Microbead-Free Waters Act of 2015. See: https://www.congress.gov/bill/114th-congress/house-bill/1321/text/rds (accessed 17 February 2018).

Velander K. A. and Mocogni M. (1998). Maritime litter and sewage contamination at Cramond Beach Edinburgh - a comparative study. *Marine Pollution Bulletin*, 36(5), 385-389.

Vermaire J. C., Pomeroy C., Herczegh S. M., Haggart O. and Murphy M. (2017). Microplastic abundance and distribution in the open water and sediment of the Ottawa River, Canada, and its tributaries. *FACETS* 2(1), 301-14.

Walling D. E. (1983). The sediment delivery problem. *J. Hydrol*, 65(1), 209-237.

Walling D. E., Owens P. N. and Leeks G. J. L. (1998). The role of channel and floodplain storage in the suspended sediment budget of the River Ouse, Yorkshire, UK. *Geomorphology.*, 22(3-4), 225-242.

Warrack S., Challis J. K., Hanson M. L. and Rennie M. D. (2018). Microplastics Flowing into Lake Winnipeg: Densities, Sources, Flux, and Fish Exposures. Proceedings of Manitoba's Undergraduate Science and Engineering Research.

Williams A. T. and Simmons S. L. (1997). Estuarine Litter at the River/Beach Interface in the Bristol Channel, United Kingdom. *Journal of Coastal Research*, 13(4), 1159-1165.

Williams A. T., Randerson P. and Alharbi O. A. (2014). From a millennium base line to 2012: Beach litter changes in Wales. *Marine Pollution Bulletin*, 84(1-2), 17-26.

Woodall L. C., Sanchez-Vidal A., Canals M., Paterson G. L. J., Coppock R., Sleight V., Calafat A. and Rogers A. D. (2014). The deep sea is a major sink for microplastic debris. *Royal Society Open Science*, 1(4), 140317.

Zhang K., Gong W., Lv J., Xiong X. and Wu C. (2015). Accumulation of floating microplastics behind the Three Gorges Dam. *Environ Pollut*, 204, 117-123.

Zhao S., Zhu L., Wang T. and Li D. (2014). Suspended microplastics in the surface water of the Yangtze Estuary System, China: first observations on occurrence, distribution. *Marine Pollution Bulletin*, 86(1-2), 562-568.

Ziajahromi S., Neale P. A. and Leusch F. D. L. (2016). Wastewater treatment plant effluent as a source of microplastics: review of the fate, chemical interactions and potential risks to aquatic organisms. *Water Science and Technology*, 74(10), 2253-2269.

第9章 塑料生物介质导致的海滩和河道污染

P. 本奇文戈（P. Bencivengo），C. 巴罗（C. Barreau）

欧洲冲浪者基金会环境部，法国比亚里兹

（Environment Division，Surfrider Foundation Europe，Biarritz，France）

关键词：净滩，海岸，过滤器，事件，移动床生物膜反应器，海洋垃圾，参与式科学，工厂，污水

9.1 生物介质污染简介

自 2007 年以来，在欧洲海岸发现了大量的小塑料筒。这些塑料筒被认为是污水处理工艺中使用的细菌生物膜载体，可以称为生物介质或过滤器介质。目前，这种塑料筒形式的污染似乎影响着世界上的每条海岸线。

本章是一项较大规模研究的综合（Bencivengo et al., 2018），旨在共享冲浪者基金会在为期 7 年的生物介质污染调查过程中收集到的数据，以更好地理解净化水的工艺是如何污染环境的。

这项研究包括提出信息要求和与污水处理行业专家进行面谈，以便客观了解生物介质的使用如何会导致损失，并共同制定可行的和环保的解决方案。

9.2 污水净化和生物处理的背景

9.2.1 污水处理系统运行概述

为了保护公众健康、环境和水资源，家庭和工业场所使用过的水必须经

过污水处理厂处理。污水处理厂通常由一系列物理工艺和化学工艺组成：一级处理去除固体物质，二级处理去除溶解态和悬浮态有机质。还可以增加三级处理，即在将污水向环境排放之前进行消毒。

9.2.2 聚焦生物处理

在作为二级处理一部分的生物处理阶段中，有机物会被异养细菌分解。二级生物处理可分为广泛的（自然的）工艺和强化的（机械的）工艺。

9.2.2.1 广泛的生物工艺

这些工艺是利用环境自身的自然净化能力。污水可以通过芦苇床、污水池、建立的湿地或渗透过程得到处理，这些都不涉及任何机械干预。

9.2.2.2 强化的生物工艺

这些工艺利用细菌培养结合机械处理和人工氧化作用，在有限的空间内更快地处理污水。强化的生物工艺有两大类。

9.2.2.3 自由培养装置：活性污泥

培养的细菌保存在一个曝气池中，并在其中不断地混合，通过保持细菌与污染颗粒的接触，促进生物降解过程。在这个过程中，纯化的微生物聚集在絮凝物中，将减少交换表面，从而降低系统的效率和性能。

9.2.2.4 固定薄膜装置

用来分解有机物的细菌以生物膜的形式在各种载体上生长。为这种生物膜生长提供载体意味着更多的细胞可以发育，从而提高装置的净化能力。一种培养细菌的活性主要取决于生物膜和含氧废水之间的交换表面（Canler & Perret, 2012）：比表面积越大，去污能力越强。该面积通常以定殖表面积/载体体积（m^2/m^3）表示。有几种方法可用于优化处理，如滴滤器（trickle filter）、生物转盘（rotating biological contactor）、生物滤池、流化床反应器（fluidised bed reactor）和混合溶液。

9.2.3 流化床反应器

利用流化床反应器进行生物处理，在世界范围内的污水处理领域掀起了一场技术与经济革命。这个工艺是围绕着生物介质开展的。

9.2.3.1 原理

流化床生物反应器系统［也称为移动床生物膜反应器（Moving Bed Biofilm Reactor，MBBR）］的目的是为细菌生长提供环境，使其能够在紧凑的空间内以最佳方式生长，从而分解水中的污染物。这种优化取决于两个主要因素，即细菌生长的载体和获得营养的途径（Canler et al.，2012）。

由塑料（聚乙烯或高密度聚乙烯）构成的生物介质提供了载体。以占水池容积的30%～65%的比率将这些塑料添加到生物反应器中（Canler et al.，2012）。这意味着每个反应器里有几十万个甚至几百万个塑料碎片。它们有蜂窝状的、可移植的结构和密度［与水（1 g/cm³）的密度相似］，这使得它们很容易通过机械通风或混合的方式在水箱内移动。这种移动应该是均匀的，以确保微生物和待处理污水之间的最佳接触水平。这一工艺取决于所选择的载体类型和处理池的重新填充速度。

生物介质可用于生物处理工艺的不同阶段：预处理、二级处理，甚至与活性污泥结合使用（Canler et al.，2012）。这种灵活性意味着该系统对新的污水处理厂来说是非常有吸引力的选择。在旧的污水处理厂的工艺升级时，也可以引入流化床生物反应器。这使在不需要建造任何新的处理水池的情况下增加污水处理厂的处理能力成为可能，这种方法通常在资金或空间受到限制时得到大力推广。

用于计算水处理所需生物介质体积的参数包括进水流量、出水流量和出水温度。污水处理基础设施的最佳运行方案在很大程度上取决于这一计算，其影响到整个处理厂的性能和实现其目标的能力。

9.2.3.2 优点

生物介质工艺具有以下优点：适应性（Canler et al.，2012；Laurent，2006）；

高浓度的可用生物质（Kargi & Karapinar, 1997; Nicolella et al., 2000）；较长的生物质存活时间（Nicolella et al., 2000）；改进的传质（Jianping et al., 2003; Nicolella et al., 2000; Venu Vinod & Venkat Reddy, 2005）；缩短水力停留时间（Gonzalez et al., 2001; Jianping et al., 2003; Kargi & Karapinar, 1997）；易于清洁（Kargi & Karapinar, 1997）；紧凑的程序（Canler et al., 2012）；与活性污泥系统相比，由于生物介质上有特定生物的生长，微生物降解能力更高（Mazioti et al., 2015）。

9.2.3.3 局限性和缺点

尽管该方法具有明显的优势，但也具有特有的风险和制约因素，包括：低温（0.5℃）时细菌活性低；这是一个耗能高且成本昂贵的工艺；细菌生物膜对生物介质的缓慢定殖（Nicolella et al., 2000）；以及生物介质的损失。

9.3 用户

如今，MBBR 系统已用于公共污水处理厂和工业废水处理厂、个人私有系统以及农业部门的废水处理。

9.3.1 市政污水处理

如果住宅与当地的污水管网相连，它就成为市政干管污水处理系统的一部分，这是城市地区最常见的系统。如今，几乎所有人口超过 1 万人的城镇都有自己的污水处理厂。MBBR 工艺可用于从几千到数万居民不等的社区和城镇。

9.3.2 私有支管污水处理

与干管污水系统不同，支管污水处理（也称为家庭系统或独立系统）是未连接到公共网络的设施。根据要处理的污水量，这些设施从可以处理成千上万人口当量（Population Equivalents, PE）的工业废水处理厂，到设计用来处理更小体积的微型站不等。一般来说，这些系统用于满足孤立地点、特定安排（如鱼塘）的要求，在小型工业企业的废水排放到环境中之前对其进行处理，或在工业废水排放到市政污水管网之前对其进行预处理。

其他不受管制的私人经营的家庭设施（如游泳池、天然湖泊和观赏池塘）也需要定期进行水处理。受专业养鱼场的启发，许多业余爱好者使用生物介质过滤池塘中的水。不幸的是，这些产品的供应商往往在交付时没有对如何使用这些产品提供任何解释，而是使购买者在反复试验的基础上研究如何安装和使用这些产品。

9.3.3　非公用工业废水处理

对纸张和纸板生产、木材化学加工、农业食品或鱼类养殖等公司产生的工业废水须采取特别措施。无论生产何种产品，所有行业都必须对其产生的废水进行处理。工业废水经企业自身处理（独立处理）后或在排入市政污水管网后才可排入环境中。

处理工业废水是复杂的问题。每个处理设施的情况都不尽相同，需要满足其要求的专用设备和工艺。严格的环境约束、保护措施和工艺中所需的大量用水意味着企业必须采取措施限制其用水量，并鼓励水的循环利用。

9.4　生物介质在自然环境中的传播

生物介质离开污水处理厂后就会在环境中传播，首先通过淡水环境，然后进入海洋。其中一些最终将被冲上海岸（图9.1），有时距离源头数千千米（Bencivengo et al., 2018）。为了了解它们是如何传播的，必须了解与这些漂浮碎片相互作用的环境、天气和与水有关的因素。

9.4.1　陆源和水路传输

离开污水处理厂的生物介质同任何进入环境的非自然元素一样，最终都会进入海洋。它们可以在距离排放点数百千米的水道中传输，就像一滴水在水循环过程中也会沿着同样的路线流动一样。这意味着生物介质可以分布在广阔的区域。

图9.1 法国阿基坦（Aquitaine）海滩上的生物介质

9.4.1.1 上下游连接

据估计，在我们海岸发现的所有垃圾中，有80%来自陆地（Araújo & Costa，2007；Jambeck et al.，2015）。污染从内陆地区向海洋扩散的主要渠道是河流。污水处理厂通常排入水道，因此这是生物介质排放到环境中的主要途径。降雨影响着河流水位和流量。低水位和高水位之间的涨落会影响水道如何去除沉积在河岸上的垃圾。一旦它们被河流带走，这些垃圾就会流向下游。河口是淡水和咸水的交汇处，也是陆源垃圾进入海洋环境的必经之路。

9.4.1.2 洋流

由于对水团的作用力（风、潮汐、科里奥利力）及其物理化学特性，海洋处于永动状态。垃圾可以通过表面洋流从河口传输到数千千米之外。

9.5 生物介质污染监测

2007年，欧洲冲浪者基金会的一名志愿者开始关注法国巴斯克（Basque）海岸海滩上的生物介质。多年来，这些介质开始出现在法国和欧洲其他沿海地区。欧洲冲浪者基金会拥有丰富的专业知识，并凭借其广泛的网络和由外部观察员网络收集的数据，成为处理这方面问题的领头羊。

在其他欧洲非政府组织和海洋清理组织的参与下，越来越多的报告（超过 500 份）被收集整理。鉴定表格的广泛传播使人们能够收集关于沿海发现的生物介质的定性和定量数据，从而确定与生物介质浓度有关的趋势。

如今，大多数在污水处理行业领先的公司都采用了移动床工艺，并开发了自己的塑料载体类型。每种类型的生物介质都有不同的形状和表面积，并且都是为特定的目的而设计的，使生物介质成为每个工厂所特有的材料。这也意味着生物介质可以用于跟踪用途和工艺，如果在环境中发现它们，可以追溯到它们的来源。

9.6 生物介质污染事件

自 2007 年以来，在欧洲河流和海岸的大片地区，已经报道了许多生物介质污染事件。在一些受影响最严重的地点进行了后续调查，以确定排放源。下文介绍其中的两个。

9.6.1 瑞士圣普雷克斯（Saint-Prex）

9.6.1.1 基本信息

- 地区：瑞士沃州（Canton of Vaud）圣普雷克斯市。
- 受影响水域：日内瓦湖。
- 工厂：圣普雷克斯、埃托伊和布奇隆联合市政工厂（Joint Municipal Plant of Saint-Prex，Etoy and Buchillon）。1977 年开始运营，2012 年 4 月开始配备生物介质。
- 额定容量：16 000 人口当量。
- 发现的生物介质类型：BWT 15。

9.6.1.2 事件描述

2012年9月17—18日,在一场暴风雨之后,进入工厂的水量急剧增加。手动尝试使用溢流通道来减少沉降槽中波浪造成的进水流量。这使得生物介质被推向出水网,造成后者被堵塞,导致水池溢流(图9.2)。

曝气池中的氧传感器周围发生了第二次故障。充气的雨水扰乱了传感器,传感器随后发出信号,要求减少水箱内的空气供应,这加剧了堵塞。一名志愿者随后进行的调查也显示工厂的管理层和地方政府都没有遵守州警戒程序。

图9.2 瑞士某污水处理厂出水口流出的生物介质

9.6.1.3 采取的措施

在暴风雨期间没有采取任何措施控制污染。但是随后对这些水池进行了技术改进。

- 分水渠被改进,如今它已能自动响应污水处理厂进水流量的变化。
- 安装了水位传感器,可以检测不同的水位并减少进水水量。该系统允许曝气器被淹没,以增加空气输入并防止网眼堵塞。
- 将多孔不锈钢管水平焊接到出水网,即使发生堵塞,也能使水继续通过。

安装该系统的公司和生物介质供应商都在此次污染事件发生后有所应对,

现在在他们的方案中采取了预防措施，以防止在污水处理厂发生任何进一步的事故。2013 年 12 月，事发一年后，圣普雷克斯镇议会报告了泄漏事件发生后进行的技术改进，以防止任何类似事件的进一步发生。

9.6.1.4 结果

从日内瓦湖湖畔收集了成千上万个生物介质。尽管它们在今天不太常见，但生物介质仍在继续冲刷湖畔，显示出这种污染对环境的重大影响。在地中海沿岸的海洋倡议（Ocean Initiatives）清理活动期间，也发现了和日内瓦湖污染事件特征相同的生物介质，再次显示了这种污染的扩散程度，以及河流在分散生物介质方面发挥的关键作用。

在被地方政府判定表现不佳后，沃州的污水处理厂目前正在对污水处理进行区域化重组，该进程可以使来自多个城镇的污水被少量的新型、更现代化和更有效的污水处理厂处理。

9.6.2 西班牙内米纳海滩（Nemiña beach）

9.6.2.1 基本信息

- 地区：西班牙加利西亚自治区（Galicia）拉科鲁尼亚省（Province of A Coruña）穆西亚市（City of Muxia）。
- 受影响的水域：卡斯特罗河（Castro River）河口；溢出物似乎已进入海洋。
- 工厂：几个城市污水处理厂将其出水排入河流。然而，在河口上游没有发现任何生物介质。河口有 1 个大型养鱼场（鳟鱼场），有些排放物直接排入大海。
- 发现的生物材料类型：K1。

9.6.2.2 事件描述

2017 年 11 月中旬，志愿者在西班牙穆西亚市的内米纳海滩上发现了大量的生物介质。2017 年 11 月 16 日和 17 日，他们收集了 900 多个同类生物介质（K1），以及一些不同类型的样品。在接下来的几周里，从同一个海滩收集了 150～200 个生物介质。2018 年 1 月 4 日，在 1 条 50 m 长的样带中发现了 288 个生物介质；据统计，整个海滩上大约有 698 个生物介质。

在上游没有生物介质，但在离河口最近的海滩上存在大量的塑料碎片，这很可能是在海滩附近的设施发生了重大泄漏。邻近海滩上没有生物介质可以通过该地区的特定潮流和海滩的方向来解释。发现的生物介质看起来很新（它们没有发生任何因长期存在于海洋环境中带来的改变），这似乎是最近的一次泄漏。

9.6.2.3　采取的措施

当地志愿者向市政厅、警察和媒体发出警告。但这一行动并没有引起地方政府的任何回应，警察和新闻界也没有表现出太大兴趣。欧洲冲浪者基金会进行了调查，以查明邻近的公司是否正在使用污水处理工艺，或者当地的污水处理厂是否发生了任何事件，但未找到官方证据。

9.6.3　对观测到的污染事件的评价

在冲浪者基金会调查的 15 起重大污染事件中，有 9 起明显与污水处理厂的故障有关。所有污水处理厂生物介质外溢进入自然环境的事件都是暴雨造成的，暴雨造成堵塞甚至溢出，难以管理。

污水处理厂面临的最大问题是对变化无常的天气和可能发生的生物介质泄漏的潜在影响缺乏认识。在欧洲报告的 10 起重大污染事件中，污水处理厂管理人员没有对任何 1 起事件发出有效警告，进而导致生物介质在环境中远距离传播。

9.7　系统故障

各种污染事件突显了这些设施对气象事件的脆弱性。除此之外，在发生与使用生物介质有关的事件时，几乎没有任何措施能够用于提高警惕。通过比较不同的事件，可以将报道的主要故障类型汇总在一起，从而更容易理解问题的原因。

9.7.1 系统故障原因

现场调查和对这方面文献的研究表明，生物介质流失到环境中的主要原因是它们从所在的水池溢出。为了找出这些泄漏的可能原因，重要的是要了解生物反应器的配置，以便关注可能的关键泄漏点。

许多生物反应器不是密封的。它们有各种进出水通道使未经处理的污水进入水池，向水池中添加化学药剂来处理污水，处理后的污水流出水池，多余的污水从反应器中排出。如果出了问题，反应器的水位上升，则这些通道中的任何一个都可以为生物介质泄漏到环境中提供途径。此外，由于反应器并不总是被覆盖，溢出甚至可能发生在反应器的边缘。

9.7.2 观测情况描述

9.7.2.1 生物反应器出水网堵塞

出水网堵塞是引起系统故障的首要原因，也可能有多种原因。堵塞是由于生物介质阻塞了水池出口格栅造成的。从水池流出的污水携带的塑料生物介质会卡在网眼上，阻碍了流出水池的水流量，造成了进出水流量差，导致水池中的水位上升，直到水溢出。

已确定的可能造成堵塞的各种潜在原因如下。

- 污水处理厂不适合使用生物介质：在反应器中添加生物介质以提高其处理能力，但圆柱形的网没有取代扁平的出水网。
- 生物介质没有被搅动：通风系统、混合转子或逆流系统缺失或发生故障。
- 不良的工艺管理策略：为了节约能源，工厂经理决定将生物介质的搅动水平降低到制造商规定的水平以下。
- 传感器故障：反应器中的传感器用于测试氧气浓度。当此浓度过高时，

第9章 塑料生物介质导致的海滩和河道污染

传感器会降低曝气水平和生物介质的搅动。当暴雨导致大量富氧水进入系统时，就会发生这种情况。

- 选择不适合预期用途的生物膜载体：如果生物介质没有与允许它们彼此分离的其他模具混合，则它们易于黏在一起并形成团块。

9.7.2.2 过量曝气

由于不良的系统设置、人为错误或特殊的天气，水池中过多的通气量会导致塑料生物介质将气泡捕获在其腔体内。这会大大降低其密度，因此它们会浮到水面，如果水位升高，它们可能会溢出水池而外排。

9.7.2.3 安全系统故障

位于污水处理系统周围不同关键点的传感器可测量流量，并在出现任何问题时打开辅助通道。但是这些故障会导致生物介质溢出和损失。

9.7.2.4 新污水处理厂的调试

污水处理厂投产后可能会出现问题。理论计算可能与现场实际情况或已完工项目的实际情况有很大不同，这可能导致损失。

9.7.2.5 合流制排水系统的局限性

在许多地方，污水仍收集在一个联合系统中。在暴雨期间，污水处理厂可能会接收过量的污水，导致污水从处理池溢出、生物介质流失到环境中。

9.7.2.6 生物介质存储不当

即使是生物介质工艺在工厂投入运行之前，生物介质的存储方式也可能导致损失。在搬运过程中，生物介质可能会从袋子中泄漏，如果这些袋子未受保护且露天存放，则也可能导致在极端天气事件（雨和风）期间生物介质泄漏。

9.7.2.7 扩散污染

全年都会在河岸和沿海发现一些生物介质类型。这些可能是重大泄漏事件发生多年后的残留物，但也可能是一次性的小损失造成的。

9.8 结论

无论是在市政污水处理厂或工业废水处理厂、葡萄园、鱼类养殖场、牲畜养殖场，还是在私人住宅中，任何需要处理污水的地方都可以找到生物介质。自 2010 年以来，得益于我们对沿海地区生物介质的大量发现和目击者的报道，以及访谈和众多志愿者的大量参与，我们能够更好地了解污染事件的来源。

鉴于这种污染一旦在环境中特别是在海洋中广泛传播，其来源往往难以追踪。这就是为什么必须从使用生物介质开始，从任何潜在污染的源头采取行动。从建立污水处理厂的最初阶段起，就要充分了解与使用生物介质有关的环境风险，这一点至关重要。更重要的是提高认识，特别是污水处理厂经营者，他们无论如何都不应忽视生物介质污染的影响。

我们的研究表明，当发生导致生物介质泄漏的事件时，污水处理厂经营者缺乏反应能力和责任感。在欧洲，污染事件后的清理行动是例外而不是规则。这意味着，5 年前发生的泄漏事件中的生物介质仍然会污染环境和海岸。生物介质经常损失，但也有少量流入水道，这也是造成永久性污染的原因。

生物介质在污水处理过程中的应用呈指数级增长，从而增加了事故的风险。这就是为什么实施信息化手段和预防措施、预警方案以及其他低成本措施如此重要的原因，这些措施在很大程度上有助于防止生物介质的损失，并减少生物介质进入环境后造成污染的风险。

参考文献

Araújo M. C. and Costa M. F. (2007). An analysis of the riverine contribution to the solid wastes contamination of an isolated beach at the Brazilian Northeast. *Management of Environmental Quality*, 18, 6-12.

Bencivengo P., Barreau C., Bailly C. and Verdet F. (2018). Sewage Filter Media and Pollution of the Aquatic Environment, Surfrider Foundation Europe Report. Water Quality and Marine Litter programme, Biarritz, France. https：//www.surfrider.eu/wp-content/uploads/2018/08/

biomedia-pollution-report.zip（accessed August 2018）.

Canler J. P. and Perret J. M.（2012）. Les procédés MBBR pour le traitement des eaux usées, cas du procédé R3F（MBBR systems for wastewater treatment, case of the R3F process）. *FNDAE Technical Document*, 38. FNDAE, France.

Canler J. P., Perret J. M. and Choubert J. M.（2012）. Évaluation, optimisation et modélisation de filières de traitement: cas du procédé à cultures fixées fluidisées（MBBR）（Evaluation, optimization and modeling of treatment systems: the case of the MBBR）. Sciences Eaux et Territoires: la Revue du IRSTEA（*Sciences, Water & Territories, IRTSEA's Journal*）, 9, 16-23.

Gonzalez G., Herrera M. G., Garcia M. T. and Pena M. M.（2001）. Biodegradation of phenol in a continuous process: comparative study of stirred tank and fluidized-bed bioreactors. *Bioresource Technology*, 76, 245-251.

Jambeck J. R., Geyer R., Wilcox C., Siegler T. R., Perryman M, Andrady A., Narayan R. and Lavander Law K.（2015）. Plastic waste inputs from land to the ocean. *Science*, 347（6223）, 768-771.

Jianping W., Lei P., Lipping D. and Guozhu M.（2003）. The denitrification treatment of low C/N2 ratio nitrate-nitrogen wastewater in a gas-liquid-solid fluidized bed bioreactor. *Chemical Engineering Journal*, 94, 155-159.

Kargi F. and Karapinar I.（1997）. Performance of fluidized bed bioreactor containing wire-mesh sponge particles in wastewater treatment. *Waste Management*, 17（1）, 65-70.

Laurent J.（2006）. Etude du fonctionnement d'un réacteur à lit fluidisé et à alimentation séquentielle（Study of the functioning of a fluidized bed reactor with a sequential supply）. Rapport de recherche pour l'obtention du master recherche chimie et microbiologie de l'eau-Université de Limoges.（Report for Master's Degree in Chemistry and Microbiology of Water, University of Limoges.）

Mazioti A. A., Stasinakis A. S., Pantazi Y. and Andersen H. R.（2015）. Biodegradation of benzotriazoles and hydroxy-benzothiazole in wastewater by activated sludge and moving bed biofilm reactor systems. *Bioresource Technology*, 192, 627-635.

Nicolella C., Van Loosdrecht M. and Heijnen J.（2000）. Wastewater treatment with particulate biofilm reactors. *Journal of Biotechnology*, 80, 1-33.

Venu Vinod A. and Venkat Reddy G.（2005）. Simulation of biodegradation process of phenolic wastewater at higher concentrations in a fluidized-bed bioreactor. *Biochemical Engineering Journal*, 24, 1-10. https: //doi.org/10.1016/j.bej.2005.01.005.

第 10 章 微塑料对淡水和海洋微藻的影响

梅尔韦·图纳勒（Merve Tunalı），奥汉·耶尼京（Orhan Yenigün）
博阿齐奇大学环境科学研究所，土耳其伊斯坦布尔贝贝科
（Boğaziçi University, Institute of Environmental Sciences, Bebek, Istanbul, Turkey）

关键词：藻类生长，叶绿素浓度，联合效应，光合作用，表面电荷

10.1 全球塑料问题

塑料是一种基本的材料，目前广泛用于日常生活中的消费品和工业过程。塑料重量轻、耐用、成本低，耐受大多数化学品且易于加工（Li et al., 2016；Thompson et al., 2009），自20世纪头十年以来，塑料已被用于各种用途（Wong et al., 2015）。世界各地的塑料使用量急剧增加，尤其是在过去的几十年中，如在1976年、2002年和2015年分别生产了4 700万 ton、2.88亿 ton 和3.35亿 ton（Plastics Europe, 2013, 2017），预计在未来20年内将再次翻倍（Lyakurwa, 2017）。

塑料产量的增加导致陆地生态系统和海洋生态系统中塑料垃圾数量增加，从北极到地中海和太平洋，在全世界都可以找到塑料碎片（Lagarde et al., 2016）。据估计，每年有800万 ton 塑料被排放到海洋中（Lackey, 2018）。海洋塑料大多来自陆地；80% 的海洋塑料碎片来自沿海娱乐活动、污水处理厂出水和渗滤液以及固体废物处理等。它们由河流、溪流和污水处理系统排放到海洋环境中。其余的来自海洋活动，如商业捕鱼（Li et al., 2016）。塑料也存在于其他水体中，如河流和湖泊（Auta et al., 2017；Lagarde et al., 2016；Li et al., 2016；Tang et al., 2018；Yokota et al., 2017）。由于不可生物降解，

它们可能在生态系统中存留多年（Cole et al.，2011），影响生物体和初级生产者，并导致积累问题。

在很长一段时间内，大的塑料碎片（称为"大型塑料"）对水体的影响令人担忧，不仅会造成美学问题，还会威胁航行、捕鱼和水产养殖。此外，它们还对海洋生物造成伤害和死亡，对孔隙水和上覆海水之间的气体交换产生负面影响，并可能形成人工海床（Cole et al.，2011；Gregory，2009）。

在过去的十年里，人们也越来越关注微塑料——微小的塑料碎片、纤维和颗粒。微塑料被归类为小塑料片，通常定义为直径小于 5 mm（GESAMP，2015；Isensee & Valdes，2015），这是由较大颗粒的分解造成的（Andrady，2011；Vince & Stoett，2018）。随着大块的塑料被分解成小块，可以观察到塑料表面积的极大增加，这使得微塑料能够接触到海洋环境中几乎所有的东西。微塑料的其他来源包括微纤维、海洋涂料、喷砂行业（Niaounakis，2017）、化妆品和个人卫生用品（Auta et al.，2017；Niaounakis，2017）。常见的微塑料类型包括聚氯乙烯（PVC）、尼龙和聚乙烯（PE）、聚丙烯（PP）、聚苯乙烯（PS）和聚对苯二甲酸乙二酯（PET），这些类型的塑料的产量占世界塑料产量的 95%（Andrady，2011；Brien，2007；Lagarde et al.，2016）。

这些微塑料进入食物链并作为有毒化学品转移的载体，对生态系统产生负面影响（Cole et al.，2011；Duncan et al.，2018）。众所周知，许多海洋物种受到塑料碎片的影响（Li et al.，2016；Lusher，2015；Tang et al.，2018；Zhang et al.，2017），而微塑料对初级生产者（食物链的基础）的影响也受到关注（MacPhee，n.d.；Sjollema et al.，2016）。在这些初级生产者中，微藻在维持生态系统平衡方面起着至关重要的作用（Harris，1986；Zhang et al.，2017），因为世界上的大部分氧气是由藻类光合作用提供的（Bhattacharya et al.，2010）。

10.2 微塑料对微藻的影响

有关微塑料对微藻影响的研究详见表 10.1。

表 10.1 塑料对微藻的影响

指标	影响	塑料类型	塑料粒径	浓度	藻的类型	暴露时间	参考文献
藻类生长	下降45%（0.05 μm, 250 mg/L）；下降11%（0.5 μm, 250 mg/L）	聚苯乙烯	0.05 μm, 0.5 μm, 6 μm	25 mg/L, 250 mg/L	杜氏盐藻（Dunaliella tertiolecta）	72 h	Sjollema 等（2016）
	下降39.7%（50 mg/L）（随浓度升高而生长下降）	聚苯乙烯	1 μm	0 mg/L, 1 mg/L, 5 mg/L, 10 mg/L, 50 mg/L	中肋骨条藻（Skeletonema costatum）	96 h	Zhang 等（2017）
	没有影响	聚氯乙烯	1 mm	0 mg/L, 50 mg/L, 500 mg/L, 1 000 mg/L, 2 000 mg/L	中肋骨条藻	96 h	Zhang 等（2017）
	没有影响（75 个/mL）下降（7 500 个/mL）	聚苯乙烯	10 μm	75 个/mL, 750 个/mL 和 7 500 个/mL	波海红胞藻（Rhodomonas baltica）	264 h	Lyakurwa（2017）
	下降（高于 41.5 g/L）	红色荧光聚合物微球	1～5 μm	0.75 mg/L, 1.5 mg/L, 3 mg/L, 6 mg/L, 12 mg/L, 24 mg/L, 48 mg/L	朱氏四爿藻（Tetraselmis chuii）	96 h	Prata 等（2018）
	降低 18%（聚丙烯暴露 78 天后），高密度聚乙烯没有影响	聚丙烯和高密度聚乙烯	400～1 000 μm	400 mg/L	莱茵衣藻[①]（Chlaydoas reinhardii）	78 d	Lagarde 等（2016）
	降低 24%（1.472 mg/L）	聚氯乙烯	1～5 μm	0.046 mg/L, 0.092 mg/L, 0.184 mg/L, 0.368 mg/L, 0.736 mg/L, 1.472 mg/L	朱氏四爿藻	96 h	Davarpanah and Guilhermino（2015）
	没有影响	聚苯乙烯	2 μm	3.96 mg/L	大溪地金藻（Tsochrysis lutea）和角毛藻（Chaetoceros neogracile）	30 d	Long 等（2017）
	降低 2.5%（1 g/L）	聚苯乙烯	70 nm	44～1 100 mg/L	斜生栅藻（Scenedesmus obliquus）	72 h	Besseling 等（2014）

① 此处原文恐有误，应为"*Chlamydomonas reinhardii*"。——译者

第 10 章 微塑料对淡水和海洋微藻的影响

续表

指标	影响	塑料类型	塑料粒径	浓度	藻的类型	暴露时间	参考文献
叶绿素含量	降低 5%（5 mg/L）；降低 32%（50 mg/L）	聚氯乙烯	1 μm	5~50 mg/L	中肋骨条藻	96 h	Zhang 等（2017）
	高浓度暴露时（7 500 个/mL）叶绿素含量降低；当藻类达到平衡时，所有样品叶绿素含量降低	聚苯乙烯	10 μm	75 个/mL，750 个/mL 和 7 500 个/mL	波海红胞藻	264 h	Lyakurwa（2017）
	没有影响	聚苯乙烯	2 μm	3.96 mg/L	大溪地金藻和角毛藻	30 d	Long 等（2017）
	降低 46%（0.9 mg/L）；降低 37%（2.1 mg/L）	红色荧光聚合物微球	0.05 μm、0.5 μm 和 6 μm	0.75 mg/L，1.5 mg/L，3 mg/L，6 mg/L，12 mg/L，24 mg/L，48 mg/L	朱氏四爿藻	96 h	Prata 等（2018）
光合作用效率	几乎没有影响（降低 10%）	聚苯乙烯	20 nm	25 mg/L，250 mg/L	杜氏盐藻	72 h	Sjollema 等（2016）
	降低	聚苯乙烯	20 nm	1.6~40 mg/mL	小球藻属（Chlorella）和栅藻属（Scenedesmus）	70 h	Bhattacharya 等（2010）
（和药物的）联合效应	增长率降低，叶绿素含量降低	微塑料-普鲁卡因胺混合物、微塑料-多西环素混合物	1~5 μm	对微塑料-普鲁卡因胺混合物，微塑料浓度为 8~256 mg/L，对微塑料-多西环素混合物，微塑料质量浓度为 4~128 mg/L，多西环素质量浓度为 1.5 mg/L	朱氏四爿藻	96 h	Prata 等（2018）

续表

指标	影响	塑料类型	塑料粒径	浓度	藻的类型	暴露时间	参考文献
（和铜的）联合效应	没有影响	聚乙烯	1～5 μm	铜的质量浓度是0.02～0.64 mg/L，微塑料的质量浓度为0.184 mg/L	朱氏四爿藻	96 h	Davarpanah and Guilhermino（2015）
微藻吸附塑料	带正电微塑料影响增强，带负电微塑料影响忽略不计	聚苯乙烯	20 nm	1.6～40 mg/mL	小球藻属和栅藻属	70 h	Bhattacharya 等（2010）
藻类吸收微塑料	藻类摄入	绿色荧光聚苯乙烯	10 μm 原生聚苯乙烯微塑料，1～5 μm 绿色荧光微塑料	75 个/L 和 7 500 个/L	海洋尖尾藻（Oxyrrhis marina）	1 h	Lyakurwa（2017）

10.2.1 藻类生长

影响藻类生长的因素描述如下。

10.2.1.1 浓度

微塑料通常会对藻类生长产生负面影响，这取决于微塑料的浓度和粒径。许多研究表明，当微塑料浓度达到一定水平时，就会对藻类生长产生抑制作用。Prata 等（2018）检测了红色荧光聚合物微球对海洋微藻朱氏四爿藻的影响，研究质量浓度范围为 0.75～48 mg/L。当微塑料质量浓度大于 41.5 mg/L 时，藻类的生长呈下降趋势。Besseling 等（2014）和 Lyakurwa（2017）等发现了类似的结果，他们检测了聚苯乙烯颗粒对波海红胞藻的影响；发现 75 个/mL 的颗粒对藻类生长没有影响，而 7 500 个/mL 的颗粒影响藻类生长（Lyakurwa，2017）。聚苯乙烯颗粒对斜生栅藻的抑制作用随着浓度的升高而增加；实验质量浓度为 44～1 100 mg/L，当微塑料质量浓度为 1 g/L 时，生长抑制率达到 2.5%（Besseling et al.，2014）。Davarpanah 和 Guilhermino（2015）检测了不同质量浓度聚乙烯（0.046～1.472 mg/L）对海洋微藻朱氏四爿藻的影响。随着微塑料质量浓度增加，微藻的比生长速率明显下降，生长抑制率最高可达 24%。然而，抑制作用并没有随着质量浓度的升高而明显增加。这是由塑料的聚集和沉降（Luís et al.，2015）或已有研究中塑料质量浓度相对较低造成的。不同研究中抑制作用的大小有所不同，这可能是因为所研究的藻类种类不同。在一些研究中，微塑料质量浓度对藻类生长无明显影响。当聚苯乙烯质量浓度为 3.96 mg/L 时，不影响大溪地金藻和角毛藻的生长（Long et al.，2017）。作者的结论是浓度太低不会影响这些物种的生长。

一般来说，抑制藻类生长的原因可能是微塑料对细胞与环境之间能量和物质迁移的限制作用。因此，可以发现营养摄入、二氧化碳和氧气输送以及从介质到细胞的光减少（Zhang et al.，2017）。研究还发现，增长率的下降与微塑料的遮光作用无关（Sjollema et al.，2016；Zhang et al.，2017）。另一个原因可能是有害代谢物无法离开细胞，从而限制其生长（Zhang et al.，2017）。微藻可在塑料表面聚集形成生物膜，生物膜的形成也可能导致能量减少和对生长的毒性作用（Andrady，2011；Lyakurwa，2017）。也可能发生团聚（Lagarde et al.，2016；Ma et al.，2014），从而导致沉淀。

10.2.1.2 微塑料粒径

粒径对生长速率有明显影响。较小粒径的颗粒在细胞水平上对生物体的影响更大，随着粒径减小，颗粒穿过细胞膜的可能性也会增加（Lusher，2015）。Sjollema 等（2016）研究了 25 mg/L 和 250 mg/L 两种质量浓度下，3 种不同粒径（0.05 μm、0.5 μm 和 6 μm）聚苯乙烯对微藻的影响。他们发现，只有较高浓度的小颗粒（0.05 μm）才会影响杜氏盐藻的生长。当粒径为 0.05 μm 时，藻类的生长减少了 45%，而当塑料粒径为 0.5 μm 时，相同的藻类生长减少了 11%。Zhang 等（2017）研究了平均直径为 1 μm 的聚氯乙烯微塑料（mPVC）和平均直径为 1 mm 的聚氯乙烯大块塑料碎片（bPVC）对海洋微藻中肋骨条藻的毒性作用，发现了类似的结果。当 mPVC 质量浓度为 50 mg/L 时，藻类密度降低了 39.7%；而 bPVC 对藻类生长没有影响。在同一研究中发现，随着 mPVC 浓度增加，生长减少的幅度更大。这可能是因为大块颗粒漂浮，没有机会与微藻相互作用（Zhang et al.，2017）。

10.2.1.3 时间效应

Zhang 等（2017）发现聚氯乙烯的暴露时间对中肋骨条藻没有显著的影响。然而，另一项研究（Lagarde et al.，2016）表明，聚丙烯和高密度聚乙烯对淡水微藻莱茵衣藻的生长抑制作用取决于暴露时间。塑料的粒径范围为 400～1 000 μm，直到第 63 天才发现聚丙烯和高密度聚乙烯颗粒对藻类生长产生影响。然而，在聚丙烯暴露 78 天后，发现生长明显减少（18%）。表 10.1 列出了两项研究的持续时间、微塑料和藻类类型以及微塑料的浓度和粒径。

10.2.2 光合效率和叶绿素浓度

微塑料对微藻的另一个影响是降低叶绿素浓度和光合作用。Zhang 等（2017）研究了聚氯乙烯微塑料对叶绿素浓度和光合效率的负面影响，发现当质量浓度为 5 mg/L 和 50 mg/L 时，叶绿素浓度分别降低 7% 和 20%，光合作用分别降低 5% 和 32%。Lyakurwa（2017）的研究表明，叶绿素含量也随着塑料浓度的增加而下降，直至稳定期。Bhattacharya 等（2010）的研究结果也与上述结果相似，其发现呼吸作用的速率快于光合作用的速率，从而导致需要额外努力来获得移动能力。

Besseling 等（2014）发现，100 mg/L 的 70 nm 微塑料会对叶绿素含量产生显著影响，而 Prata 等（2018）发现，0.9 mg/L 的 1～5 μm 微塑料会降低叶绿素含量；但未发现剂量-响应关系。Sjollema 等（2016）发现，250 mg/L 的 0.05 μm、0.5 μm 和 6 μm 颗粒对光合作用的影响可忽略不计。Long 等（2017）发现，3.96 mg/L 的 2 μm 聚苯乙烯不会产生任何影响。因此，微塑料可能会产生各种影响，这取决于水体中存在的藻类种类和污染物的浓度。对光合作用的负面影响可能是由物理毒性造成的，但毒性机理尚不清楚（SAPEA，2019）。

10.2.3　其他影响

微塑料对微藻的其他影响描述如下。

10.2.3.1　表面电荷

表面电荷是微塑料影响微藻的另一个可能因素（Auta et al.，2017）。电荷影响颗粒稳定性（Alimi et al.，2018）和微塑料吸附能力（Yokota et al.，2017）。Bhattacharya 等（2010）发现，带正电微塑料吸附在藻类上所产生的活性氧比带负电微塑料更多。然而，Sjollema 等（2016）发现，与不带电微塑料相比，带负电微塑料对杜氏盐藻的生长没有影响。Bhattacharya 等（2010）评估了聚苯乙烯对小球藻属和栅藻属的影响。带正电荷微塑料的吸附量随着聚苯乙烯浓度的增加而增加。但是在带负电荷聚苯乙烯中吸附速率非常低。当考虑藻类的种类时，发现栅藻属与带正电荷微塑料的亲和力较高，而与带负电荷微塑料的亲和力较低。这可能是由形态上的差异以及总表面积上的差异造成的（Bhattacharya et al.，2010）。

10.2.3.2 联合作用

塑料生产过程中产生的化学物质也可能存在于微塑料中（GESAMP，2015；SAPEA，2019），水体中存在的其他物质也可能与微塑料存在相互作用。因此，也应考虑一些联合作用。Prata 等（2018）检测了微塑料与药物的联合作用。检测微塑料-普鲁卡因胺混合物和微塑料-多西环素混合物的影响时发现，混合物比每种单一物质的毒性作用更大。这可能是因为微塑料与细胞壁的相互作用增加了药物的吸收。Okubo 等（2018）最近研究了微塑料对珊瑚虫-藻类共生关系建立的影响，发现微塑料破坏了共生关系。当检测铜和微塑料的联合作用时，发现 $0.02\sim0.64$ mg/L 铜和 0.184 mg/L、$1\sim5$ μm 的微塑料的任意组合之间没有显著差异（Davarpanah & Guilhermino，2015），原因可能是铜和微塑料的暴露浓度相对较低。

10.2.3.3 其他

Casabianca 等（2018）分析了海洋塑料样品对有害微藻的吸附作用，发现塑料为有害微藻的吸附、快速定殖和毒素产生提供了基质。Lyakurwa（2017）利用海洋微藻海洋尖尾藻检测其对微塑料的吸收作用，发现海洋尖尾藻可以摄入微塑料。随着微塑料浓度增加，可观察到运动性丧失和食物替换。文献中发现的另一种影响是形成异相团聚。Lagarde 等（2016）证明聚丙烯在 20 天内发生团聚；然而，高密度聚乙烯颗粒却没有发生团聚。

10.3 结论

淡水生态系统和海洋生态系统中发现的微塑料数量正在显著增加，这与塑料生产和消费的增加有关。微塑料对最终系统中的生物和初级生产者具有负面影响。微塑料对微藻的主要影响是抑制藻类生长、降低叶绿素浓度和光合效率。这些影响取决于塑料的类型、粒径和浓度及藻类类型。其他研究的影响包括与其他物质（如铜和药物）的联合作用。与微塑料一起暴露可能会增加对微藻的影响，这取决于材料的类型。另外，表面电荷也影响结果。文

第 10 章 微塑料对淡水和海洋微藻的影响

献中发现的其他影响包括微塑料充当藻类生长的基质、微藻摄入微塑料以及异相团聚。尽管许多其他影响特别是联合作用尚未得到广泛研究,但可以说,随着微塑料污染的日益严重,从食物链底层开始,其对生态系统的影响似乎更大。

更应该注意的是应扩大塑料的类型和检测的藻类种类,以填补文献中的空白。此外,应更多地关注微塑料与其他刺激自然环境的材料的联合作用,以快速了解问题的复杂性。

参考文献

Alimi O. S., Farner Budarz J., Hernandez L. M. and Tufenkji N. (2018). Microplastics and nanoplastics in aquatic environments: aggregation, deposition, and enhanced contaminant transport. *Environmental Science & Technology*, 52(4), 1704-1724.

Andrady A. L. (2011). Microplastics in the marine environment. *Marine Pollution Bulletin*, 62(8), 1596-1605. doi: 10.1016/j.marpolbul.2011.05.030.

Auta H. S., Emenike C. and Fauziah S. (2017). Distribution and importance of microplastics in the marine environment: a review of the sources, fate, effects, and potential solutions. *Environment International*, 102, 165-176.

Besseling E., Wang B., Lürling M. and Koelmans A. A. (2014). Nanoplastic affects growth of *S. obliquus* and reproduction of *D. magna*. *Environmental Science & Technology*, 48(20), 12336-12343. doi: 10.1021/es503001d.

Bhattacharya P., Lin S., Turner J. P. and Ke P. C. (2010). Physical adsorption of charged plastic nanoparticles affects algal photosynthesis. *Journal of Physical Chemistry* C, 114(39), 16556-16561. doi: 10.1021/jp1054759.

Brien S. (2007). Vinyls Industry Update. Presentation at the World Vinyl Forum2007. See: http://vinyl-institute.com/Publication/WorldVinylForumIII/VinylIndustryUpdate.aspx (accessed October 2018).

Casabianca S., Capellacci S., Giacobbe M. G., Dell'Aversano C., Tartaglione L., Varriale F., Narizzano R., Risso F., Moretto P., Dagnino A., Bertolotto R., Barbone E., Ungaro N. and Penna A. (2018). Plastic-associated harmful microalgal assemblages in marine environment, *Environmental Pollution*, 244, 617-626.

Cole M., Lindeque P., Halsband C. and Galloway T. S. (2011). Microplastics as contaminants in the marine environment: a review. *Marine Pollution Bulletin*, 62(12), 2588-2597. doi: 10.1016/j.marpolbul.2011.09.025.

Davarpanah E. and Guilhermino L. (2015). Single and combined effects of microplastics and copper on the population growth of the marine microalgae *Tetraselmis chuii*. *Estuarine, Coastal and Shelf Science*, 167, 269-275.

Duncan E. M., Arrowsmith J., Bain C., Broderick A. C., Lee J., Metcalfe K. and Godley B. J. (2018). The true depth of the Mediterranean plastic problem: extreme microplastic pollution on marine turtle nesting beaches in Cyprus. *Marine Pollution Bulletin*, 136, 334-340.

GESAMP (2015). Chapter 3.1.2 Defining 'microplastics'. Sources, fate and effects of microplastics in the marine environment: a global assessment. In: IMO/FAO/ UNESCO–IOC/UNIDO/WMO/IAEA/UN/UNEP/UNDP Joint Group of Experts on the Scientific Aspects of Marine Environmental Protection (GESAMP), P. J. Kershaw, (ed.), Rep. Stud. GESAMP No. 90, 96p, London.

Gregory M. R. (2009). Environmental implications of plastic debris in marine settings: entanglement, ingestion, smothering, hangers-on, hitch-hiking and alien invasions. *Philosophical Transactions of the Royal Society B: Biological Sciences*, 364, 2013-2025.

Harris G. P. (1986). Phytoplankton Ecology: Structure, Function and Fluctuation. Chapman and Hall Ltd., London.

Isensee K. and Valdes L. (2015). Marine Litter: Microplastics. GSDR 2015 Brief. See: https://sustainabledevelopment.un.org/content/documents/5854Marine%%20-%20 Microplastics.pdf (accessed October 2018).

Lackey K. (2018). From trash to treasure: Ocean plastic waste source of alternative energy. *World Water*, 41, 14-16.

Lagarde F., Olivier O., Zanella M., Daniel P., Hiard S. and Caruso A. (2016). Microplastic interactions with freshwater microalgae: hetero-aggregation and changes in plastic density appear strongly dependent on polymer type. *Environmental Pollution*, 215, 331-339. doi: 10.1016/j.envpol.2016.05.006.

Li W. C., Tse H. F. and Fok L. (2016). Plastic waste in the marine environment: a review of sources, occurrence and effects. *Science of the Total Environment*, 566-567, 333-349.

Long M., Paul-Pont I., Hégaret H., Moriceau B., Lambert C., Huvet A. and Soudant P. (2017). Interactions between polystyrene microplastics and marine phytoplankton lead to species-specific hetero-aggregation. *Environmental Pollution*, 228, 454-463. doi: 10.1016/j.envpol.2017.05.047.

Luís L. G., Ferreira P., Fonte E., Oliveira M. and Guilhermino L. (2015). Does the presence of microplastics influence the acute toxicity of chromium (VI) to early juveniles of the common goby (*Pomatoschistus microps*)? A study with juveniles from two wild estuarine populations. *Aquatic Toxicology*, 164, 163-174.

Lusher A. (2015). Microplastics in the marine environment: distribution, interactions and effects. In: Marine Anthropogenic Litter, *M. Bergmann, L. Gutow and M. Klages* (eds.). Springer, Cham.

Lyakurwa D. J. (2017). Uptake and effects of microplastic particles in selected marine microalgae species; *Oxyrrhis marina* and *Rhodomonas baltica*. Master of Science thesis, Norwegian University of Science and Technology Department of Biology, Norway.

Ma S., Zhou K., Yang K. and Lin D. (2014). Heteroagglomeration of oxide nanoparticles with algal cells: effects of particle type, ionic strength and pH. *Environmental Science & Technology* 49, 932-939.

MacPhee L. (n.d.) *Life on the Food Chain*. Northern Arizona University. See: https://www2.nau.edu/lrm22/lessons/food_chain/food_chain.html (accessed October 2018).

Niaounakis M. (2017). The problem of marine plastic debris. In: Management of Marine Plastic Debris, Elsevier Inc. pp. 1-55.

Okubo N., Takahashi S. and Nakano Y. (2018). Microplastics disturb the anthozoan-algae symbiotic relationship. *Marine Pollution Bulletin*, 135, 83-89. doi: 10.1016/j.marpolbul.2018.07.016.

Plastics Europe (2013). Plastics–the Facts 2013: An Analysis of European Latest Plastics Production, Demand and Waste Data. Association of Plastics Manufacturers, Belgium.

Plastics Europe (2017). Plastics–the Facts 2017. An Analysis of European Plastics Production, Demand and Waste Data. Association of Plastics Manufacturers, Belgium.

Prata J. C., Lavorante B. R. B. O., B. S. M. Montenegro, M. da C. and Guilhermino L. (2018). Influence of microplastics on the toxicity of the pharmaceuticals procainamide and doxycycline on the marine microalgae *Tetraselmis chuii*. *Aquatic Toxicology*, 197, 143-152. doi: 10.1016/j.aquatox.2018.02.015.

Science Advice for Policy by European Academies (SAPEA) (2019). A Scientific Perspective on Microplastics in Nature and Society. SAPEA, Berlin. https://doi.org/10.26356/microplastics.

Sjollema S. B., Redondo-Hasselerharm P., Leslie H. A., Kraak M. H. S. and Vethaak A.

D. (2016). Do plastic particles affect microalgal photosynthesis and growth? *Aquatic Toxicology*, 170, 259-561.

Tang J., Ni X., Zhou Z., Wang L. and Lin S. (2018). Acute microplastic exposure raises stress response and suppresses detoxification and immune capacities in the scleractinian coral *Pocillopora damicornis. Environmental Pollution*, 243, 66-74.

Thompson R. C., Moore C. J., vom Saal F. S. and Swan S. H. (2009). Plastics, the environment and human health: current consensus and future trends. *Philosophical Transactions of the Royal Society B: Biological Sciences*, 364 (1526), 2153-2166.

Vince J. and Stoett P. (2018). From problem to crisis to interdisciplinary solutions: plastic marine debris. *Marine Policy*, 96, 200-203.

Wong S. L., Ngadi N., Abdullah T. A. T. and Inuwa I. M. (2015). Current state and future prospects of plastic waste as source of fuel: a review. *Renewable and Sustainable Energy Reviews*, 50, 1167-1180. doi: 10.1016/j.rser.2015.04.063.

Yokota K., Waterfield H., Hasting C., Davidson E., Kwietniewski E. and Wells B. (2017). Finding the missing piece of the aquatic plastic pollution puzzle: interaction between primary producers and microplastics. *Limnology and Oceanography Letters* 2, 91-104.

Zhang C., Chen X., Wang J. and Tan L. (2017). Toxic effects of microplastic on marine microalgae *Skeletonema costatum*: interactions between microplastic and algae. *Environmental Pollution*, 220, 1282-1288. doi: 10.1016/j.envpol.2016.11.005.

第 11 章　来自污水回用或污泥施用的土壤微塑料对植物的潜在影响

D. 帕帕约安努（D. Papaioannou），I. K. 卡拉鲁吉奥提斯（I. K. Kalavrouziotis）
希腊开放大学科学与技术学院，希腊帕特雷
（Hellenic Open University, School of Science and Technology, Patras, Greece）

关键词：农业生态系统，生物降解，污染物迁移，污染

11.1　引言

大量生产各种工业和个人副产品是现代社会（特别是众多的城市人口）的特征。其中，在许多发达地区，经过处理的污水和污泥因其在农业上的应用而受到特别关注，由于环境和经济方面的原因，农业应用被认为是最方便的回收方式（Kalavrouziotis & Koukoulakis, 2011）。

污泥和污水长期以来分别用作肥料和用于作物灌溉。特别在农业中，它们用作土壤肥料（包含有机物）和氮以及其他大量元素养分和微量元素养分的补充来源，并用于改善土壤的理化条件和生产力（Kalavrouziotis & Koukoulakis, 2011）。污泥和污水除了具有明显的土壤改良特性之外，同时还含有大量的污染物，例如重金属、有毒化合物、外源性药物和微塑料，污泥和污水的长期再利用可能会导致这些污染物在土壤中积累（Papaioannou et al., 2017）。

在过去的十年中，微塑料已被视为全球环境问题。微塑料污染具有许多潜在来源，例如工业、农业、垃圾填埋场、污水处理厂（WWTPs）、生活垃圾、轮胎、合成纺织品和包装材料。在 20 世纪 70 年代初，首次在海洋环境

中发现塑料的污染及其对海洋生物的影响（Duis & Coors，2016）。Brown 等（2011）第一次指出并证实污水处理厂的污水是微塑料的来源。尽管从污水处理厂中去除微塑料的比例很高，但即使释放出少量的微塑料也可能导致大量微塑料进入环境。由于各种环境风化过程（例如机械破碎、分解和光降解），水和土壤中的大块废旧塑料制品逐渐变成较小的碎片（Watts et al.，2014）。目前关于污水和污泥应用造成的塑料污染对陆地环境特别是对农业生态系统的生态影响，以及微塑料对农业的潜在后果（包括对可持续性和食品安全的潜在影响）的认识是有限的（Bläsing & Amelung，2018）。

微塑料是粒径小于 5 mm 的塑料颗粒（GESAMP，2015）。显然，环境中的塑料颗粒会继续降解并逐渐变小，直到最终形成纳米塑料（Horton et al.，2017），纳米塑料是粒径小于 100 nm 的颗粒（Rios et al.，2018）。

微塑料正在成为全球重要的人为污染物。农业生态系统中微塑料的环境归趋取决于土壤理化性质、生物因素和微塑料特性之间的复杂相互作用。因此，研究农业生态系统中微塑料的来源、土壤中微塑料的机理和行为以及微塑料与土壤生物和植物的相互作用具有重要意义。

11.2 农业土壤中的微塑料和纳米塑料

11.2.1 农业土壤中的塑料来源

在发达地区，城市污水和城市地表径流最终被输送到污水处理厂。欧洲有 45 000 多个污水处理厂，其中采用一级污水处理工艺和二级污水处理工艺的污水处理厂约 25 000 个，采用三级污水处理工艺的污水处理厂约 20 000 个（Amec Foster Wheeler，2017）。一般来说，每年每 100 万个居民中有 1 270～2 130 t 微塑料被释放到城市环境中（Nizzetto et al.，2016）。尽管污水处理厂的微塑料去除率令人满意，但仍有少量的微塑料残留在污水和污泥中，导致大量的微塑料进入环境。

一般而言，由于污水处理厂中的微塑料密度低且停留时间短，降解过程

第11章 来自污水回用或污泥施用的土壤微塑料对植物的潜在影响

仍是未知的。研究表明，污水处理设施在去除污水中的微塑料方面非常有效，总效率在 90%～98%；最近的研究报道的去除率分别为 95%（Talvitie et al., 2017）、97%（Mintenig et al., 2017）和 98%（Murphy et al., 2016）。因此，经过处理的污水中的微塑料负荷（最终进入环境）虽然不高，但意义重大（Murphy et al., 2016；Ziajahromi et al., 2016）。

污泥作为肥料在农业生产中应用广泛。这种农业用途是根据一套标准进行的，以确保不会对土壤和农产品的质量以及植被、家畜和人类生活产生不利影响（Kouloubis et al., 2005）。在欧洲和北美洲，约 50% 的污泥应用于农业领域（EPA, 2015；Eurostat, 2018）。在污水处理过程中，超过 90% 的微塑料从水中被去除，并且大部分残留在污泥中（Bläsing & Amelung, 2018）。值得一提的是，污泥的最大处置量是在农田上，污泥被用作农业肥料和土壤改良剂。据估计，欧洲污泥的施用量为 400 万～500 万 t（干重）（Cieslik et al., 2015；Willén et al., 2016）。

在讨论农业土壤中微塑料的来源时，必须注意的是，除了污水处理厂副产品的施用外，还向农业土壤中带入了多种微塑料。例如，由聚乙烯（PE）制成的塑料大棚薄膜可用来控制土壤的温度和湿度，以创造耕作的微气候并减缓杂草的生长（Horton et al., 2017）。随后，当这些塑料暴露在阳光的紫外线照射下时，它们会被破坏，失去强度，变成小碎片和微塑料颗粒（Sivan, 2011）。

11.2.2 污水处理厂副产品施用的农业土壤中的微塑料量

如前所述，污水灌溉会在农业土壤中积累有害物质，例如微塑料。为了评估微塑料的影响，应首先估算农作物灌溉期间堆积在土壤上的微塑料负荷。

灌溉需求除了取决于每种植物的特性外，还取决于气候参数（如温度、降水量和白昼持续时间）和土壤参数（如土壤类型和有机质含量）。

通过计算处理污水中微塑料的平均浓度值，然后考虑种植的植物的平均需水量，可以估算通过污水灌溉，进入每个种植季节每公顷田地的微塑料量。

根据 EPA（2014），西爱尔兰的污水处理厂的进水中含有微塑料 97 000 个 /m^3，而出水样品（2015年5月收集）中含有2 000个/m³（三级处理工艺时为1 000个/m³）。这些测量表明，有2%的微塑料没有留在污泥中，可以被视为微塑料污染的重要来源。在不同国家进行的其他研究中，芬兰处理污水中的微塑料浓度为700~3 500个/m³（Talvitie et al., 2017），在赫尔辛基地区为纤维4 900根/m³和微塑料8 600个/m³；法国的测量值为14 000~15 000个/m³（Dris et al., 2015），德国为0~9 400个/m³（Mintenig et al., 2017），荷兰为20 000个/m³（Leslie et al., 2012）和52 000个/m³（Leslie et al., 2013），以及苏格兰格拉斯哥为250个/m³（Murphy et al., 2016）。这些测量结果表明，尽管污水处理厂对微塑料的去除率很高，但当大量的污水被用于农业中时，大量的微塑料进入环境（Mourgkogiannis et al., 2018）。从上述所有值中测得的处理污水中微塑料的浓度范围为0~52 000个/m³，平均值约为10 000个/m³。该值可用于污水灌溉后土壤微塑料负荷的估算。表11.1是输入到土壤中的微塑料负荷，是作为污水灌溉6种作物的需水量总估算的一部分。

表11.1 处理污水灌溉土壤的微塑料负荷

作物	年灌溉量/(m^3/hm^2)	微塑料浓度/(10^3个/m³)	土壤中微塑料年负荷量/(10^6个/hm^2)
玉米	6 000	10	60
棉花	5 500	10	55
饲料——三叶草	9 000	10	90
西红柿	4 500	10	45
白菜	2 200	10	22
橄榄树	4 000	10	40

如上所述，污水处理厂的污泥中存在高浓度的微塑料。除污泥焚烧会破坏这些颗粒外，其他污泥处理技术都无法去除这些颗粒（Karapanagioti, 2017）。在欧洲，污泥在农业用地上的应用受欧盟（EU）《污水污泥指令》（86/278/EEC）（EU, 1986）的管理；在美国，污泥在农业用地上的应用受美国环境保护局（USEPA）40 CFR 503（USEPA, 1993）的管理。而欧洲和美国的法规都不认为塑料是一种潜在的有害成分。

第11章 来自污水回用或污泥施用的土壤微塑料对植物的潜在影响

污泥中检测到的塑料浓度范围为 1 500～24 000 个/kg：如 1 500～4 000 个/kg（Zubris & Richards，2005），16 700 个/kg（Magnusson & Noren，2014），100～24 000 个/kg（Mintenig et al.，2017）和 4 200～15 800 个/kg（Mahon et al.，2017）。许多国家向农业土壤施用的污泥量为每公顷 1～100 t 污泥（干重）（表 11.2）。

表 11.2 不同国家干污泥用于土壤的允许量（Kouloubis et al.，2005）

国家	平均年施用污泥量/ [t/(hm²·a)，干污泥]	污泥最大使用量/ [t/(hm²·a)，干污泥]
澳大利亚	2.5	5
比利时	1～4	3～12
丹麦	10	100
法国	3	30
意大利	2.5～5	7.5～15
荷兰	1～10	1～10
挪威	2	20
瑞士	1	5
美国	10	

11.3 陆地上微塑料的降解

一般来说，土壤中的有机污染物都会经历复杂的降解和转化过程，其程度取决于许多相互依赖的土壤参数和气候参数。在微生物和土壤动物以及影响它们的各种非生物因素（pH 值、有机质含量、电导率等）的联合作用下，发生了一系列的反应。最后，在一定条件下，经过长期的反应，各种有机化合物转化为挥发性的、水溶性的和固体的产物。

当处于包括物理过程、生物过程和化学过程在内的环境条件下时，随着时间的推移，微塑料破碎至纳米塑料粒径。通常会在塑料制造过程中添加化学物质以改善其性能、优化产品的用途和用法并延长其保质期（Roy et al.，2011；Teuten et al.，2009）。这些添加剂包括增塑剂、抗氧化剂、阻燃剂、紫外线稳定剂、润滑剂和着色剂，它们具有重要的环境作用，尤其是它们延长了塑料的降解时间，并且由于它们浸出并进入食物链而成为潜在的污染物。从塑料中去除这些添加剂主要取决于添加剂类型、塑料粒径、塑料性能以及促进其降解的环境条件（Moore，2008；Teuten et al.，2009）。当微塑料暴露在易于生物降解的条件下时，其破碎化相对较快，导致留在土壤中的塑料颗粒能够迁移到更深的土壤层。

一般来说，塑料的降解是指聚合物分子结构发生了化学变化，性能也随之发生改变。不同类型塑料降解的效率取决于聚合物的化学结构。聚乙烯（PE）、聚丙烯（PP）、聚苯乙烯（PS）和聚氯乙烯（PVC）等聚合物耐水解和耐酶降解的特性使这些材料在环境中积累。

需要引起注意的是，微塑料颗粒越小，比表面积就越大，活性越高，环境行为的随机性也就越大，但仍能够作为吸附水体中重金属和有机化合物［包括多氯联苯、多环芳烃和有机氯化合物（农药）］等污染物的基质（Ng et al.，2018）。

氧化降解是由材料暴露时产生的自由基引起的，这在很大程度上取决于环境条件（如紫外线照射、温度、土壤成分、湿度、氧气）以及塑料的化学结构和结晶度（Fotopoulou & Karapanagioti，2017；Nguyen，2008）。当塑料与地面接触时，就会发生降解。

生物降解是微生物对有机物矿化的生化过程，最终产物为二氧化碳和水（在好氧条件下）或二氧化碳和甲烷（在厌氧条件下）（Mohan，2011）。生物降解受塑料分子量、化学结构、形态、疏水性和吸水性等性质的影响，这些性质对塑料在土壤中的最终形态具有重要作用。

微塑料与土壤组分之间的相互作用是一个动态过程，涉及一系列自然生物学的性质和化学性质的变化。微塑料是聚合物、催化剂和添加剂的复合混合物（Teuten et al.，2009），所有这些都会影响其特性、行为、与土壤和有机矿物质以及土壤中存在的任何农用化学品（例如肥料、农药）的相互作用。

第 11 章　来自污水回用或污泥施用的土壤微塑料对植物的潜在影响

11.3.1 塑料中的添加剂

为得到最终的塑料产品，聚合物与不同的添加剂混合以提高其性能。在微塑料降解期间，这些添加剂会成为额外的土壤污染物。塑料生产过程中最常用的添加剂是邻苯二甲酸盐、双酚 A（BPA）、阻燃剂（FRs）、多溴二苯醚[①]（PBDEs）和壬基酚（NP）。

11.3.1.1 邻苯二甲酸盐

邻苯二甲酸盐又称邻苯二甲酸酯，是邻苯二甲酸形成的酯类。它们是主要用作增塑剂（添加到塑料中以增加其柔韧性、耐用性和寿命的物质）的化合物。最常用的邻苯二甲酸盐是邻苯二甲酸二（2-乙基己基）酯［di（2-ethylhexyl）phthalate，DEHP］、邻苯二甲酸二丁酯（dibutyl phthalate，DBP）和邻苯二甲酸二乙酯（diethyl phthalate，DEP），它们主要用于 PVC 生产（Net et al.，2015）。这些邻苯二甲酸盐引起关注是因为有证据表明它们是内分泌干扰物，会改变激素水平。2008 年，美国国家科学院（National Academy of Sciences，NAS）建议对邻苯二甲酸盐和其他抗雄激素（antiandrogen）的影响进行研究（Varshavsky et al.，2016）。根据 EPA（2012）的研究，一些人体研究报道了几种邻苯二甲酸盐的暴露与观察到的不良生殖后果之间的关联，包括观察到的新生儿肛门生殖器距离变短、怀孕周期缩短、性激素和甲状腺激素降低以及观察到的成人精子质量降低。由于邻苯二甲酸盐不与塑料化学键合，因此很容易释放到环境中，并且在塑料的制造、使用和处置过程中会释放到环境中（Net et al.，2015；Talsness et al.，2009）。

11.3.1.2 双酚 A

双酚 A（BPA）是一种有机化合物，是主要用于生产聚碳酸酯塑料的添加剂。含双酚 A 的塑料坚硬、轻质和透明，具有优异的耐热性。BPA 会从食品包装碎片中释放到环境中（Sajiki & Yonekubo，2003）或未经处理的污水中（Guerra et al.，2015）。土壤中存在的双酚 A 是一个重要的问题，它会影响共

---

① 多溴二苯醚是阻燃剂的一类。——译者

生细菌苜蓿中华根瘤菌（*Sinorhizobium meliloti*），从而影响豆科植物根部的氮含量（Fox et al.，2007）；一些研究人员已经研究了大豆植物对双酚 A 存在的响应（Sun et al.，2013；Zhang et al.，2016）。双酚 A 对其他农作物的影响也有报道，例如番茄（*Lycopersicum esculentum*）、生菜（*Lactuca sativa*）、玉米（*Zea mays*）和水稻（*Oryza sativa*）（Zhang et al.，2016）。这些研究表明，一定剂量的 BPA 暴露可以促进或抑制植物的生长、发芽、花粉管伸长、光合作用和激素含量。通过生态系统中的食物链，双酚 A 的危害可以扩展到动物甚至人类（Jondeau-Cabaton et al.，2013）。

11.3.1.3 阻燃剂

阻燃剂（FRs）是被用作降低塑料电子设备、织物和许多其他塑料物品易燃性的安全物质。阻燃剂包括多种化学品，塑料制造中最常用的化合物是有机卤素化合物，例如多溴二苯醚（PBDEs）和六溴环十二烷（hexabromocyclododecane，HBCD）。在 2004 年和 2008 年，欧盟禁止了多种类型的多溴二苯醚（Betts，2008），因为它们与内分泌干扰作用、致畸性以及肝肾毒性有关（Yogui & Sericano，2009）。许多阻燃剂会降解为有毒的化合物。例如，带有芳环的卤代化合物可以降解为二噁英和氯化二噁英，它们也是剧毒化合物。双酚 A 磷酸二苯酯（BADP）和四溴双酚 A（TBBPA）可以降解为双酚 A（McCormick et al.，2010）。在西班牙和瑞典（Marklund et al.，2005；Rodil et al.，2012）以及德国的易北河（Wolschke et al.，2015）的污水中都检测到了有机磷化合物，这是另一种阻燃剂。

11.3.1.4 多溴二苯醚[①]

多溴二苯醚（PBDEs）是一种有机溴化合物，是用于各种商用和家用产品（如电子设备、电气设备、家具、塑料、聚氨酯泡沫、纺织品和床垫）的阻燃剂（EPA，2017）。多溴二苯醚可能通过制造过程的排放、各种含有多溴二苯醚的产品的挥发、垃圾回收和垃圾渗滤液进入环境（ATSDR，2015）。它

---

① 多溴二苯醚是一种溴系阻燃剂。——译者

第 11 章　来自污水回用或污泥施用的土壤微塑料对植物的潜在影响

们很难溶于水，并与土壤颗粒或沉积物紧密结合。多溴二苯醚会在环境中存留多年而没有任何明显的降解。光解和热解可能是多溴二苯醚转化的主要因素（Hutzinger & Thoma，1987；Watanabe et al.，1987）。它们还存在于空气、土壤、沉积物、人类、野生生物、鱼类和其他海洋生物以及污水处理厂的生物固体中（Siddiqi et al.，2003）。

人们通过食物链接触多溴二苯醚，但它们会在血液、母乳和脂肪组织中生物积累（EPA，2009）。家用物品含有多溴二苯醚，室内灰尘、污水污泥和污水处理厂的污水中都含有高浓度的多溴二苯醚。多溴二苯醚是内分泌干扰物和神经毒素，可能导致从认知障碍到内分泌功能和肝功能障碍的慢性疾病（Siddiqi et al.，2003）。

11.3.1.5　壬基酚

壬基酚（NP）可引起雌激素作用，并且其作为内分泌干扰物，能够干扰多种生物的繁殖。壬基酚是非离子表面活性剂烷基酚聚氧乙烯醚和壬基酚聚氧乙烯醚的前体，用于洗涤剂、油漆、农药、个人护理用品和塑料中。由于壬基酚的物理化学特性，主要是由于其低溶解度和高疏水性，壬基酚会在有机物含量高的环境介质中积累，例如污水处理厂污泥和河流沉积物中（Soares et al.，2008），其主要来源是污水处理厂出水（Shinichi et al.，2016）。壬基酚在地表水、土壤和沉积物中的生物降解可能需要数月或更长时间。土壤中壬基酚的降解取决于土壤中的可利用氧和其他成分的含量；壬基酚在土壤中的迁移率较低（Soares et al.，2008）。

11.4　农业土壤的危害：微塑料

微塑料可以作为单个的微型物质或通过塑料制造过程中添加的有毒物质进入并潜在地影响土壤生态系统、作物和家畜。由于微塑料有可能影响所有生态系统（海洋和陆地）以及人体健康，因此研究其进入农业生态系统的途径非常重要。

微塑料作为土壤中的一种污染物，有多个潜在的途径和因素可以决定其归宿，包括粒径（Rillig et al., 2017）、疏水性（Wan & Wilson, 1994）、电荷、密度和形状（纤维状、颗粒状、泡沫状）等微塑料本身特性，以及土壤的物理化学特性（Pachapur et al., 2016）、土壤大孔隙、土壤生物区系、农业活动、气象条件和生物相互作用。土壤团聚体可以被微塑料包埋，团聚体的形成和分解取决于土壤特性（如pH值）。因此，在土壤团聚体形成过程中，微塑料颗粒、有机质和原生土壤颗粒可以聚集在一起。

随着耕作等农业活动的开展，微塑料颗粒可以迁移到更深的土层中。此外，还可以通过植物对土壤的扰动将微塑料转移到更深土壤层中，特别是生长在表层土壤以下的植物（如甜菜和土豆）。大孔隙的形成增加了颗粒的移动以及水的移动，从而间接地帮助颗粒向深层土壤移动。因此，植物过程（如根系生长、连根拔起）和土壤动物群（如蚯蚓、昆虫）可以促进颗粒的移动。

塑料中含有的各种增塑剂已被广泛讨论。其中许多已被确认为有毒或为内分泌干扰物。微塑料在土壤中积累的地方可能是这些化学物质随后迁移到水、土壤和土壤生物中的地方。一些研究已经明确了增塑剂的存在，特别是农业土壤中邻苯二甲酸盐的存在：Zeng等（2008）、Kong等（2012）和Wang等（2013）分析了农田土壤样品并测定了邻苯二甲酸盐化合物。研究结果表明，塑料会向土壤释放化学物质，这些化学物质可能被植物吸收（Sun et al., 2015），从而进入食物链，危害人体健康。当微塑料进一步进入土壤剖面时，它们最终会进入地下水，并导致地下水污染，进而污染整个食物链，对人体健康产生直接影响。

微塑料对生物具有负面影响，主要是由于微塑料在肠道或胃中的积累，从而影响了生物的行为和发育（von Moos et al., 2012; Watts et al., 2016）。一般来说，研究主要集中在微塑料对海洋生态系统中水生生物的影响上。很少有研究关注微塑料对土壤生物、生物有效性、生物积累或陆地生态风险评估的影响。

关于蚯蚓摄入微塑料的影响的研究表明，微塑料可能在生物体内部被破碎成更小的颗粒，并最终通过粪便返回环境（Huerta Lwanga et al., 2016）。

第11章　来自污水回用或污泥施用的土壤微塑料对植物的潜在影响

在高浓度暴露下，观察到蚯蚓受到损伤、体重减轻并最终死亡（Cao et al.，2017）。在实验室条件下，用于研究微塑料对陆生动物影响的模式生物有蚯蚓［包括陆正蚓（*Lumbricus terrestris*）（Huerta Lwanga et al.，2016）、安德爱胜蚓（*Eisenia andrei*）（Rodriguez-Seijo et al.，2017）］和线虫［包括大型溞（*Daphnia magna*）、扁平头线虫（*Thamnocephalus platyurus*）[①]和秀丽隐杆线虫（*Caenorhabditis elegans*）］。所有这些物种都对纳米塑料表现出了很高的敏感性（Ng et al.，2018）。纳米塑料可能比微塑料毒性更强，因为纳米塑料可以透过生物膜（Bouwmeester et al.，2015；EFSA Panel on Contaminants in the Food Chain，2016；Nel et al.，2009）。蚯蚓作为土壤动物的一部分，影响着许多土壤参数，如肥力和土壤孔隙度。因此，蚯蚓与微塑料的相互作用影响土壤质量和肥力。

表层土壤中的微塑料浓度目前还不清楚。例如，Huerta Lwanga 等（2016）研究了聚乙烯颗粒暴露下陆正蚓的致死率；当聚乙烯质量分数为 450 g/kg 时，致死率提高了 8%；当聚乙烯质量分数为 600 g/kg 时，致死率提高了 25%。由于很难找到具有如此高浓度微塑料的真实土壤，因此只能获得污染物负荷演变的估计值。然而，评估高浓度下微塑料污染的潜在生态影响很重要，因为这些浓度可能随着环境中已经存在的塑料碎片的增加而增加。

迄今为止，还没有实验证据表明微塑料和纳米塑料从无脊椎动物迁移到脊椎动物；然而，也有证据表明微塑料从受污染的土壤迁移到脊椎动物。根据 Huerta Lwanga 等（2017）的结果，鸡因食用蚯蚓而被塑料颗粒污染。

由于塑料颗粒的高分子量或大粒径阻止了塑料颗粒透过植物的细胞壁，因此预计不会被植物吸收。然而，纳米塑料已经被证明可以进入植物细胞：Bandmann 等（2012）利用细胞培养方法研究了烟草植物（吸收粒径为 20 nm 和 40 nm 的聚苯乙烯）；但是，目前还没有关于纳米塑料在植物中的移动、储存和毒性的研究。

污染物的吸收、移动和积累能力取决于植物种类。影响有机化合物吸收

[①] 此处原文恐有误。——译者

的特性有：根系特性（体积、密度、表面积）、木质部特性、蒸腾作用、生长速率、水分和脂质分数、质膜电位、液泡膜电位、细胞质和液泡 pH 值（Trapp，2000）。植物可以代谢大量的污染物，包括多氯烃和多环芳烃（Sandermann，1992）。一般来说，污染物是以可溶性和不溶性结合物的形式存在于植物体内的。Torre-Roche 等（2013）利用模型研究了植物吸收灌溉水体中微量污染物的水平，以及通过蔬菜和水果摄入 27 种新兴痕量污染物 [包括药物、香料和塑料生产中的添加剂（如阻燃剂和增塑剂）] 的情况。另外，根据 Torre-Roche 等（2013）的说法，土壤和施用污水中的不同类型纳米颗粒可能与土壤中的农药相互作用，导致不同作物对农药的吸收增加或减少。

微塑料污染食物链的另一种潜在途径是通过接触使其迁移到叶菜类作物中。然而，与其他来源相比，这一暴露参数被认为是可以忽略的，因为在基本卫生条件下（通过清洗蔬菜），这一风险是可以避免的。

11.5 结论

在全球范围内，水生生态系统和陆地生态系统中的微塑料随处可见，但微塑料污染对环境的影响还不清楚。鉴于农业土壤是微塑料最大的环境储存库之一，对其进行研究并了解其对环境的负荷以及这种污染负荷存在的后果是非常重要的。决定农业生态系统中微塑料环境归趋的因素非常复杂，由于多种物理因素和生物因素会影响其输送机制，因此需要更多的知识来完全理解其途径和相互作用。

根据现有的研究和评估，尽管污水和污泥在农业中得到了应用，但迄今为止微塑料的浓度似乎没有对土壤动植物产生明显影响；与实际原位值相比，污染水平的实验评估浓度相当大。在对植物生长的影响方面，没有直接影响的证据，只有间接影响，例如对土壤质量的影响（尽管是在高实验浓度下观察到这一点）。

到目前为止还没有观察到微塑料污染的影响，这并不意味着这个问题不存在。正如微塑料对海洋生态系统的影响已经成为严重的问题一样，微塑料

第 11 章　来自污水回用或污泥施用的土壤微塑料对植物的潜在影响

在农业生态系统中存在的问题是真实存在的。因此，虽然农业生态系统中微塑料的浓度很低，而且目前没有监测系统或风险评估研究，但现在有必要进行研究，对未来作出预测，并提出解决微塑料问题的办法。

参考文献

Agency for Toxic Substances and Disease Registry(ATSDR)(2017). Toxicological Profile for Polybrominated Diphenyl Ethers. ATSDR, U.S. Department of Health and Human Services, Atlanta, GA.

Amec Foster Wheeler(2017). Intentionally Added Microplastics in Products-Final Report Prepared for the European Commission. Amec Foster Wheeler Environment & Infrastructure UK Ltd, London.

Bandmann V., Müller J. D., Köhler T. and Homann U.(2012). Uptake of fluorescent nano beads into BY2-cells involves clathrin-dependent and clathrin-independent endocytosis. *FEBS Letters*, 586(20), 3626-3632.

Betts K. S.(2008). New thinking on flame retardants. *Environmental Health Perspectives*, 116(5), 210-213.

Bläsing M. and Amelung W.(2018). Plastics in soil: analytical methods and possible sources. *Science of the Total Environment*, 612, 422-435.

Bouwmeester H., Hollman P. C. and Peters R. J.(2015). Potential health impact of environmentally released micro-and nanoplastics in the human food production chain: experiences from nanotoxicology. *Environmental Science and Technology*, 49, 8932-8947.

Browne M. A., Crump P., Niven S. J., Teuten E., Tonkin A., Galloway T. and Thompson R.(2011). Accumulation of microplastic on shorelines worldwide: sources and sinks. *Environmental Science and Technology*, 45(21), 9175-9179.

Calderón-Preciado D., Matamoros V. and Bayona J. M.(2011). Occurrence and potential crop uptake of emerging contaminants and related compounds in an agricultural irrigation network. *Science of the Total Environment*, 412-413, 14-19.

Cao D., Xiao W., Luo X., Liu G. and Zheng H.(2017). Effects of polystyrene microplastics on the fitness of earthworms in an agricultural soil. *IOP Conference Series: Earth and Environmental Science*, 61, 12148.

Cieślik B. M., Namieśnik J. and Konieczka P.(2015). Review of sewage sludge management:

standards, regulations and analytical methods. *Journal of Cleaner Production*, 90, 1-15.

Dris R., Imhof H., Sanchez W., Gasperi J., Galgani F., Tassin B. and Laforsch C. (2015). Beyond the ocean: contamination of freshwater ecosystems with (micro-) plastic particles. *Environmental Chemistry*, 12(5): 539-550.

Duis K. and Coors A. (2016). Microplastics in the aquatic and terrestrial environment: sources (with a specific focus on personal care products), fate and effects. *Environmental Sciences Europe*, 28(1), 2.

EFSA Panel on Contaminants in the Food Chain (2016). Presence of microplastics and nanoplastics in food, with particular focus on seafood. EFSA Journal, 14(6), 04501. https://doi.org/10.2903/j.efsa.2016.4501.

Environmental Protection Agency (EPA) (2009). Polybrominated Diphenyl Ethers (PBDEs) Action Plan. EPA, United States.

Environmental Protection Agency (EPA) (2012). Phthalates, Action Plan. *Revised 03/14/2012*. EPA, United States.

Environmental Protection Agency (EPA) (2014). Scope, Fate, Risks and Impacts of Microplastic Pollution in Irish Freshwater Systems, Report No 210. EPA, United States.

Environmental Protection Agency (EPA) (2015). Urban Waste Water Treatment in 2014: A Report for the Year 2014. EPA, United States.

Environmental Protection Agency (EPA) (2017). Technical Fact Sheet: Polybrominated Diphenyl Ethers (PBDEs). EPA 505-F-17-015. EPA, United States.

European Union (EU) (1986). Council Directive on the Protection of the Environment, and in particular of the Soil, when Sewage Sludge is used in Agriculture (EU Directive 86/278/EEC). Council of the EU, Brussels.

Eurostat (2018). Sewage Sludge Production and Disposal. See: http://appsso.eurostat.ec.europa.eu/nui/show.do?lang=en&dataset=env_ww_spd (last accessed 09-04-2018).

Fotopoulou K. N. and Karapanagioti H. K. (2017). Degradation of Various plastics in the Environment. In: Hazardous Chemicals Associated with Plastics in the Marine Environment, (Handbook of Environmental Chemistry). H. Takada and H. K. Karapanagioti (ed.), DOI 10.1007/698_2017_11, Springer International Publishing.

Fox J. E., Gulledge J., Engelhaupt E., Burow M. E. and McLachlan J. A. (2007). Pesticides reduce symbiotic efficiency of nitrogen-fixing rhizobia and host plants. *Proceedings of the National Academy of Sciences*, 104(24), 10282-10287.

GESAMP (2015). Chapter 3.1.2 Defining 'microplastics'. Sources, fate and effects of

第 11 章　来自污水回用或污泥施用的土壤微塑料对植物的潜在影响

microplastics in the marine environment: a global assessment. In: (IMO/FAO/ UNESCO-IOC/UNIDO/WMO/IAEA/UN/UNEP/UNDP Joint Group of Experts on the Scientific Aspects of Marine Environmental Protection (GESAMP)), P. J. Kershaw (ed.), Rep. Stud. GESAMP No. 90, 96p, London.

Guerra P., Kim M., Teslic S., Alaee M. and Smyth S. A. (2015). Bisphenol-A removal in various wastewater treatment processes: operational conditions, mass balance, and optimization. *Journal of Environmental Management*, 152, 192-200.

Horton A. A., Walton A., Spurgeon D. J., Lahive E. and Svendsen C. (2017). Microplastics in freshwater and terrestrial environments: evaluating the current understanding to identify the knowledge gaps and future research priorities. *Science of the Total Environment*, 586, 127-141.

Huerta Lwanga E., Gertsen H., Gooren H., Peters P., Salanki T., van der Ploeg M., Besseling E., Koelmans A. A. and Geissen V. (2016). Microplastics in the terrestrial ecosystem: implications for *Lumbricus terrestris* (Oligochaeta, Lumbricidae). *Environmental Science & Technology*, 50(5), 2685-2691.

Huerta Lwanga E., Gertsen H., Gooren H., Peters P., Salánki T., van der Ploeg M., Besseling E., Koelmans A. A. and Geissen V. (2017). Incorporation of microplastics from litter into burrows of *Lumbricus terrestris*. *Environmental Pollution*, 220, 523-531.

Hutzinger O. and Thoma H. (1987). Polybrominated dibenzodioxins and dibenzofurans. *Chemosphere*, 16(89), 1877-1880.

Jondeau-Cabaton A., Soucasse A., Jamin E. L., Creusot N., Grimaldi M., Jouanin I., Ait-Aissa S., Balaguer P., Debrauwer L. and Zalko D. (2013). Characterization of endocrine disruptors from a complex matrix using estrogen receptor affinity columns and high performance liquid chromatography-high resolution mass spectrometry. *Environmental Science and Pollution Research*, 20(5), 2705-2720.

Kalavrouziotis I. K. and Koukoulakis P. H. (2011). Soil pollution under the effect of treated municipal wastewater. *Environmental Monitoring and Assessment*, 184, 6297-6305.

Karapanagioti H. K. (2017). Microplastics and synthetic fibers in treated wastewater and sludge. In: Wastewater and Biosolids Management, I. K. Kalavrouziotis (ed.), IWA Publishing.

Kong S., Ji Y., Liu L., Chen L., Zhao X., Wang J., Bai Z. and Sun Z. (2012). Diversities of phthalate esters in suburban agricultural soils and wasteland soil appeared with urbanization in China. *Environmental Pollution*, 170, 161-168.

Kouloubis P., Tsantilas C. and Gantidis N. (2005). Handbook of Good Agricultural Practice for the Valorisation of Sewage Sludge. Ministry of Agricultural Development and Food, Athens (in Greek).

Leslie H. A., Moester M., de Kreuk M. and Vethaak A. D. (2012). Verkennende studie naar lozing van microplastics door rwzi's. (Pilot study on emissions of microplastics from wastewater treatment plants) *H2O.*, 14/15, 45-47.

Leslie H. A., van Velzen M. J. M. and Vethaak A. D. (2013). Microplastic Survey of the Dutch Environment. Novel Data Set of Microplastics in North Sea Sediments, Treated Wastewater Effluents and Marine Biota. Final report R-13/11. Institute for Environmental Studies, VU University, Amsterdam.

Magnusson K. and Noren F. (2014). Screening of Microplastic Particles in and Downstream a Wastewater Treatment Plant. IVL Swedish Environmental Research Institute.

Mahon A. M., O'Connell B., Healy M. G., O'Connor I., Officer R., Nash R. and Morrison L. (2017). Microplastics in sewage sludge: effects of treatment. *Environmental Science & Technology*, 51(2), 810-818.

Marklund A., Andersson B. and Haglund P. (2005). Organophosphorus flame retardants and plasticizers in Swedish sewage treatment plants. *Environmental Science & Technology*, 39(10), 7423-7429.

McCormick J., Paiva M. S., Häggblom M. M., Cooper K. R. and White L. A. (2010). Embryonic exposure to tetrabromobisphenol A and its metabolites, bisphenol A and tetrabromobisphenol A dimethyl ether disrupts normal zebrafish (Danio rerio) development and matrix metalloproteinase expression. *Aquatic Toxicology*, 100(3), 255-62.

Mintenig S. M., Int-Veen I., Loder M. G. J., Primpke S. and Gerdts G. (2017). Identification of microplastic in effluents of waste water treatment plants using focal plane array-based micro-Fourier-transform infrared imaging. *Water Research*, 108, 365-372.

Mohan K. (2011). Microbial deterioration and degradation of polymeric materials. *Journal of Biochemical Technology*, 52(2), 210-215.

Moore C. J. (2008). Synthetic polymers in the marine environment: a rapidly increasing, long-term threat. *Environmental Research*, 108(2), 131-139.

Mourgkogiannis N., Kalavrouziotis I. K. and Karapanagioti H. K. (2018). Questionnaire-based survey to managers of 101 wastewater treatment plants in Greece confirms their potential as plastic marine litter sources. *Marine Pollution Bulletin*, 133, 822-827.

Murphy F., Ewins C., Carbonnier F. and Quinn B. (2016). Wastewater treatment works (WwTW) as a source of microplastics in the aquatic environment. *Environmental Science &*

第 11 章　来自污水回用或污泥施用的土壤微塑料对植物的潜在影响

Technology, 50(11), 5800-5808.

Nel A. E., Mädler L., Velegol D., Xia T., Hoek E. M. V., Somasundaran P., Klaessig F., Castranova V. and Thompson M. (2009). Understanding biophysicochemical interactions at the nano-bio interface. *Nature Materials*, 8, 543-557.

Net S., Sempéré R., Delmont A., Paluselli A. and Ouddane B. (2015). Occurrence, fate, behavior and ecotoxicological state of phthalates in different environmental matrices. *Environmental Science & Technology*, 49(7), 4019-4035.

Ng E. L., Huerta Lwanga E., Eldridge S. M., Johnston P., Hu H. W., Geissen V. and Chen D. (2018). An overview of microplastic and nanoplastic pollution in agroecosystems. *Science of the Total Environment*, 627, 1377-1388.

Nguyen T. Q. (2008). Polymer Degradation and Stabilization. Handbook of Polymer Reaction Engineering. Wiley-VCH, pp. 757-831.

Nizzetto L., Futter M. and Langaas S. (2016). Are agricultural soils dumps for microplastics of urban origin? *Environmental Science & Technology*, 50(20), 10777-10779.

Pachapur V. L., Dalila Larios A., Cledón M., Brar S. K., Verma M. and Surampalli R. Y. (2016). Behavior and characterization of titanium dioxide and silver nanoparticles in soils. *Science of the Total Environment*, 563-564, 933-943.

Papaioannou D., Kalavrouziotis I., Koukoulakis P., Papadopoulos F. and Psoma P. (2017). Metal fixation under soil pollution and wastewater reuse. *Desalination and Water Treatment*, 65, 43-51.

Rillig M. C., Ziersch L. and Hempel S. (2017). Microplastic transport in soil by earthworms. *Scientific Reports*, 7(1362).

Rios M. L. M., Karapanagioti H. and Ramirez A. N. (2018). Micro(nanoplastics) in the marine environment: current knowledge and gaps. *Current Opinion in Environmental Science & Health*, 1, 47-51.

Rodil R., Quintana J., Concha-Graña E., López-Mahía P., Muniategui-Lorenzo S. and Prada-Rodríguez D. (2012). Emerging pollutants in sewage, surface and drinking water in Galicia (NW Spain). *Chemosphere*, 86(10), 1040-1049.

Rodriguez-Seijo A., Lourenço J., Rocha-Santos T. A. P., da Costa J., Duarte A. C., Vala H. and Pereira R. (2017). Histopathological and molecular effects of microplastics in Eisenia Andrei Bouché. *Environmental Pollution*, 220(A), 495-503.

Roy P. K., Hakkarainen M., Varma I. K. and Albertsson A. C. (2011). Degradable polyethylene: fantasy or reality. *Environmental Science & Technology*, 45(10), 4217-4227.

Sajiki J. and Yonekubo J.(2003). Leaching of bisphenol A(BPA)to seawater. *Chemosphere*, 51(1), 55-62.

Sandermann H., JR.(1992). Plant metabolism of xenobiotics. *Trends in Biochemical Sciences*, 17(2), 82-84.

Shinichi M., Tomomi S. and Taisen I.(2016). Nonylphenol. In: Handbook of Hormones: Comparative Endocrinology for Basic and Clinical Research, T. Yoshio, A. Hironori and T. Kazuyoshi(eds.), Academic Press, pp. 573-574.

Siddiqi M. A., Laessig R. H. and Reed K. D.(2003). Polybrominated diphenyl ethers(PBDEs): new pollutants-old diseases. *Clinical Medicine & Research*, 1(4), 281-90.

Sivan A.(2011). New perspectives in plastic biodegradation. *Current Opinion in Biotechnology*, 22(3), 422-6.

Soares A., Guieysse B., Jefferson B., Cartmell E. and Lestera J. N.(2008). Nonylphenol in the environment: a critical review on occurrence, fate, toxicity and treatment in wastewaters. *Environment International*, 34(7), 1033-1049.

Sun J., Wu X. and Gan J.(2015). Uptake and metabolism of phthalate esters by edible plants. *Environmental Science & Technology*, 49(14), 8471-8478.

Sun H., Wang L. and Zhou Q.(2013). Effects of bisphenol A on growth and nitrogen nutrition of roots of soybean seedlings. *Environmental Toxicology and Chemistry*, 32(1), 174-180.

Talsness C. E., Andrade A. J. M., Kuriyama S. N., Taylor J. A. and vom Saal F. S.(2009). Components of plastic: experimental studies in animals and relevance for human health. *Philosophical Transactions of the Royal Society*, B, 364(1526), 2079-2096.

Talvitie J., Mikola A., Setala O., Heinonen M. and Koistinen A.(2017). How well is microlitter purified from wastewater?-a detailed study on the stepwise removal of microlitter in a tertiary level wastewater treatment plant. *Water Research*, 109, 164-172.

Teuten E. L., Saquing J. M., Knappe D. R. U., Barlaz M. A., Jonsson S., Bjorn A., Rowland S. J., Thompson R. C., Galloway T. S., Yamashita R., Ochi D., Watanuki Y., Moore C., Viet P. H., Tana T. S., Prudente M., Boonyatumanond R., Zakaria M. P., Akkhavong K., Ogata Y., Hirai H., Iwasa I., Mizukawa K., Hagino Y., Imamura A., Saha M. and Takada H.(2009). Transport and release of chemicals from plastics to the environment and to wildlife. *Philosophical Transactions of the Royal Society. London B. Biological Sciences*, 364(1526), 2027-2045.

Torre-Roche R. D. L., Hawthorne J., Deng Y., Xing B., Cai W., Newman L. A., Wang Q., Ma X., Hamdi H. and White J. C.(2013). Multiwalled carbon nanotubes and C60 fullerenes

第 11 章　来自污水回用或污泥施用的土壤微塑料对植物的潜在影响

differentially impact the accumulation of weathered pesticides in four agricultural plants. *Environmental Science & Technology*, 47（21）, 12539-12547.

Trapp S.（2000）. Modelling uptake into roots and subsequent translocation of neutral and ionisable organic compounds. *Pest Management Science*, 56（9）, 767-778.

USEPA（1993）. Standards for the Use or Disposal of Sewage Sludge（USEPA 40 CFR 503）. USEPA, Washington DC.

Varshavsky J. R., Zota A. R. and Woodruff T. J.（2016）. A novel method for calculating potency-weighted cumulative phthalates exposure with implications for identifying racial/ethnic disparities among US reproductive-aged women in NHANES 2001-2012. *Environmental Science & Technology*, 50（19）, 10616-10624.

Von Moos N., Burkhardt-Holm P. and Köhler A.（2012）. Uptake and effects of microplastics on cells and tissue of the blue mussel Mytilus edulis L. after an experimental exposure. *Environmental Science & Technology*, 46（20）, 11327-11335.

Wan J. and Wilson J. L.（1994）. Colloid transport in unsaturated porous media. *Water Resources Research*, 30（4）, 857-864.

Wang J., Luo Y., Teng Y., Ma W., Christie P. and Li Z.（2013）. Soil contamination by phthalate esters in Chinese intensive vegetable production systems with different modes of use of plastic film. *Environmental Pollution*, 180, 265-273.

Watanabe I., Kashimoto T. and Tatsukawa R.（1987）. Polybrominated diphenyl ethers in marine fish, shellfish and river sediments in Japan. *Chemosphere*, 16（10-12）, 2389-2396.

Watts A. J. R., Lewis C., Goodhead R. M., Beckett S. J., Moger J., Tyler C. R. and Galloway T. S.（2014）. Uptake and retention of microplastics by the shore crab Carcinus maenas. *Environmental Science & Technology*, 48（15）, 8823-8830.

Watts A. J. R., Urbina M. A., Goodhead R., Moger J., Lewis C. and Galloway T. S.（2016）. Effect of microplastic on the gills of the shore crab carcinus maenas. *Environmental Science & Technology*, 50（10）, 5364-5369.

Willén A., Junestedt C., Rodhe L., Pell M. and Jönsson H.（2016）. Sewage sludge as fertiliser-environmental assessment of storage and land application options. *Water Science & Technology*, 75（5-6）, 1034-1050.

Wolschke H., Suhring R., Xie Z. and Ebinghaus R.（2015）. Organophosphorus flame retardants and plasticizers in the aquatic environment: a case study of the Elbe River, Germany. *Environmental Pollution*, 206, 488-493.

Yogui G. T. and Sericano J. L.（2009）. Polybrominated diphenyl ether flame retardants in the U.S.

marine environment: a review. *Environment International*, 35(3), 655-666.

Zeng F., Cui K., Xie Z., Wu L., Liu M., Sun G., Lin Y., Luo D. and Zeng Z.(2008). Phthalate esters(PAEs): emerging organic contaminants in agricultural soils in peri-urban areas around Guangzhou, China. *Environmental Pollution*, 156(2), 425-434.

Zhang D., Liu H., Qin X., Ma X., Yan C. and Wang H.(2016). The status and distribution characteristics of residual mulching lm in Xinjiang, China. *Journal of Integrative Agriculture*, 15, 2639-2646.

Ziajahromi S., Neale P. A. and Leusch F. D.(2016). Wastewater treatment plant effluent as a source of microplastics: review of the fate, chemical interactions and potential risks to aquatic organisms. *Water Science & Technology*, 74, 2253-2269.

Zubris K. A. V. and Richards B. K.(2005). Synthetic fibers as an indicator of land application of sludge. *Environmental Pollution*, 138(2), 201-211.

第 12 章 微塑料对人体健康的可能影响

E. 萨扎克利（E. Sazakli），M. 莱奥特西尼狄斯（M. Leotsinidis）
帕特雷大学公共卫生实验室医学部，希腊帕特雷
（University of Patras, Lab of Public Health, Medical School, Patras, Greece）

关键词：双酚 A，影响，健康影响，纳米塑料，颗粒，邻苯二甲酸盐，毒性

12.1 引言

现代人在为提高生活水平和改善生活而进行的无休止的斗争中陷入了一个恶性循环，人们所创造的各种产品在其生命周期结束时正在变成对人的健康的威胁。这方面的一个典型例子是塑料制品的广泛使用。

塑料聚合物是由许多重复的亚基（称为单体）共价键合而成的相对分子质量较高的大分子。聚合物可以是天然的或合成的。塑料聚合物广泛用于生产塑料制品、纤维、涂料、黏合剂和许多其他产品（Lithner et al., 2011）。制造的塑料中约40%用于包装，其他用途包括建筑和施工（19.7%）、汽车（10%）和其他应用（16.7%），如机械工程、医疗、家具等（Plastics Europe, 2017）。2016 年，全球塑料产量达到 3.35 亿 t，仅欧洲就有 60 t[①]（Plastics Europe, 2017）。7 个塑料分类类别（图 12.1）通常被印在塑料物品上，其中只有前两个是容易回收的（Galloway, 2015）。

在生产过程中，通常需要使用引发剂、催化剂、稳定剂、增塑剂和其他添加剂来提供所需的塑料性能，同时残留的单体可能未反应（Lithner et al., 2011）。添加剂和残留单体均不与聚合物主链结合，且由于其低分子量，其很

---

① 此处原文恐有误，应为"6 000 万 t"。——译者

容易从产品释放到周围环境中。此外,风化过程和各种非生物因素(如紫外线、热、氧气和机械磨损)也会导致塑料高分子化学键断裂和解聚。最终,各种化合物随着塑料制品进入环境中。

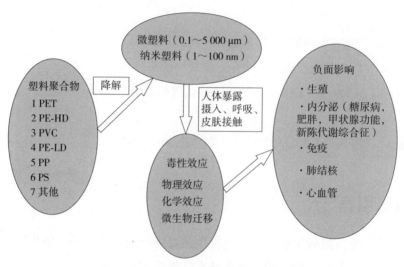

图 12.1 塑料对人体健康影响的流程图

12.2 对健康的影响

塑料可能会对人体造成的潜在危险有以下三个方面:①由于暴露在塑料颗粒环境下的积累而产生毒性,从而导致免疫反应;②由于摄入浸出的单体、添加剂和其他污染物而引起的化学作用;③微生物效应,这归因于微塑料表面转移微生物的能力(Wright & Kelly, 2017)。

12.2.1 颗粒效应

微粒(0.1~5 000 μm)和纳米颗粒(1~100 nm)可能直接来自聚合物材料,也可能来自老化和解聚后的聚合物材料。微粒(尤其是纳米颗粒)与同一材料的较大碎片所表现出的物理化学性质大不相同。这种差异为生物组织对纳米颗粒的吸收和二者的相互作用提供了机会,而这种相互作用是相同

第12章 微塑料对人体健康的可能影响

材料的较大碎片所不具有的（Nel et al.，2006）。

人体可通过口服、吸入和皮肤途径摄入微塑料和纳米塑料。口服即通过摄入积累颗粒的饮用水和海产品，或直接通过其他食物摄入颗粒。在蜂蜜和糖中发现了合成超细纤维（长度大于40 μm），蜂蜜和糖中纤维平均丰度分别为174个/kg和217个/kg（Liebezeit & Liebezeit，2013）。聚对苯二甲酸乙二酯（PET）、聚乙烯（PE）和玻璃纸在海盐中的丰度为550～681个/kg，大部分粒径小于200 μm（Yang et al.，2015）。食物中不可降解微粒的通量估计为40 mg/（人·d），相当于每人每天接触10^{12}～10^{14}个（Powell et al.，2010）。个人护理产品（牙膏、磨砂膏等）也是口腔暴露的来源（Revel et al.，2018）。

摄入后，颗粒吸收可能是通过派尔集合淋巴结（Peyer's patches）中的M细胞内吞或通过细胞旁路吸收作用引起的。人体研究表明，各种类型和粒径的微粒（0.1～150 μm）可能进一步在哺乳动物肠道中转运并进入淋巴系统（Hussain et al.，2001）。影响吸收和随后转运到血液和淋巴循环的因素包括颗粒粒径、表面电荷、疏水性和作为反应位点存在的特定表面基团（Galloway，2015；Rist et al.，2018；Wright & Kelly，2017）。据报道，亲水性和带正电的纳米颗粒的循环时间延长（Silvestre et al.，2011）。肝脏和脾脏是主要的二级靶器官，但肾脏和心脏也可以接收吸收的颗粒（Galloway，2015；Wright & Kelly，2017）。不幸的是，纳米颗粒甚至能够克服血脑屏障，使化学物质可以直接进入大脑（Lockman et al.，2004）。此外，还观察到聚氯乙烯（PVC）颗粒通过胎盘进入胎儿的血液循环（Wright & Kelly，2017）。哺乳期妇女通过胆汁（最后由粪便排出）、尿液、肺泡、腹腔、脑脊液和母乳排出微塑料。

水环境中的波浪作用、污水处理厂污泥在陆地上的施用和大气沉降物产生大气微塑料和纳米塑料，而这些塑料又可能被人体吸入。这些颗粒的吸收和清除取决于它们的粒径、形状和特性、沉降位置以及颗粒与生物结构之间可能的相互作用。正常情况下，大于1 μm的颗粒通过吞噬作用被黏液纤毛清除，而较小的颗粒可能穿过上皮细胞并沉积在肺的深处（Wright & Kelly，2017）。颗粒诱导活性氧（Reactive Oxygen Species，ROS）的产生已被证明是解释吸入纳米颗粒的毒性作用的重要机制。这种氧化应激导致气道发炎和间质纤维化（Nel et al., 2006）。

伴随细胞因子释放的免疫反应取决于塑料的化学结构。聚乙烯颗粒（0.5~50 μm）引起非免疫异物反应，而聚对苯二甲酸乙二酯颗粒（0.5~20 μm 范围）存储在细胞质中，如果较大，则位于细胞外，对周围组织造成实质性改变（Wright & Kelly, 2017）。炎症、遗传毒性、细胞凋亡和坏死是由于颗粒的细胞毒性引起的一些生物学反应，如果持续存在，则可能导致组织损伤、纤维化和癌变（Wright & Kelly, 2017）。此外，未结合的化学物质的解吸、残余单体和从颗粒表面迁移到沉积位置的微生物可能会产生毒性作用。此类化学物质包括多氯联苯、多环芳烃、金属等，其中许多已知具有致癌性、致突变性和致畸性。

皮肤暴露需要渗透角质层，这仅限于小于 100 nm 的颗粒，因此预计仅纳米塑料可透过皮肤吸收（Revel et al., 2018）。

12.2.2 化学效应

残留单体以及微塑料和纳米塑料添加剂的化学作用可能会引起不良的健康效应，例如生殖毒性［邻苯二甲酸盐、双酚A（BPA）］、致癌性（氯乙烯、丁二烯）和致突变性（苯、苯酚）。聚氨酯、聚氯乙烯、环氧树脂和苯乙烯聚合物由危险性单体制成，被归类为致癌的、致突变的或两者兼有（Wright & Kelly, 2017）。

12.2.2.1 双酚A

BPA（2,2-双酚基丙烷）是研究最多的化合物之一，它是聚碳酸酯塑料和环氧树脂的基本成分，已经有超过 10 000 项研究致力于此。尽管早在 1936 年就认识到了它的雌激素活性，但直到 20 世纪 50 年代 BPA 才开始在塑料工业中广泛使用，此后一直在扩大（Eladak et al., 2015）。据估计，2015 年全球 BPA 消费量为 770 万 t，预计到 2022 年将达到 1 060 万 t。

与有毒化学品情况一样，BPA 已经成为长达十年的科学争议的焦点。这一争论已经改变了环境健康研究，因为它提出了将实验结果外推到低剂量效应的问题、在实验设计中考虑暴露时期的重要性以及非单调剂量响应曲线的存在（Eladak et al.，2015；Vandenberg et al.，2009）。这样的曲线是"U形"或"倒U形"的，这意味着低剂量可能引起高剂量实验无法预测的效果（有时与之相反）（Myers et al.，2009）。

由于有两个苯环和两个（4,4）—OH取代基，BPA可以嵌入雌激素受体结合口袋。动力学研究已表明，BPA与雌激素受体ERα和ERβ结合，与ERβ的亲和力大约是与前者的10倍（Halden，2010；Vandenberg et al.，2009）。尽管BPA的结合亲和力仅为它模仿的化合物（雌二醇）的约1/10 000，但研究发现，BPA在nmol/L剂量下促进MFC-7乳腺癌细胞内钙离子流入的方式与雌二醇相同。因此，将BPA归类为会干扰正常激素生物合成、信号传导或代谢的雌激素和内分泌干扰物（endocrine disrupting chemical，EDC）（vom Saal & Hughes，2005）。

男性生殖功能质量方面的最新进展表明，过去50年来，全球范围内精子数量在减少，且年轻男性睾丸癌的发病率在稳步上升。这两种疾病都可能是胎儿期睾丸发育缺陷引起的。为了使男性化正常发展，雄激素必须发挥作用，这也正是内分泌干扰物对人体健康产生负面影响的方面。在中国，已经发现男性化缺陷与胎儿时期暴露于BPA之间的关联，怀孕期间因职业暴露于BPA的工人的儿子显示出肛门生殖器距离（从肛门到生殖器的距离）变短的情况（Miao et al.，2011）；在韩国，患有尿道下裂的新生儿的BPA血浆水平显著高于没有尿道下裂的新生儿（Choi et al.，2012）；在法国，BPA与新生儿隐性睾丸有关（Fenichel et al.，2013）。一个重要的发现是BPA的物种特异性作用，浓度低至10 nmol/L（2.28 ng/mL）的BPA会降低胎儿睾丸间质细胞特异性功能，而要发生相同作用，小鼠和大鼠睾丸中的BPA浓度至少要高100倍（N'Tumba-Byn et al.，2012）。

在患有多囊卵巢（Polycystic Ovaries，PCO）的成年女性中，血液中BPA水平比对照组高，并且在血液循环中的雄激素水平与BPA之间存在着显著的正相关关系（Kandaraki et al.，2011）。然而，人类流行病学研究并没有证实BPA与子宫内膜疾病或乳腺癌之间的联系，尽管动物研究表明，产前暴露于BPA

会破坏乳腺组织，增加组织对化学致癌物的易感性（Rochester，2013）。

尽管一些研究表明母体 BPA 暴露与出生体重呈正相关关系，但其他研究发现两者之间存在负相关或不相关关系（Rochester，2013）。考虑到儿童的行为和神经发育，Mustieles 等（2015）进行了详细的综述，认为 BPA 与子宫内或青春期之前接触 BPA 的儿童的神经行为问题（多动症、攻击性、智力、记忆）密切相关，表明大脑在"关键发育窗口"期间受到干扰。这些影响似乎与性别有关，可能通过内分泌相关机制、表观遗传调节或突触改变介导。产前和产后的 BPA 暴露似乎在哮喘的发生中起作用；然而，这需要更多的纵向研究来证实。

肥胖、代谢综合征和糖尿病是一些与 BPA 暴露有关的疾病，也是内分泌学家和糖尿病学家建议完全禁止 BPA 的原因。脂联素是一种脂肪细胞特异性激素，可预防代谢综合征。BPA 导致的胰岛素耐受性、脂质积聚和易患代谢综合征的变化与脂联素释放的抑制和白细胞介素-6 及肿瘤坏死因子 α 分泌的刺激有关（Hugo et al.，2008）。在横断面流行病学研究中发现，BPA 暴露与肥胖之间存在正相关，但不一定是因果关系。在尿液 BPA 与自我报告或诊断的糖尿病之间发现的类似的关系仍需通过前瞻性纵向研究予以证实（Fenichel et al.，2013）。

心血管疾病和高血压是成人中发生的疾病，与成人暴露于 BPA 有关，这些研究主要来自希腊国家健康和营养调查（National Health and Nutrition Examination Survey，NHANES）数据。尽管参与者报告了几种疾病，但发现尿液 BPA 升高仅与冠心病和糖尿病以及成人肝功能变化（碱性磷酸酶和乳酸脱氢酶升高）有显著关系（Lang et al.，2008；Melzer et al.，2010）。

最后，BPA 暴露也可能以一种复杂的方式破坏甲状腺功能［较高的三碘甲状腺氨酸（T3）和较低的促甲状腺激素（TSH）］，因为在人体研究中已显示 BPA 与甲状腺受体之间存在竞争作用和拮抗作用（Rochester，2013）。其他可能与 BPA 暴露有关的健康结果是免疫功能、蛋白尿、慢性炎症、氧化应激和表观遗传标记改变以及基因表达（Rochester，2013）。

关于 BPA 在人体内的代谢，Völkel 等（2002）发现经口服后，BPA 在肝脏内迅速代谢，形成失活的 BPA- 葡糖苷，随即被肾脏排出。BPA 动力学模型研究表明，大鼠和人体在 BPA 清除率、肠葡萄糖醛酸化和排泄率方面的行为可能有所不同。此外，这些模型没有研究环境中发生的慢性低剂量暴露（Vandenberg et al.，2009）。生物监测研究已经证实，几乎所有成年人和儿童的尿液、孕妇血清、母乳、卵泡和羊水、脐带血和胎盘组织以及人类胎儿肝脏中都能检测到 BPA。在一般人群中发现的尿液 / 血清 BPA 质量浓度范围为 0.4～9 μg/L（Rochester，2013）。值得注意的是，BPA 质量浓度最高的组织（最高至 11.2 μg/L）与胚胎发育以及母体对婴儿产后发育的影响有关（Pjanic，2017）。

  欧洲和美国官方机构经过一系列影响评估、科学文献审查以及专家之间的会议和讨论，得出的结论是目前的 BPA 水平对普通人群没有任何风险（Tyl，2014）。在正式的审议框架下，哈佛风险分析中心（Harvard Center for Risk Analysis）报道说，在远低于美国参考剂量的情况下［RfD 为 0.05 mg/（kg·d）］，没有一致的证据明确表明 BPA 对动物具有潜在的发育和生殖毒性（Gray et al.，2004）。通过设定 7 项标准并审查数据，哈佛大学专家组得出结论，两项大型多代研究提供了最相关的和最可靠的数据，因为在研究中使用了大量动物、广泛的剂量分布、多个终点，并遵循了良好的实验室规范。官方机构表示，一些探索性研究的积极结果尚未在随后的动物数量较多的研究中得到证实，"啮齿动物数据完全可以用作人类风险评估的基础"（Hengstler et al.，2011）。然而，该报道和类似报道受到了很多批评，因为它们是基于美国塑料理事会（American Plastics Council）和塑料工业协会（Society of the Plastics Industry）资助的研究（Vogel，2009）。2008 年 6 月，美国国家毒理学项目（National Toxicology Program）对 BPA 的风险评估给出了最终结论，报道说"在当前人类暴露条件下，对胎儿、婴儿和儿童的神经和行为影响以及前列腺有一定的担忧"（Vandenberg et al.，2009）。2011 年，德国毒理学会咨询委员会（Advisory Committee of the German Society of Toxicology）评估了先前可耐受的每日摄入量［TDI 为 0.05 mg/（kg·d）］，认为这是合理的，并宣布 BPA 暴露对包括新生儿和婴儿在内的人类健康不构成值得注意的风险

(Hengstler et al., 2011)。然而，2015年，欧洲食品安全局（European Food Safety Authority，EFSA）根据新数据和精确的风险评估，并考虑到数据库中有关乳腺和生殖、代谢、神经行为及免疫系统的不确定性，自行发布了临时降低的TDI，为4 μg/（kg·d）[0.004 mg/（kg·d）]。2018年9月，EFSA开始对临时TDI进行重新评估，预计到2020年完成。

12.2.2.2.2 邻苯二甲酸盐

邻苯二甲酸盐是邻苯二甲酸的二酯类化合物，由于其能够为塑料提供弹性和柔韧性，其是属于增塑剂的一类化合物。邻苯二甲酸盐在环境中无处不在，因为它们被用于许多产品中。据估计，每年生产200万t的邻苯二甲酸二（2-乙基己基）酯（DEHP）用于各种工业产品和医疗器械，而邻苯二甲酸二乙酯（DEP）、邻苯二甲酸二丁酯（DBP）和邻苯二甲酸二甲酯（di-methyl phthalate，DMP）主要用于化妆品、个人护理产品和作为药用片剂肠溶衣（Sathyanarayana，2008）。静脉和呼吸管、体外膜氧合管、手套和鼻胃管这些医疗器械中，DEHP含量可占20%～40%。由于邻苯二甲酸盐与塑料基质的非共价键结合，这些化合物很容易从管中浸出，尤其是在加热时（如用温盐水/血液）。DEHP的TDI值设定为50 μg/（kg·d）（Testai et al.，2016）。在某些特定人群中，暴露于DEHP的水平可能会显著超过TDI，其中包括接受血液透析的成人患者（其暴露水平可能超过TDI的2～12倍）和重症监护病房中的早产儿[其DEHP水平可能高达6 000 μg/（kg·d）]（Testai et al.，2016）。粮食和粮食制品以及室内空气和室内灰尘是人类接触邻苯二甲酸盐的其他来源。在72%的个人护理产品（如啫喱水、除臭剂、香水和发胶）中都检测到邻苯二甲酸盐。儿童塑料玩具中也检测到邻苯二甲酸盐（Sathyanarayana，2008）。据报道，由于儿童的手口活动、较大的表面积-重量比和较高的代谢率，儿童比成人更容易接触邻苯二甲酸盐（Mariana et al.，2016）。一组德国研究证明，摄入高分子量邻苯二甲酸盐似乎是由饮食摄入引起的，而非饮食途径（如个人护理产品、灰尘和室内空气）似乎可以解释为什么摄入低分子量邻苯二甲酸盐（Koch et al.，2013）。由于存

第12章 微塑料对人体健康的可能影响

在广泛的科学和公众意识，欧盟（EU）禁止在3岁以下的儿童玩具中使用DEHP，而美国政府禁止在儿童玩具和育儿用品中使用DEHP的总量超过0.1%（Mariana et al.，2016）。在子宫内暴露于DEHP可能决定未来的健康影响（Sathyanarayana，2008），因为它们可能会干扰雄激素和雌激素之间的正常平衡（Talsness et al.，2009）。

经暴露后，邻苯二甲酸二酯迅速代谢为各自的单酯，而单酯是主要的、更具有生物活性的代谢物。邻苯二甲酸盐的生物半衰期短，从数小时到数天不等，并且会迅速从体内排出。某些邻苯二甲酸二酯及其代谢物可在母乳、脐血和其他妊娠相关标本中检测到。然而，流行病学研究中用于评估邻苯二甲酸盐暴露的生物标记物是尿液中的邻苯二甲酸单酯（Mariana et al.，2016）。此外，DEHP在人体内的代谢途径在性质上独立于暴露途径（Testai et al.，2016）。

与动物模型相比，有关邻苯二甲酸盐暴露对人体生殖发育影响的研究非常有限，但有研究结果证明邻苯二甲酸盐有抗雄激素活性、破坏正常内分泌功能和可能的雌激素作用（Sathyanarayana，2008）。与其他抗雄激素物质相比，邻苯二甲酸盐主要抑制胎儿睾丸激素的生物合成（Talsness et al.，2009）。睾丸发育不全综合征（以一些生殖疾病为特征，包括隐睾症、尿道下裂和较小的生殖器官）与子宫内暴露于内分泌干扰物有关，可能导致精液质量下降、不孕和睾丸癌风险的增加（Halden，2010）。母体孕期尿液中邻苯二甲酸盐代谢物浓度增加与男婴的肛门生殖器距离变短（作为雄激素化的一个标志）以及阴茎宽度和睾丸减小有关。但是，后来的研究（Mariana et al.，2016）中关于母体邻苯二甲酸盐暴露和男婴肛门生殖器距离变短、尿道下裂或隐睾症的结果不一致，所以目前还不能得出明确的结论。邻苯二甲酸盐摄入对男性精液参数的影响也有相互矛盾的结果；然而，大多数证据支持DEHP和DBP暴露与精液质量较低之间的相关性（Mariana et al.，2016）。在一项研究中，发现青春期前乳房发育（早期乳房发育）的年轻女孩的血清DEHP含量升高，但该研究存在一些方法学问题（Colon et al.，2000）。最近的更大规模研究（Frederiksen et al.，2012；Wolff et al.，2010）没有证实邻苯二甲酸盐暴露与性早熟之间的关系。总之,有迹象表明,邻苯二甲酸盐加速了女孩的青春期发育、推迟了男孩的青春期发育,同时它们可能在儿童肥胖的表现中发挥作用(Katsikantami et al.,2016)。孕期邻苯二甲酸盐暴露与妊娠时间缩短和出生体重降低有关。然而,流行病学研究得出了相互矛盾的结果,并且对机理的了解还非常有限(Mariana et al.,2016)。

关于心血管疾病,一小部分证据表明,邻苯二甲酸盐浓度升高可能与冠心病、动脉粥样硬化、舒张压升高和妊娠高血压病的风险增加有关。但是,鉴于已在动物模型中证实了DEHP对心肌细胞功能的不利影响,所以这一领域还需要进一步研究(Mariana et al.,2016)。

关于对生长和新陈代谢至关重要的甲状腺激素,有证据表明邻苯二甲酸盐扰乱正常甲状腺功能。在成年人中,发现邻苯二甲酸单(2-乙基己基)酯(mono-2-ethylhexyl phthalate,MEHP)在尿液中的浓度与游离T4和T3血清含量呈负相关(Meeker et al.,2007),而在另一项研究(对中国台湾孕妇)中,妊娠中期邻苯二甲酸盐暴露增加与母亲甲状腺功能减退有关(Huang et al.,2007)。

邻苯二甲酸盐暴露对其他发育的影响还包括肺部系统,如引发过敏、鼻炎、哮喘反应和直接毒性作用(Meeker et al.,2009)。当吸入DEHP并在局部水解为MEHP时,由于其与前列腺素和血栓类药物相似,被认为会增加气道炎症的风险。在最近的一项评估母体邻苯二甲酸盐暴露对其13~24个月大的后代早期神经发育性能的影响的研究中,发现母体尿液中邻苯二甲酸单乙酯(monoethyl phthalate,MEP)和母乳中DEHP代谢物水平与婴儿早期智力发育不良之间具有一定关系(Kim et al.,2018)。许多研究强调了邻苯二甲酸盐暴露对性别特异性的不利影响,表明男性和女性受不同邻苯二甲酸盐影响的方式不同(Katsikantami et al.,2016;Kim et al.,2018)。

12.2.2.3 其他添加剂

在塑料制品合成中使用了大量的物质和添加剂,其中包括抗氧化剂、紫外线稳定剂、表面活性剂、颜料、分散剂、润滑剂、防静电剂、纳米纤维、杀菌剂和香料。向聚氯乙烯添加的热稳定剂可在生产过程中保持聚合物稳定，增塑剂（如邻苯二甲酸盐）可保持柔韧性。紫外线稳定剂和抗氧化剂被添加到聚丙烯（PP）中，否则聚丙烯容易被氧化（Lithner et al.，2011）。溴系阻燃剂［如多溴二苯醚（PBDE）和四溴双酚A（TBBPA）］可从电子设备、电器和织物中使用的丙烯腈-丁二烯-苯乙烯（ABS）中浸出；这两种化合物均已被证明可破坏甲状腺激素的稳态，而多溴二苯醚也表现出抗雄激素的作用（Rist et al.，2018；Talsness et al.，2009）。多溴二苯醚在家庭灰尘中的质量分数为90 ng/g（Wright & Kelly，2017）。

其他与人类健康有关的添加剂包括添加到聚烯烃中的壬基酚，抗菌和抗真菌剂三氯生，紫外线丝网印刷油墨和印刷油墨添加剂二苯甲酮以及用作热稳定剂的有机锡（Galloway，2015；Lithner et al.，2011）。

Lithner等（2011）根据塑料组成单体的物理风险、环境风险和健康风险，对塑料聚合物进行了全面的危害等级评定。危害等级最高的聚合物类型是聚氨酯（作为软质泡沫）、聚丙烯酰胺和聚氯乙烯。具体而言，聚氯乙烯可能通过聚氯乙烯颗粒的吸入以及从颗粒中缓慢释放致癌的氯乙烯到邻近肺组织而造成伤害；因此，炎症和致癌风险都与聚氯乙烯有关（Prata，2018）。从聚苯乙烯（PS）塑料制品中释放出的苯乙烯低聚物被怀疑表现出类似雌激素的活性，并导致活性氧的产生（Halden，2010）。其他两种有害的原料物质是苯和丁二烯，它们都被归类为致癌物质和致突变物质（Lithner et al.，2011）。

12.2.3　微生物的迁移

最后，微塑料可以作为潜在病原体的载体。微塑料的表面是微生物定殖的理想场所，微生物可在不同类型的塑料（如PE和PET）表面形成并保持生长良好的生物膜。鉴于微生物的抗性，微生物可以直接被输送到人体组织（在胃肠道或肺中），并改变组织微生物群落的生理结构。通过这种方式，防御机制可能被规避，从而导致感染和其他免疫反应的发生，特别是在已经遭受颗粒毒性的脆弱地区（Prata，2018；Wright & Kelly，2017）。在由PE、PP和PS制成的微塑料中已鉴定出潜在的致病性副溶血性弧菌（Revel et al.，2018）。

12.3 结论

微塑料和纳米塑料几乎可以危害每个组织、器官、生物体,并最终会危害整个生物圈。关于微塑料对人体健康的影响,仍然有许多问题有待解决。与此同时,公众意识的增强偶尔会导致并非基于科学发现的夸张反应。为避免反应偏向,必须采用风险评估模型,并应由该领域的专家将结果告知公众(Kontrick, 2018)。医学毒理学家的专业知识将有助于未来的有效行动。此外,重点应放在创新塑料生产、使用和处置的可持续方法上。

参考文献

Choi H., Kim J., Im Y., Lee S. and Kim Y. (2012). The association between some endocrine disruptors and hypospadias in biological samples. *Journal of Environmental Science and Health A Hazardous Substances & Environmental Engineering*, 47(13), 2173-2179.

Colon I., Caro D., Bourdony C. J. and Rosario O. (2000). Identification of phthalate esters in the serum of young Puerto Rican girls with premature breast development. *Environmental Health Perspectives*, 108(9), 895-900.

Eladak S., Grisin T., Moison D., Guerquin M. J., N'Tumba-Byn T., Pozzi-Gaudin S., Benachi A., Livera G., Rouiller-Fabre V. and Habert R. (2015). A new chapter in the bisphenol A story: bisphenol S and bisphenol F are not safe alternatives to this compound. *Fertility and Sterility*, 103(1), 11-21.

Fenichel P., Chevalier N. and Brucker-Davis F. (2013). Bisphenol A: an endocrine and metabolic disruptor. *Ann Endocrinol (Paris)*, 74(3), 211-220.

Frederiksen H., Sorensen K., Mouritsen A., Aksglaede L., Hagen C. P., Petersen J. H., Skakkebaek N. E., Andersson A. M. and Juul A. (2012). High urinary phthalate concentration associated with delayed pubarche in girls. *International Journal of Andrology*, 35(3), 216-226.

Galloway T. S. (2015). Micro- and nano-plastics and human health. In: Marine Anthropogenic Litter. M. Bergmann, L. Gutow and M. Klages (eds.), Springer, pp. 344-366.

Gray G. M., Cohen J. T., Cunha G., Hughes C., McConnell E. E., Rhomberg L., Sipes I. G. and Mattison D. (2004). Weight of the evidence evaluation of low-dose reproductive and developmental effects of bisphenol A. *Human and Ecological Risk Assessment*, 10(5), 875-921.

Halden R. U. (2010). Plastics and health risks. *Annuual Review of Public Health*, 31, 179-194.

Hengstler J. G., Foth H., Gebel T., Kramer P. J., Lilienblum W., Schweinfurth H., Völkel W., Wollin K. M. and Gundert-Remy U. (2011). Critical evaluation of key evidence on the human health hazards of exposure to bisphenol A. *Critical Reviews in Toxicology*, 41(4), 263-291.

Huang P. C., Kuo P. L., Guo Y. L., Liao P. C. and Lee C. C. (2007). Associations between urinary phthalate monoesters and thyroid hormones in pregnant women. *Human Reproduction*, 22(10), 2715-2722.

Hugo E. R., Brandebourg T. D., Woo J. G., Loftus J., Alexander J. W. and Ben-Jonathan N. (2008). Bisphenol A at environmentally relevant doses inhibits adiponectin release from human adipose tissue explants and adipocytes. *Environ Health Perspect*, 116(12), 1642-1647.

Hussain N., Jaitley V. and Florence A. T. (2001). Recent advances in the understanding of uptake of microparticulates across the gastrointestinal lymphatics. *Advanced Drug Delivery Reviews*, 50(1-2), 107-142.

Kandaraki E., Chatzigeorgiou A., Livadas S., Palioura E., Economou F., Koutsilieris M., Palimeri S., Panidis D. and Diamanti-Kandarakis E. (2011). Endocrine disruptors and polycystic ovary syndrome (PCOS): elevated serum levels of bisphenol A in women with PCOS. *The Journal of Clinical Endocrinology and Metabolism*, 96(3), E480-E484.

Katsikantami I., Sifakis S., Tzatzarakis M. N., Vakonaki E., Kalantzi O. I., Tsatsakis A. M. and Rizos A. K. (2016). A global assessment of phthalates burden and related links to health effects. *Environment International*, 97, 212-236.

Kim S., Eom S., Kim H-J., Lee J. J., Choi G., Choi S., Kim S. Y., Cho G., Kim Y. D., Suh E., Kim S. K., Kim G. H., Moon H. B., Park J., Choi K. and Eun S. H. (2018). Association between maternal exposure to major phthalates, heavy metals and persistent organic pollutants, and the neurodevelopmental performances of their children at 1 to 2 years of age-CHECK cohort study. *Science of the Total Environment*, 624, 377-384.

Koch H. M., Lorber M., Christensen K. L., Pälmke C., Koslitz S. and Brüning T. (2013). Identifying sources of phthalate exposure with human biomonitoring: results of a 48h fasting study with urine collection and personal activity patterns. *International Journal of Hygiene and Environmental Health*, 216(6), 672-681.

Kontrick A. (2018). Microplastics and human health: our great future to think about now.

Journal of Medical Toxicology, 14(2), 117-119.

Lang I. A., Galloway T. S., Scarlett A., Henley W. E., Depledge M., Wallace R. B. and Melzer D. (2008). Association of urinary bisphenol A concentration with medical disorders and laboratory abnormalities in adults. *JAMA*, 300(11), 1303-1310.

Liebezeit G. and Liebezeit E. (2013). Non-pollen particulates in honey and sugar. *Food Additives & Contaminants Part A Chemistry, Analysis, Control, Exposure & Risk Assessment*, 30(12), 2136-2140.

Lithner D., Larsson A. and Dave G. (2011). Environmental and health hazard ranking and assessment of plastic polymers based on chemical composition. *Science of the Total Environment*, 409(18), 3309-3324.

Lockman P. R., Koziara J. M., Mumper R. J. and Allen D. D. (2004). Nanoparticle surface charges alter blood-brain barrier integrity and permeability. *Journal of Drug Targeting*, 12(9-10), 635-641.

Mariana M., Feiteiro J., Verde I. and Cairrao D. (2016). The effects of phthalates in the cardiovascular and reproductive systems: a review. *Environment International*, 94, 758-776.

Meeker J. D., Sathyanarayana S. and Swan S. H. (2009). Phthalates and other additives in plastics: human exposure and associated health outcomes. *Philosophical Transactions of the Royal Society of London B Biological Sciences*, 364, 2097-2113.

Meeker J. D., Calafat A. M. and Hauser R. (2007). Di(2-ethylhexyl)phthalate metabolites may alter thyroid hormone levels in men. *Environmental Health Perspectives*, 115(7), 1029-1034.

Melzer D., Rice N. E., Lewis C., Henley W. E. and Galloway T. S. (2010). Association of urinary bisphenol A concentration with heart disease: evidence from NHANES 2003/06. *PLOS ONE*, 5(1), e8673.

Miao M., Yuan W., He Y., Zhou Z., Wang J., Gao E., Li G. and Li D. K. (2011). In utero exposure to bisphenol-A and anogenital distance of male offspring. *Birth Defects Research A Clinical and Molecular Teratology*, 91, 867-72.

Mustieles V., Pérez-Lobato R., Olea N. and Fernández M. F. (2015). Bisphenol A: human exposure and neurobehavior. *Neurotoxicology*, 49, 174-184.

Myers J. P., Zoeller R. T. and vom Saal F. S. (2009). A clash of old and new scientific concepts in toxicity, with important implications for public health. *Environmental Health Perspectives*, 117(11), 1652-1655.

N'Tumba-Byn T., Moison D., Lacroix M., Lecureuil C., Lesage L., Prud'homme S. M.,

Pozzi-Gaudin S., Frydman R., Benachi A., Livera G., Rouiller-Fabre V. and Habert R. (2012). Differential effects of bisphenol A and diethylstilbestrol on human, rat and mouse fetal Leydig cell function. *PLOS ONE*, 7(12), e51579.

Nel A., Xia T., Mädler L. and Li N. (2006). Toxic Potential of Materials at the Nanolevel. *Science*, 311(5761), 622-627.

Pjanic M. (2017). The role of polycarbonate monomer bisphenol-A in insulin resistance. *Peer J*, 5, e3809.

Plastics Europe (2017). Plastics-The Facts 2017, an Analysis of European Plastics Production, Demand and Waste Data. Plastics Europe, Brussels, Belgium. Available at: https://www.plasticseurope.org/application/files/5715/1717/4180/Plastics_the_facts_2017_FINAL_for_website_one_page.pdf.

Powell J. J., Faria N., Thomas-McKay E. and Pele L. C. (2010). Origin and fate of dietary nanoparticles and microparticles in the gastrointestinal tract. *Journal of Autoimmunity*, 34(3), J226-J233.

Prata J. C. (2018). Airborne microplastics: consequences to human health? *Environmental Pollution*. 234, 115-126.

Revel M., Châtel A. and Mouneyrac C. (2018). Micro(nano)plastics: a threat to human health? *Current Opinion in Environmental Science & Health*, 1, 17-23.

Rist S., Carney Almroth B., Hartmann N. B. and Karlsson T. M. (2018). A critical perspective on early communications concerning human health aspects of microplastics. *Science of the Total Environment*, 626, 720-726.

Rochester J. R. (2013). Bisphenol A and human health: a review of the literature. *Reproductive Toxicology*, 42: 132-155.

Sathyanarayana S. (2008). Phthalates and children's health. *Current Problems in Pediatric and Adolescent Health Care*. 38(2), 34-49.

Silvestre C., Duraccio D. and Cimmino S. (2011). Food packaging based on polymer nanomaterials. *Progress in Polymer Science*, 36(12), 1766-1782.

Swan S. H. (2008). Environmental phthalate exposure in relation to reproductive outcomes and other health endpoints in humans. *Environmental Research*, 108(2), 177-184.

Talsness C. E., Andrade A. J., Kuriyama S. N., Taylor J. A. and vom Saal F. S. (2009). Components of plastic: experimental studies in animals and relevance for human health. *Philosophical transactions of the Royal Society of London B Biological Sciences*, 364(1526), 2079-2096.

Testai E., Hartemann P., Rastogi S. C., Bernauer U., Piersma A., De Jong W., Gulliksson H., Sharpe R., Schubert D. and Rodríguez-Farre E. (2016). The safety of medical devices containing DEHP plasticized PVC or other plasticizers on neonates and other groups possibly at risk (2015 update). *Regulatory Toxicology and Pharmacology*, 76, 209-210.

Tyl R. W. (2014). Abbreviated assessment of bisphenol A toxicology literature. *Seminars in Fetal & Neonatal Medicine*, 19(3), 195-202.

Vandenberg L. N., Maffini M. V., Sonnenschein C., Rubin B. S. and Soto A. M. 2009. Bisphenol-A and the great divide: a review of controversies in the field of endocrine disruption. *Endocrine Reviews*, 30(1), 75-95.

Vogel S. A. (2009). The politics of plastics: the making and unmaking of bisphenol a "safety". *American Journal of Public Health*, 99(3), S559-S566.

Völkel W., Colnot T., Csanády G. A., Filser J. G. and Dekant W. (2002). Metabolism and kinetics of bisphenol A in humans at low doses following oral administration. *Chemical Research in Toxicology*, 15(10), 1281-1287.

vom Saal F. S. and Hughes C. (2005). An extensive new literature concerning low-dose effects of bisphenol A shows the need for a new risk assessment. *Environmental Health Perspectives*, 113(8), 926-933.

Wolff M. S., Teitelbaum S. L., Pinney S. M., Windham G., Liao L., Biro F., Kushi L. H., Erdmann C., Hiatt R. A., Rybak M. E. and Calafat A. M. (2010). Investigation of relationships between urinary biomarkers of phytoestrogens, phthalates, and phenols and pubertal stages in girls. *Environmental Health Perspectives*, 118(7), 1039-1046.

Wright S. L. and Kelly F. J. (2017). Plastic and human health: a micro issue? *Environmental Science & Technology*, 51(12), 6634-6647.

Yang D., Shi H., Li L., Li J., Jabeen K. and Kolandhasamy P. (2015). Microplastic pollution in table salts from China. *Environmental Science & Technology*, 49(22), 13622-13627.

第 13 章　全球塑料战略的必要性

S. 科尔代洛（S. Kordella）[1]，H. K. 卡拉芭娜吉奥提（H. K. Karapanagioti）[2]，G. 帕帕泰奥多鲁（G. Papatheodorou）[1]

[1] 帕特雷大学地质系，海洋地质与物理海洋学实验室，希腊
（Department of Geology, University of Patras, Lab. of Marine Geology and Physical Oceanography, Greece）

[2] 帕特雷大学化学系，希腊
（Department of Chemistry, University of Patras, Greece）

关键词：海洋垃圾，塑料垃圾，塑料污染，塑料战略，政策，一次性塑料制品

13.1　环境问题

淡水地区和海洋地区的塑料污染已被广泛认为是当今最重要的全球性问题之一。据估计，在过去的 60 年中，已经生产了 83 亿 t 的塑料，其中大部分用于生产一次性产品。其中 63 亿 t 的塑料成为垃圾，垃圾中只有约 9% 被回收利用，12% 被焚烧，79% 积累在垃圾填埋场或被丢弃在自然环境中（Geyer et al., 2017）并最终沉积在海洋里（Pham et al., 2014; Ryan, 2015），对环境、经济、健康和美学产生了影响（Engler, 2012; Rochman et al., 2013a, b; Sheavly & Register, 2007; Silva-Iñiguez & Fischer, 2003）。

除个别地方有所不同外，海洋垃圾源可分为海源（占海洋垃圾总污染的 20% 左右）和陆源（占 80%）（UNEP, 2006）。海洋垃圾来源于渔业和水产养殖、航运（运输、军事和旅游）、海洋油气勘探以及海上非法倾倒等。同时，通过洪水、雨水排放口出水、河流、海滩和沿海地区的垃圾、工业设施、

垃圾填埋场和靠近海岸/水体的非法垃圾场，以及未经处理的城市污水，数百万吨垃圾从陆源进入海洋环境。

塑料是垃圾的主要组成材料，占全球海洋垃圾污染的60%～95%（Derraik，2002；Galgani et al.，2015），有时甚至占到漂浮垃圾总量的100%（Galgani et al.，2015）。据最近估计，每年有800万 t的塑料最终汇入海洋（Jambeck et al.，2015），超过5万亿个（5×10^{12} 个）、重量超过25万 t的塑料碎片漂浮在海上（Eriksen et al.，2014），而如今在自来水、啤酒和盐中发现了塑料颗粒和纤维（Kosuth et al.，2018；Karami et al.，2017），但对公众健康的影响仍是未知的。塑料持久耐用且重量轻。这两种特性使塑料作为一种材料大受欢迎，也是塑料对海洋生态系统和野生生物构成威胁的原因。如果塑料垃圾的形状和粒径允许（例如塑料棉签），从人口中心处的街道和设计不佳的垃圾箱，从垃圾填埋场和垃圾场、旅游海滩或通过污水和污水处理厂，塑料垃圾很容易被大风吹走或被强降雨输送到水道中（Mourgkogiannis et al.，2018）。微塑料（GESAMP，2015）和纳米塑料（Rios Mendoza et al.，2018）——或是由于大型塑料暴露在海洋环境中而产生的碎片，或是直接产生的碎片——通过污水（例如化妆品中的微纤维和微珠）和径流（例如颗粒）到达海洋环境，并令人不安地加速积累（图13.1）。

海洋环境中最常见的10种一次性塑料制品以及丢失和遗弃的渔具至少占海洋垃圾总量的70%（Cau et al.，2018；Fortibuoni et al.，2019；Galgani et al.，2015；Koutsodentris et al.，2008；Thiel et al.，2013；Topçu et al.，2013）。这些物品包括塑料袋、水壶、塑料杯、塑料餐具、吸管等。

海洋垃圾对海岸和海洋生态系统以及海洋野生生物的影响在世界各地的文献中都有所反映（Bernardini et al.，2018；Green et al.，2015；Green，2016；Mordecai et al.，2011；Panti et al.，2019；Rochman, et al.，2015），影响包括缠住海洋动物以及鸟类吞食垃圾的风险（Bjorndal et al.，1994；Campani et al.，2013；De Pierrepont et al.，2005；Tourinho et al.，2010；Wilcox et al.，2016），同时海洋环境中的微塑料和塑料碎片还会对海洋生物构成特殊的威胁（Gregory，2009；Rochman et al.，2013b）。微塑料和纳米塑

料吸附持久性有机污染物（POPs）（Karapanagioti & Klontza，2008；Takada & Karapanagioti，2019），其浓度是海水中的100万倍（Rios Mendoza et al.，2018）。根据一项研究，欧洲公众每年通过海鲜摄入多达11 000个塑料碎片（Van Cauwenberghe & Janssen，2014）。然而，由此对人体健康的影响还知之甚少。

图13.1　在LIFE DEBAG项目的海滩垃圾监测调查中发现的各种塑料垃圾类型中，大型塑料因暴露在海洋环境中破碎而产生的海滩搁浅微塑料和塑料颗粒是其重要组成部分（照片：Stavroula Kordella，2018）

如果当前的塑料生产和垃圾管理趋势继续下去，到2050年将有约120亿t的塑料垃圾被丢弃在垃圾填埋场或自然环境中（Geyer et al.，2017）。改善塑料污染的补救措施（例如清洁）已经尝试过，但发现效果不佳且成本效益低。这些事实强调了针对海洋塑料垃圾污染源头采取严厉预防措施的重要性（UNEP，2009）。这些行动包括全面、有约束力的全球战略和政策。在全球范围内，为制定和执行此类策略和政策已付出了很多努力。在本章中，将探讨现有的行动，并根据结果判断有待填补的空白，这可能会为成功执行行动铺平道路。

13.2 关键策略和政策的综述

从塑料垃圾污染的现状看，不言而喻，迫切需要有所反应。处理这一问题的唯一已知的方法是通过发展并执行战略和政策，这些战略和政策可以通过扩大宣传和教育运动以及采用绿色税收和经济激励的办法来实现。一些国家已经采取行动应对海洋垃圾危机，但在全球层面上，污染情况仍然没有明显改善（UNEP，2009；Xanthos & Walker，2017）。

13.2.1 海洋垃圾污染的国际战略与政策

区域级或国家级的一次性塑料制品战略和政策可能正在增加，如对一次性塑料袋的征税或禁令（Heidbreder et al.，2019；Saidan et al.，2017；Xanthos & Walker，2017）。但直接解决塑料、海洋污染问题的国际战略和政策屈指可数。这些战略和政策主要包括4项：《国际防止船舶造成污染公约》（*International Convention for the Prevention of Pollution from Ships*，MARPOL）、《檀香山战略》（*Honolulu Strategy*）、全球海洋垃圾伙伴关系（Global Partnership on Marine Litter）和联合国环境规划署（UNEP）清洁海洋运动（Clean Seas campaign），这些战略和政策分别如下所述。

13.2.1.1 《国际防止船舶造成污染公约》（73/78）

《国际防止船舶造成污染公约》是关于防止船舶营运或意外原因对海洋环境造成污染的主要国际公约。《国际防止船舶造成污染公约》于 1983 年 10 月 2 日生效，并在多年来不断修订。附件 V《防止船舶垃圾污染》（*Prevention of Pollution by Garbage from Ships*）于 1988 年 12 月 31 日生效，涉及各种类型的垃圾，并规定了与陆地的距离和处置方式。该附件最重要的特点是完全禁止在海洋中处置各种形式的塑料（IMO，2019）。

尽管自 2018 年 1 月以来，156 个国家和地区无论在何处航行都服从《国际防止船舶造成污染公约》的要求。但研究表明，自《国际防止船舶造成污染公约》（73/78）签署以来，海洋垃圾日益增多（Borrelle et al.，2017；

Jambeck et al.，2015；Koutsodentris et al.，2007；Xanthos & Walker，2017）。海洋环境的恶化源于以下事实：《国际防止船舶造成污染公约》附件V是直接涉及海洋垃圾的最老的策略，仅限制源自船舶（海源）的垃圾，其占海洋垃圾总量的比例不到20%（与渔业相关的垃圾也被归类为海洋垃圾），而（如上所述）海洋垃圾中的绝大部分（80%）来自陆源（UNEP，2006）。

13.2.1.2 《檀香山战略》

《檀香山战略》是美国国家海洋和大气管理局（National Oceanic and Atmospheric Administration，NOAA）和联合国环境规划署（UNEP）于2011年制定的一份框架文件，内容包括努力在全球范围内全面减少海洋垃圾及其对生态、公共卫生和经济的影响。该文件的目的是帮助改善全球各团体和国家在海洋垃圾污染问题上的合作，并作为制定和监测海洋垃圾项目的框架和工具。

《檀香山战略》的目的包括：
- 空间开发或特定行业的海洋垃圾项目的规划工具；
- 合作和分享最佳实践和经验教训的共同参考框架；
- 用于衡量多个项目和计划的进度的监测工具（UNEP & NOAA，2015）。

《檀香山战略》的两个部分非常重要：一个部分侧重于以市场为基础的手段（例如对塑料袋征税），以尽量减少浪费；另一个部分关注减少海洋垃圾的政策和法规的制定（例如禁止使用塑料袋和在化妆品中使用微珠）（Xanthos & Walker，2017）。

13.2.1.3 全球海洋垃圾伙伴关系

2012年6月，在巴西的里约20+会议上，全球海洋垃圾伙伴关系（GPML）正式启动。GPML是一个自愿性、开放性的伙伴关系，涉及国际机构、政府、企业、学术界、地方当局和非政府组织。该活动由联合国环境规划署主办，其目标是到2025年时大幅减少海洋垃圾。GPML致力于通过以下特定目标来减少和管理海洋垃圾，从而保护公共健康和全球环境：
- 通过促进和执行《檀香山战略》(见13.2.1.2) 以及《檀香山承诺》

（Honolulu Commitment）(多方利益相关者承诺)，加强国际合作与协调；

• 促进知识、管理、信息共享和对《檀香山战略》执行进展的监测；

• 通过垃圾预防，例如通过促进"4R"(减少、重复利用、再循环和重新设计)以及从垃圾中回收有价值的物质/能量，来提高资源效率和推动经济发展；

• 提高对海洋垃圾来源、归趋和影响的认识；

• 评估与海洋垃圾归趋和影响有关的新问题，包括食物网中的(微)塑料吸收以及相关的污染物迁移和影响。

13.2.1.4 联合国环境规划署清洁海洋运动

2017年2月，联合国环境规划署发起了"清洁海洋运动"，动员各国政府、公众和私营部门，说服他们自愿采取行动减少塑料污染。占世界海岸线一半以上的50个国家的政府已经签署了清洁海洋运动，许多国家作出了具体的承诺来保护海洋，鼓励循环利用和减少一次性塑料制品的使用。该运动有助于实现全球海洋垃圾伙伴关系的目标。

在联合国环境规划署清洁海洋运动框架内所作的承诺包括：

• 比利时、巴西、多米尼加共和国、巴拿马和菲律宾正在制定和(或)通过国家计划和立法来应对海洋垃圾。

• 加拿大是世界上海岸线最长的国家，其正在资助基于社区的计划，例如净滩和继续研究微塑料的影响。加拿大还在制定法规，以禁止生产和销售含微珠的化妆品。

• 印度尼西亚承诺到2030年将塑料垃圾减少70%。

• 肯尼亚、约旦、马达加斯加和智利已禁止或承诺禁止一次性或不可生物降解塑料袋。

• 尼日利亚是世界十大塑料污染国之一，已承诺开设26家塑料回收厂。

• 通过防止塑料浪费、鼓励回收利用和促进循环经济，丹麦、芬兰、冰岛和瑞典承诺执行关于塑料可持续处理办法的"北欧方案"。

• 新西兰从2018年6月7日起禁止销售和制造含有塑料微珠的清洗产品，环境部已确认厚度达70 μm的一次性塑料购物袋将被逐步淘汰，相关法规将于 2019 年 7 月 1 日起生效。

清洁海洋运动监督这些承诺的履行，旨在让更多国家承诺采取行动。它还旨在加强企业间的合作。迄今为止，许多欧洲零售商已承诺提供无塑料货架和产品，而一些餐馆则承诺逐步淘汰塑料吸管。

13.2.1.5 《巴塞尔公约》

《控制危险废物越境转移及其处置巴塞尔公约》(*Basel Convention on the Control of Transboundary Movements of Hazardous Wastes and their Disposal*) 于 1992 年 5 月 5 日生效，有来自世界各地的 187 个缔约方。该公约旨在尽量减少危险废物和"其他废物"（即生活垃圾和焚烧炉飞灰）的产生，以控制越境转移，并促进无害环境管理。

根据《公约》，有些塑料被列为"危险废物"，家庭垃圾也可能包括塑料。因此，《公约》的规定已经适用于塑料垃圾，但在最近的《巴塞尔公约》缔约方大会（于 2019 年 4 月 29 日—5 月 10 日举行）期间，《公约》得到修正并向前迈了一大步，将塑料垃圾纳入一个具有法律约束力的框架下，从而"将使全球塑料垃圾贸易更加透明和得到更好的管理，同时确保其管理对人类健康和环境更为安全"（Secretariat of the Basel, Rotterdam and Stockholm Conventions, 2019）。在危险废物越境转移的基础上，受污染、混合和不适于回收利用的塑料将受到管制，并需要征得进口国的同意。因此，在主要的塑料垃圾产生国内促进回收利用，并为发展中国家拒绝使用不可回收塑料提供了一个重要工具。

13.2.2 欧洲海洋垃圾污染的战略与政策

13.2.2.1 《海洋战略框架指令》

根据其不利影响，海洋垃圾污染已被纳入欧洲《海洋战略框架指令》（*MSFD*）设定的 11 个描述性指标（European Parliament，2008；Galgani et al.，2013a；Galgani et al.，2010）。最迟在 2020 年之前，*MSFD* 要求欧洲所有海域每个描述性指标保持或达到良好环境状态（Good Environmental Status，GES）

(第1条)。关于描述性指标10(海洋垃圾),MSFD 要求欧盟成员国确保到2020年,"海洋垃圾的性质和数量不会对沿海和海洋环境造成损害"。在欧盟层面,上述 MSFD 是海洋垃圾的评估、监测、设定目标和实现良好环境状态的具有约束力的专门法律文书;由成员国指定以支持其实现海洋垃圾的良好环境状态,由联合研究中心(Joint Research Center,JRC)共同主持,并制定了《欧洲海域海洋垃圾监测指南》(Guidance on Monitoring of Marine Litter in the European Seas)(Galgani et al., 2013b)。联合研究中心最近发表的关于欧洲海滩最常见的十大垃圾的报告反映了欧盟成员国和区域海洋公约的监测结果,其分析结果也作为委员会关于一次性塑料垃圾提案的基础(见下文13.2.2.3)。欧盟于2008年通过《海洋战略框架指令》,确立了一个保护和可持续利用海洋的框架,要求欧盟成员国实施海洋战略。

13.2.2.2　关于塑料袋的欧盟指令 2015/720

2015年4月29日,欧洲议会出台了2015/720/EC 指令,旨在减少轻质(厚度为15~50 μm)塑料袋的消耗,其中许多塑料袋最终成为海洋环境中的垃圾(European Parliament,2015)。在欧盟,轻质塑料袋占塑料袋总数的绝大部分,而且与较厚的塑料袋相比,它们的重复使用频率较低。因此,轻质塑料袋变化得更快,更容易成为垃圾,因为它们的重量轻。海滩上发现的垃圾中,塑料袋约占5%,但在欧洲海岸线附近海床上发现的垃圾中,塑料袋占比高达30%(Galgani et al., 1995,2000;Ramirez-Llodra et al., 2013)。各成员国必须采取措施,在本国内实现持续减少轻质塑料袋的消费。

成员国采取的措施应包括以下一项或两项:①采取措施以确保到2019年12月31日,年人均消费量不超过90个轻质塑料袋,到2025年12月31日,年人均消费量不超过40个轻质塑料袋;②采用文书以确保在2018年12月31日之前,在货物或产品销售点不免费提供轻质塑料袋,除非实施同等有效的文书。该指令规定,如果出于卫生目的或在有助于防止食品浪费的情况下,可将作为散装食品主包装的超轻质塑料袋(厚度小于15 μm)排除在这些措施之外。

第13章 全球塑料战略的必要性

作为对欧盟预防措施和战略的补充，欧盟的基金［包括来自欧盟生命项目（EU LIFE programme）的基金］支持采取行动，协助欧盟保护环境和有效执行欧盟政策。关于海洋垃圾，欧盟生命项目帮助执行了欧盟在循环经济、一次性塑料制品等领域的政策，并在公众、渔民、企业和其他利益相关方的积极参与下，在海滩或海上开展了宣传活动和清理行动。一个例子是LIFE DEBAG项目（LIFE14 GIE/GR/001127），该项目为减少希腊海洋环境中的塑料袋，在地方和国家两级开展了综合信息和提高认识运动。LIFE DEBAG项目通过在一系列磋商论坛中提出建议，为将欧盟第2015/720号指令纳入希腊立法作出了重要贡献。希腊立法首次从2018年1月1日起对轻质塑料袋征收绿色税，使得该法实施一年后，全国塑料袋消费量下降了60%～80%。为了在当地开展更深入的宣传活动，选择了位于爱琴海的西罗斯岛（Island of Syros）作为试验区。该项目结束时，西罗斯岛周围海滩和海底的塑料袋积累量分别减少了85%和60%，这是直接由LIFE DEBAG项目强化意识运动产生的，这一事实通过在宣传活动开展之前和开展期间对西罗斯岛海洋环境的全面监测而得到了证明。宣传活动在试验区海洋环境上的积极成效证明宣传活动是行之有效的。只有在提供免费的可重复使用的替代方案，决策过程中的所有利益相关方都参与进来，并且在活动之前、期间和之后对活动的影响进行详尽监控的情况下，活动才是有效的。公众参与和向公众宣传后果（作为改变消费者习惯和积极强化的积极反馈）是这项运动的关键因素（EU DG Environment，2018）。

监测一项战略对海洋环境的影响至关重要，并能真正证明所采取措施的有效性。就英国的情况而言，Maes等（2018）估计，在欧洲国家实施绿色征税的同一时期，英国沿海海床上的塑料袋数量减少了30%，凸显了经济措施对减少一次性塑料袋数量的有效性。

13.2.2.3 《循环经济中的塑料战略》

塑料和微塑料对海洋的污染是欧盟委员会于2018年1月16日通过的塑料战略的三个主要领域之一（European Commission，2018a）。大多数拟议行动都直接或间接地与海洋垃圾有关。

根据欧盟塑料战略,"到2030年,所有投放欧盟市场的塑料包装或是可重复使用的,或是可以以成本效益高的方式回收的"(European Commission, 2018a)。这将减少一次性塑料制品的消费（包括过度包装),并将限制有意使用微塑料的行为。

欧盟委员会将修订投放市场包装的法律规定,重点是界定可回收设计的概念。其目的是减少垃圾的产生量,避免包装材料因被焚烧或被填埋而不是被回收最终成为垃圾。该委员会邀请塑料行业积极参与这一进程,通过一项由该战略发起的认捐活动支持这一领域的创新,该战略旨在到2025年在新产品中有1 000万t再生塑料。

欧盟委员会将为可堆肥塑料和可降解塑料的定义和标签提出统一规则,这些塑料可作为传统塑料的替代品,但缺乏明确的标签、垃圾收集和处理方式可能导致塑料泄漏。欧盟委员会的目标是通过确保有足够的港口接收设施,以及通过新的港口接收设施指令使访问欧盟港口的船舶使用这些设施来减少海上船舶的垃圾排放（European Commission, 2018b)。该指令是在2018年1月16日基于《国际防止船舶造成污染公约》的国际义务提出的（见上文13.2.1.1)。

欧盟的新塑料战略旨在通过针对一次性塑料制品和渔具、支持国家宣传活动和确定2018年提出的在欧盟内的新规则的范围来遏制塑料垃圾,并根据与利益相关方的协商和证据来制定《一次性塑料制品指令》（见下文13.2.2.4)。

最后,欧盟委员会已开始通过《关于化学品注册、评估、许可和限制》法规(*REACH*)限制有意添加到产品中的微塑料的使用(European Commission, 2018a)。关于微塑料的无意释放,委员会正在审查各种方案,例如标签、产品设计和耐久性的最低要求、环境中微塑料数量和传输途径的评估方法,以及为有针对性的研究和创新提供资金。

13.2.2.4 《一次性塑料制品指令》

2018年12月19日,欧洲议会和欧盟理事会就欧盟委员会提出的从源头解决海洋垃圾的雄心勃勃的新措施(European Commission, 2018c)达成临时政治协议，涵盖欧盟海滩上最常见的10种塑料产品，以及占海洋垃圾总量至少70%的废弃渔具和可氧化降解塑料（图13.2）。

这些措施是欧盟塑料战略（见上文13.2.2.3）的一部分，于2019年3月27日由欧洲议会通过，构成了欧盟关于一次性塑料制品的新指令：全球处理海洋垃圾最雄心勃勃的法律文书。其设想了适用于不同产品类别的不同措施。在容易获得和负担替代品的情况下，将禁止一次性塑料制品进入市场（如塑料棉签、餐具、盘子、吸管、饮料搅拌器、气球棒、可氧化降解塑料制品、可膨胀聚苯乙烯食品和饮料容器）。对于其他产品，重点是通过以下方式限制其使用和在海洋环境中的丰度：

- 制定食品容器和饮料杯消费的国家削减目标；
- 执行设计和标签要求（包括卫生巾、湿巾、气球）；
- 为生产商确立垃圾管理/清理义务（包括食品容器、薯片和糖果包装、饮料容器、烟头、湿巾、气球和轻质塑料袋）；
- 鼓励在2025年前，例如通过押金退款计划，收集90%的一次性塑料饮料瓶；
- 采取提高认识的措施，了解一次性塑料制品和渔具的负面影响，以及这些产品的再利用系统和垃圾管理办法。

图13.2 LIFE DEBAG项目对海滩垃圾的分类显示有大量的一次性塑料垃圾（如水瓶盖、吸管等）与渔业垃圾，共占欧洲海岸海洋垃圾总量的70%以上（照片：Stavroula Kordella，2019）

13.2.2.5 《巴塞罗那公约》及其议定书

1976年2月16日，在巴塞罗那举行的地中海区域沿海国家保护地中海全权代表会议通过了《保护地中海免受污染公约》[*Convention for the Protection of the Mediterranean Sea Against Pollution*，"MAP"或《巴塞罗那公约》(*Barcelona Convention*)]，同时处理了关于防止船舶和飞机倾倒废弃物以及在紧急情况下合作防治污染的两项议定书。

涉及地中海环境保护具体方面的7项议定书完善了MAP法律框架，而与海洋垃圾有关的议定书有：

- 《倾倒议定书》(*Dumping Protocol*)：《防止船舶和飞机倾倒物污染地中海的议定书》(*Protocol for the Prevention of Pollution in the Mediterranean Sea by Dumping from Ships and Aircraft*)（1976年通过）。

- 《陆源议定书》(*Land-Based Sources Protocol*)：《保护地中海免受陆源和活动污染的议定书》(*Protocol for the Protection of the Mediterranean Sea against Pollution from LBS and Activities*)（1980年通过）。

2012年，在《陆源议定书》的框架内，制定了一项海洋垃圾管理战略，并附有《海洋垃圾区域行动计划》(*Regional Action Plan on Marine Litter*)。2013年，该行动计划在伊斯坦布尔举行的《巴塞罗那公约》及其议定书缔约方第十八次会议上获得通过，并于2014年7月8日生效，从而具有法律约束力。其目的是通过加强合作、促进和执行国际和区域海洋垃圾倡议以及提高认识和知识，减少海洋垃圾对环境、人类健康和地中海经济的影响。

13.2.3 国家和地方倡议

全球已有60多个国家在塑料袋、微珠、产品、吸管和塑料餐具、塑料棉签等方面采取措施，而且数量不断上升。针对微珠和其他一次性塑料制品的政策虽只是近几年的事（如2014年针对微珠的情况），但针对塑料袋的举措始于1991年（Xanthos & Walker, 2017）。联合国环境规划署（2018年）的一份报告分析了国家和地方两级140多个有关禁止塑料袋和征收塑料袋税的法规，尽管在30%的案例中塑料袋的消耗或海洋环境中的塑料袋都有所减少，但没有足够的信息得出有关其环境影响的准确结论。在50%的调查案例中缺少关于影响的资料，部分原因是缺乏监测和报告，部分原因是所分析的许多措施最近刚执行（UNEP，2018）。在禁止使用塑料袋的国家中，有20%的国家报告了几乎没有影响，这是由于缺少执行和缺少负担得起的替代品（UNEP，2018）。

13.3 结论

海洋塑料污染是一个不分国界的国际问题（Politikos et al.，2017；Villarrubia-Gómeza et al.，2018）。为解决这一日益严重的问题，需要一种全球治理方法（Vince & Stoett，2018）。各国应共同制定减排目标，制订政策计划，同时对海洋环境和塑料包装、一次性产品和产生微塑料的产品等的消费进行全面监测。虽有许多区域和国家政策涉及一次性塑料生产预防和塑料污染缓解，但国际政策较少，尚未取得任何进展来弥补对全球的巨大影响和缓解问题（Borrelle et al.，2017；UN Environment，2017）。

对国家和行业的约束性协议（Borrelle et al.，2017）、一体化全球战略（Dauvergne，2018），包括固体废物管理、污水与雨水收集和处理、生产者对一次性塑料制品和包装的责任延伸、对公众的经济激励或抑制、提高工业界和公众认识的运动，结合负担得起的可重复使用的替代品，都可以提高实施水平，并极大缓解塑料污染问题。

尽管现有的国际政策和战略承认海洋垃圾是一种全球性、多维度的威胁，但它们缺乏对各国的约束性承诺以及监测计划，无法评估其有效性和衡量其对塑料产品消费以及对海洋环境本身的影响。因此，解决办法可能依赖一项全球战略，该战略包括3个方面——政策、提高认识和监测海洋垃圾，因为问题的严重性和迫切性要求立即采取行动，具有约束力的目标应很快生效。

参考文献

Bernardini I., Garibaldi F., Canesi L., Fossi M. C. and Baini M. (2018). First data on plastic ingestion by blue sharks (Prionaceglauca) from the Ligurian Sea (North-Western Mediterranean Sea). *Marine Pollution Bulletin*, 135, 303-310.

Bjorndal K. A., Bolten A. B. and Lagueux C. J. (1994). Ingestion of marine debris by juvenile sea turtles in coastal Florida habitats. *Marine Pollution Bulletin*, 28(3), 154-158.

Borrelle S. B., Rochman C. M., Liboiron M., Bond A. L., Lusher A., Bradshaw H. and Provencher J. F. (2017). Opinion: Why we need an international agreement on marine plastic pollution. *Proceedings of the National Academy of Sciences of the United States of America*, 114(38), 9994-9997.

Campani T., Baini M., Giannetti M., Cancelli F., Mancusi C., Serena F., Marsili L., Casini S. and Fossi M. C. (2013). Presence of plastic debris in loggerhead turtle stranded along the Tuscanycoasts of the Pelagos Sanctuary for Mediterranean Marine Mammals (Italy). *Marine Pollution Bulletin*, 74, 225-230.

Cau A., Bellodi A., Moccia D., Mulas A., Pesci P., Cannas R., Pusceddu A. and Follesa M. C. (2018). Dumping to the abyss: single-use marine litter invading bathyal plains of the Sardinian margin (Tyrrhenian Sea). *Marine Pollution Bulletin*, 135, 845-851.

Dauvergne P. (2018). Why is the global governance of plastic failing the oceans? (2018). *Global Environmental Change*, 51, 22-31.

De Pierrepont J. F., Dubois B., Desormonts S., Santos M. B. and Robin J. P. (2005). Stomach contents of English Channel cetaceans stranded on the coast of Normandy. *Journal of the Marine Biological Association of the United Kingdom*, 85, 1539-1546.

Derraik J. G. B. (2002). The pollution of the marine environment by plastic debris: a review. *Marine Pollution Bulletin*, 44, 842-852.

Engler R. E. (2012). The complex interaction between marine debris and toxic chemicals in the ocean. *Environmental Science and Technology*, 46(22), 12302-12315.

Eriksen M., Lebreton L. C. M., Carson H. S., Thiel M., Moore C. J., Borerro J. C., Galgani F., Ryan P. G. and Reisser J. (2014). Plastic pollution in the world's oceans: more than 5 trillion plastic pieces weighing over 250,000 tons afloat at sea. *PLoS ONE*, 9(12), e111913.

European Commission (2018a). Communication from the Commission to the European Parliament, the Council, the European Economic and Social Committee and the Committee of the Regions. A European Strategy for Plastics in a Circular Economy. COM/2018/028 final. See: https://eur-lex.europa.eu/legal-content/EN/TXT/HTML/? uri=CELEX: 52018DC0028&from=EN(accessed 10 February 2019).

European Commission(2018b). Proposal for a DIRECTIVE OF THE EUROPEAN PARLIAMENT AND OF THE COUNCIL on Port Reception Facilities for the Delivery of Waste from Ships, Repealing Directive 2000/59/EC and Amending Directive 2009/16/EC and Directive 2010/65/EU. COM/2018/033 final-2018/012(COD). See: https://eur-lex.europa.eu/legal-content/EN/TXT/?uri= CELEX: 52018PC0033(accessed 15 May 2019).

European Commission(2018c). Proposal for a Directive of the European Parliament and of the Council on the reduction of the impact of certain plastic products on the environment. COM/2018/340 final-2018/0172(COD). See: https://eur-lex.europa.eu/legal-content/en/ALL/?uri=CELEX%3A52018PC0340(accessed 15 May 2019).

European Commission Directorate General for Environment(EU DG Environment)(2018). LIFE and the EU Plastics Strategy. See: https://ec.europa.eu/easme/sites/easme-site/files/life_plastics_web.pdf?pk_campaign=LIFE+Newsletter+Jan-Feb2019&fbclid=IwAR08fXcsUUJzV0cEfJA1 FdgqAiWK52NzV6OE9DcuzjfP_U-YIrNIJhwflOQ(accessed 20 February 2019), p. 24.

European Parliament(2008). Directive 2008/56/EC of the European Parliament and of the Council of 17 June 2008 establishing a framework for community action in the field of marine environmental policy(Marine Strategy Framework Directive). *Official Journal of the European Union*. OJ L 164, 25.6.2008, 19-40. See: http://data.europa.eu/eli/dir/2008/56/oj (accessed 15 May 2019).

European Parliament(2015). Directive(EU)2015/720 of the European Parliament and of the Council of 29 April 2015 amending Directive 94/62/EC as regards reducing the consumption of lightweight plastic carrier bags. *Official Journal of the European Union*. L 115, 6.5.2015, 11-15. See: https://publications.europa.eu/en/publication-detail/-/publication/58d93aee-f3bc-11e4-a3bf-01aa75ed71a1/language-en/format-PDF/source-87251879(accessed 7 January 2019).

Fortibuoni T., Ronchi F., Macic V., Mandic M., Mazziotti C., Peterlin M., Prevenios M., Prvan M., Somarakis S., Tutman P., BojanicVarezic D., KovacVirsek M., Vlachogianni T. and Zeri C.(2019). A harmonized and coordinated assessment of the abundance and composition of seafloor litter in the Adriatic-Ionian macroregion(Mediterranean Sea). *Marine Pollution Bulletin*, 139, 412-426.

Galgani F., Burgeot T., Bocquéné G., Vincent F., Leauté J. P., Labastie J., Forest A. and Guichet R. (1995). Distribution and abundance of debris on the continental shelf of the North-Western Mediterranean Sea. *Marine Pollution Bulletin*, 30, 58-62.

Galgani F., Leaute J. P., Moguedet P., Souplet A., Verin Y., Carpentier A., Goraguer H., Latrouite D., Andral B., Cadiou Y., Mahe J. C., Poulard J. C. and Nerisson P. (2000). Litter on the sea floor along European coasts. *Marine Pollution Bulletin*, 40, 516-527.

Galgani F., Fleet D., Van Franeker J., Katsanevakis S., Maes T., Mouat J., Oosterbaan L., Poitou I., Hanke G., Thompson R., Amato E., Birkun A. and Jansse E. (2010). Marine Strategy Framework Directive Task Group 10 Report on Marine Litter European Union, IFREMER and ICES. See: http://ec.europa.eu/environment/marine/ pdf/9-Task-Group-10.pdf(accessed 10 January 2019).

Galgani F., Hanke G., Werner S. and De Vrees L. (2013a). Marine litter within the European Marine Strategy Framework Directive. *ICES Journal of Marine Science*, 70, 1055-1064.

Galgani F., Hanke G., Werner S., Oosterbaan L., Nilsson P., Fleet D., Kinsey S., Thompson R. C., Van Franeker J., Vlachogianni T., Scoullos M., Mira Veiga J., Palatinus A., Matiddi M., Maes T., Korpinen S., Budziak A., Leslie H., Gago J. and Liebezeit G. (2013b). Guidance on Monitoring of Marine Litter in European Seas. MSFD GES Technical Subgroup on Marine Litter (TSG-ML). Joint Research Centre of the European Commission, Report EUR 26113 EN. Publications Office of the European Union, Luxembourg, 120p.

Galgani F., Hanke G. and Maes T. (2015). Global distribution, composition and abundance of marine litter. In: Marine Anthropogenic Litter, M. Bergmann, L. Gutow and M. Klages (eds.), Springer, Cham.

GESAMP (2015). Chapter 3.1.2 Defining 'microplastics'. Sources, fate and effects of microplastics in the marine environment: a global assessment. In: (IMO/FAO/ UNESCO-IOC/UNIDO/WMO/IAEA/UN/UNEP/UNDP Joint Group of Experts on the Scientific Aspects of Marine Environmental Protection (GESAMP)), P. J. Kershaw (ed.), Rep. Stud. GESAMP No. 90, 96p, London.

Geyer R., Jambeck J. R. and Law K. L. (2017). Production, use, and fate of all plastics ever made. *Science Advances*, 3, 1700782.

Green D. S. (2016). Effects of microplastics on European flat oysters, *Ostrea edulis* and their associated benthic communities. *Environmental Pollution*, 216, 95-103.

Green D. S., Boots B., Blockley D. J., Rocha C. and Thompson R. (2015). Impacts of discarded plastic bags on marine assemblages and ecosystem functioning. *Environ. Sci.*

Technol., 49(9), 5380-5389.

Gregory M. R. (2009). Environmental implications of plastic debris in marine settings-entanglement, ingestion, smothering, hangers on, hitch-hiking and alien invasions. *Philosophical Transactions of the Royal Society of London. B, Biological Sciences*, 364 (1526): 2013-2025.

Heidbreder L. M., Bablok I., Drews S. and Menzel C. (2019). Tackling the plastic problem: A review on perceptions, behaviors, and interventions. *Science of the Total Environment*, 668, 1077-1093.

International Maritime Organization (IMO) (2019). International Convention for the Prevention of Pollution from Ships (MARPOL). See: http://www.imo.org/en/about/conventions/listofconventions/pages/international-convention-for-the-prevention-of-pollution-from-ships-(marpol).aspx (accessed 5 February 2019).

Jambeck J. R., Geyer R., Wilcox C., Siegler T. R., Perryman M., Andrady A., Narayan R. and Law K. L. (2015). Plastic waste inputs from land into the ocean. *Science*, 347(6223), 768-771.

Karami A., Golieskardi A., Keong Choo C., Larat V., Galloway T. S. and Salamatinia B. (2017). The presence of microplastics in commercial salts from different countries. *Scientific Reports*, 7, e46173.

Karapanagioti H. K. and Klontza I. (2008). Testing phenanthrene distribution properties of virgin plasticpellets and plastic eroded pellets found on Lesvosisland beaches (Greece). *Marine Environmental Research*, 65, 283-290.

Kosuth M., Mason S. A. and Wattenberg E. V. (2018). Anthropogenic contamination of tap water, beer, and sea salt. *PLoS ONE*, 13(4), e0194970.

Koutsodendris A., Papatheodorou G., Kougiourouki O. and Georgiadis M., 2008. Benthic marine litter in four Gulfs in Greece, Eastern Mediterranean; abundance, composition and source identification. *Estuarine, Coastal and Shelf Science*, 77, 501-512.

Maes T., Barry J., Leslie H. A., Vethaak A. D., Nicolaus E. E. M., Law R. J., Lyons B. P., Martinez R., Harley B. and Thain J. E. (2018). Below the surface: twenty-five years of seafloor litter monitoring in coastal seas of North West Europe (1992-2017). *Science of the Total Environment*, 630, 790-798.

Mordecai G., Tyler P. A., Masson D. G. and Huvenne V. A. I. (2011). Litter in submarine canyons off the west coast of Portugal. *Deep-Sea Research Part II: Topical Studies in Oceanography*, 58, 2489-2496.

Mourgkogiannis N., Kalavrouziotis I. K. and Karapanagioti H. K. (2018). Questionnaire-based survey to managers of 101 wastewater treatment plants in Greece confirms their potential as plastic marine litter sources. *Marine Pollution Bulletin*, 133, 822-827.

Panti C., Baini M., Lusher A., Hernandez-Milan G., Bravo Rebolledo E. L., Unger B., Syberg K., Simmonds M. P. and Fossi M. C. (2019). Marine litter: one of the major threats for marine mammals. *Outcomes from the European Cetacean Society workshop. Environmental Pollution*, 247, 72-79.

Pham C. K., Ramirez-Llodra E., Alt C. H. S., Amaro T., Bergmann M., Canals M., Company J. B., Davies J., Duineveld G., Galgani F., Howell K. L., Huvenne V. A. I., Isidro E., Jones D. O. B., Lastras G., Morato T., Gomes-Pereira J. N., Purser A., Stewart H., Tojeira I., Tubau X., Van Rooij D. and Tyler P. A. (2014). Marine litter distribution and density in European Seas, from the shelves to deep basins. *PLoS ONE*, 9, e95839.

Politikos D. V., Ioakeimidis C., Papatheodorou G. and Tsiaras K. (2017). Modelling the fate and distribution of floating litter particles in the Aegean Sea (E. Mediterranean). *Frontiers in Marine Science*, 4, 191.

Ramirez-Llodra E., De Mol B., Company J. B., Coll M. and Sardà F. (2013). Effects of natural and anthropogenic processes in the distribution of marine litter in the deep Mediterranean Sea. *Progress in Oceanography*, 118, 273-287.

Rios Mendoza L. M., Karapanagioti H. K. and and RamírezÁlvarez N., (2018). Micro (nanoplastics) in the marine environment: Current knowledge and gaps. *Current Opinion in Environmental Science & Health*, 1, 47-51.

Rochman C. M., Browne M. A., Halpern B. S., Hentschel B. T., Hoh E., Karapanagioti H. K. and Thompson R. C. (2013a). Policy: classify plastic waste as hazardous. *Nature*, 494 (7436), 169-171.

Rochman C. M., Hoh E., Kurobe T. and Teh S. (2013b). Ingested plastic transfers hazardous chemicals to fish and induces hepatic stress. *Scientific Reports*, 3, 3263.

Rochman C. M., Tahir A., Williams S. L., Baxa D. V., Lam R., Miller J. T., Teh F. C., Werorilangi S. and Teh S. J. (2015). Anthropogenic debris in seafood: plastic debris and fibers from textiles in fish and bivalves sold for human consumption. *Scientific Reports*, 5, e14340.

Ryan P. G. (2015). A brief history of marine litter research. In: Marine Anthropogenic Litter, M. Bergmann, L. Gutow and M. Klages (eds.), Springer, Cham.

Saidan M. N., Ansour L. M. and Saidan H., 2017. Management of plastic bags waste: an assessment of scenarios in Jordan. *Journal of Chemical Technology and Metallurgy*, 52(1), 148-154.

Secretariat of the Basel, Rotterdam and Stockholm Conventions(2019). Governments Agree Landmark Decisions to Protect People and Planet from Hazardous Chemicals and Waste, Including Plastic Waste. See: http://www.brsmeas.org/?tabid=8005(accessed 17 May 2019).

Sheavly S. B. and Register K. M.(2007). Marine Debris & Plastics: Impacts and Solutions. *Journal of Polymers and Environment*, 15, 301-305.

Silva-Iñiguez L. and Fischer D. W.(2003). Quantification and classification of marine litter on the municipal beach of Ensenada, Baja California, Mexico. *Marine Pollution Bulletin*, 46, 132-138.

Takada H. and Karapanagioti H. K.(eds.).(2019). Hazardous Chemicals Associated with Plastics in the Marine Environment, Handbook of Environmental Chemistry, No 78. Springer International Publishing AG, Switzerland.

Thiel M., Hinojosa I. A., Miranda L., Pantoja J. F., Rivadeneira M. M. and Vásquez N.(2013). Anthropogenic marine debris in the coastal environment: A multi-year comparison between coastal waters and local shores. *Marine Pollution Bulletin*, 71, 307-316.

Topçu E. N., Tonay A. M., Dede A., Öztürk A. A. and Öztürk B.(2013). Origin and abundance of marine litter along sandy beaches of the Turkish Western Black Sea Coast. *Marine Environmental Research*, 85, 21-28.

Tourinho P. S., Ivar do Soul J. A. and Fillmann G.(2010). Is marine debris ingestion still a problem for the coastal marine biota of southern Brazil? *Mar.Pollut. Bull.* 60, 396-401.

UN Environment(2017). Combating Marine Plastic Litter and Microplastics: An Assessment of the Effectiveness of Relevant International, Regional and Subregional Governance Strategies and Approaches. See: https://papersmart.unon.org/resolution/ uploads/unea- 3_mpl_ assessment-2017oct05_unedited_adjusted.pdf(accessed 10 January 2019).

UNEP(United Nations Environment Programme)(2006). The State of the Marine Environment: A regional assessment. Global Programme of Action for the Protection of the Marine Environment from Land-based Activities. United Nations Environment Programme, The Hague.

UNEP(United Nations Environment Programme)(2009). Marine Litter: A Global Challenge. UNEP, Nairobi, 11pp.

UNEP(United Nations Environment Programme)(2018). Single-Use Plastics: A Roadmap for

Sustainability. See: https://www.euractiv.com/wp-content/uploads/sites/2/2018/06/WED-REPORT-SINGLE-USE-PLASTICS.pdf (accessed 20 February 2018).

UNEP (United Nations Environment Programme) and NOAA (National Oceanic and Atmospheric Administration) (2015). The Honolulu Strategy, A Global Framework for Prevention and Management of Marine Debris. Report. See: https://marinedebris.noaa.gov/honolulu-strategy (accessed 9 January 2019).

Van Cauwenberghe L. and Janssen C. R. (2014). Microplastics in bivalves cultured for human consumption. *Environmental Pollution*, 193, 65-70.

Villarrubia-Gómez P., Cornell S. and Fabres J. (2018). Marine plastic pollution as a planetary boundary threat-The drifting piece in the sustainability puzzle. *Marine Policy*, 96, 213-220.

Vince J. and Stoett P. (2018). From problem to crisis to interdisciplinary solutions: Plastic marine debris. *Marine Policy*, 6, 200-203.

Wilcox C., Mallos N., Leonard G. H., Rodriguez A. and Hardesty B. D. (2016). Using expert elicitation to estimate the impacts of plastic pollution on marine wildlife. *Marine Policy*, 65, 107-114.

Xanthos D. and Walker T. R. (2017). International policies to reduce plastic marine pollution from single-use plastics (plastic bags and microbeads): a review. *Marine Pollution Bulletin*, 118, 17-26.

关于编者

赫里西·K.卡拉芭娜吉奥提副教授出生在希腊帕特雷（Patras），1992年毕业于爱琴海大学（University of the Aegean）环境系。1993年，她到美国俄克拉荷马大学（University of Oklahoma）土木工程与环境科学学院攻读研究生，研究方向为土壤地下水环境修复，并于1995年获得环境科学硕士学位，随后于2000年获得哲学博士学位。在此期间，她还到德国图宾根大学（University of Tuebingen）地质系（1997—1998年）学习了8个月，到加拿大滑铁卢大学（University of Waterloo）地球科学系（1999年）学习了1个月的野外水文地质。

2000年，卡拉芭娜吉奥提加入了希腊研究技术基金会（Foundation for Research and Technology-Hellas，FORTH）的化学工程科学研究所（Institute of Chemical Engineering Sciences，ICEHT），并作为博士后参加了欧盟GRACOS项目，主要研究渗流区污染物扩散模型。2001—2008年，她在爱琴海大学海洋科学系担任兼职讲师，讲授海洋地球化学过程的课程。

2007年，她加入了帕特雷大学（University of Patras）化学系，最初担任讲师，从2013年1月开始担任环境化学助教，重点研究水污染（2016年9月起终身任职），从2018年9月开始担任副教授。在2012年，她作为访问学者到英国纽卡斯尔大学（Newcastle University）土木工程与地球科学学院进修了2个月。2007年起，她担任希腊开放大学（Hellenic Open University）垃圾管理研究生课程的兼职教授，并于2011年起担任希腊教育学院（Hellenic Pedagogical Institute）的兼职B级教师培训师。

作为专家小组成员，卡拉芭娜吉奥提副教授从 2003 年起负责审查欧盟第六框架计划、第七框架计划和 H2020 框架计划（Framework Programme）研究方案；自 2010 年起，她在比利时布鲁塞尔（Brussels）担任欧盟第七届框架计划（7th EU Framework Programme）研究项目评估专家。2017 年，她获得了希腊开放大学教育研究硕士学位，并完成物理教育的学位论文。

卡拉芭娜吉奥提副教授还获得了国家和国际的一些研究资助，在学术期刊和论著中发表了 73 篇（章）论文，在学术期刊上出版了 5 期特刊，出版了 2 部专著（包括本书）。另外，她还在其他学术期刊上发表 4 篇论文，出版图书中的 8 章，百科全书中的 2 章，31 篇会议论文和 75 个会议报告、摘要、特邀报告等，被引用 1 800 多次。

帕特雷大学化学系副教授
www.chem.upatras.gr/en/people/division-c/486-karapanagioti-hrissi
Twitter：@Hrissi_K

扬尼斯·K.卡拉鲁吉奥提斯教授于1999年获得希腊帕特雷大学地质系环境地球化学专业博士学位。2000—2013年，他在位于阿格里尼翁（Agrinio）的西希腊大学（University of Western Greece）环境与自然资源管理系任教。2015—2018年，他作为访问学者到英国德比大学（University of Derby）进修环境生物地球化学。

现为希腊开放大学科学与技术学院教授，于2013年7月1日起担任废水管理硕士课程的教育总监，2016年9月1日起担任希腊开放大学科学与技术学院院长。

卡拉鲁吉奥提斯教授圆满完成了希腊农业部农学家的行政职务（1988—2000年），并于1993年1月30日—1993年11月25日担任西希腊地区管理局（Western Greece Region Administration）局长。他还是国家农业研究基金（National Agricultural Research Foundation，NAGREF）管理委员会成员（2005—2009年），2006年6月—2009年1月担任迈索隆吉翁潟湖管理部（Sector for the Management of the Messologion Lagoon）部长［环境、实体规划及公共工程部（Ministry of Environment，Physical Planning and Public Works）］。他是希腊岩土工程协会（Geotechnical Chamber of Greece）行政委员会成员（2002—2003年），希腊国家农学家联盟（State Agronomists Pan-Hellenic Union，PUSA）行政委员会委员（1991—1993年、1993—1995年、1995—1997年），并在1997年担任委员会秘书长。2004—2005年，他代表希腊岩土工程协会加入农产品认证与监管组织［Authentication（certification）and Supervision of Agricultural Products，OPEKEPE］管理委员会。

目前，他是多个知名期刊的编委会成员，包括《水的再利用与淡化》[Water Reuse and Desalination，IWA出版社（IWA Publishing）]、《环境与污染》[Environment and Pollution，加拿大科学和教育中心（Canadian Center of

Science and Education）］、《环境与分析毒理学杂志》（*Journal of Environmental and Analytical Toxicology*）、《国际水和废水处理杂志》（*International Journal of Water and Wastewater Treatment*）、《绿色和环境化学前沿》（*Frontiers in Green and Environmental Chemistry*）、《环境》（*Environments*）。

作为 IWA 成员，他担任"IWA 水、废水与环境研讨会：传统与文化"（2014 年 3 月 22—24 日在希腊帕特雷举办）的组织和科学委员会主席，是"古代文明中的水和废水"IWA 特别专家组临时管理委员会成员、WATER Wiki 工作组以及 IWA 环境工作组成员。

卡拉鲁吉奥提斯教授出版了 5 本专著（包括章），在国际期刊上发表了 95 篇经同行评议的研究论文，在希腊国家期刊上发表了 4 篇论文，发表了 66 篇国际会议论文，50 篇国内会议论文，100 余篇其他科学论文和新闻稿，被引用 2 261 次（Google Scholar）。

希腊开放大学科学与技术学院教授、院长
www.ioanniskalavrouziotis.gr

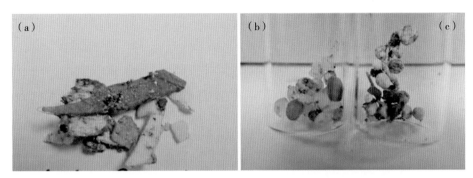

图 2.1 从克利夫兰东部污水处理厂（Cleveland Easterly Wastewater Treatment Plant）附近伊利湖收集的 1 个样品中微塑料的组成和种类

（a）碎片；（b）预制塑料颗粒；（c）泡沫颗粒、微珠和其他小碎片。

图 3.1 在污水处理厂（a）和污水处理厂排水口周边海滩（b）发现的医用微塑料

图 4.2　不同粒径微塑料在混合液中的分配和分布

圣何塞溪污水处理厂回流活性污泥（RAS）与聚乙烯小球混合样品：粒径（从左到右）为 10～45 μm（红色）；53～63 μm（蓝色）；90～106 μm（绿色）；125～150 μm（紫色）；250～300 μm（黄色）。

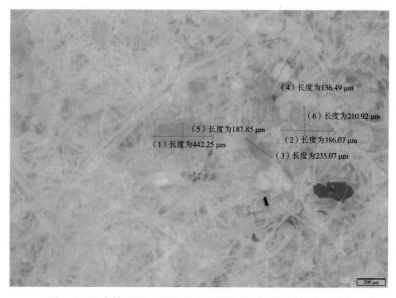

图 5.4　污水处理厂二级处理出水提取物（湿法过氧化反应）

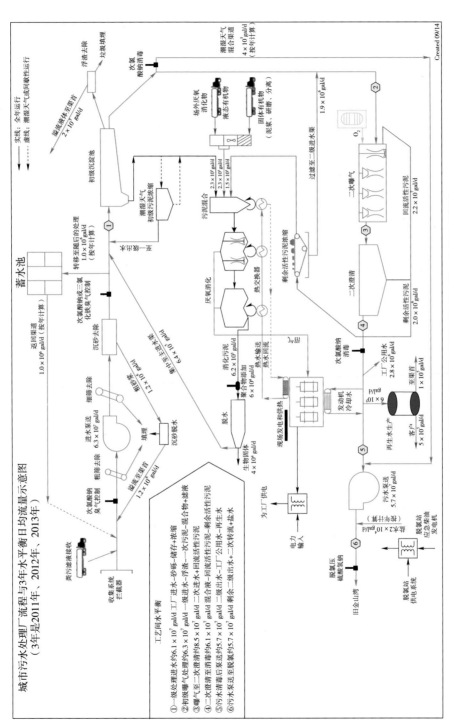

图 5.2 东湾水务局主要污水处理厂流程示意（来源：东湾水务局）

图 5.5　20% 氢氧化钾消解 7 天前后的污水处理厂二级处理出水样品
（a）355 μm 过滤筛样品；（b）125 μm 过滤筛样品

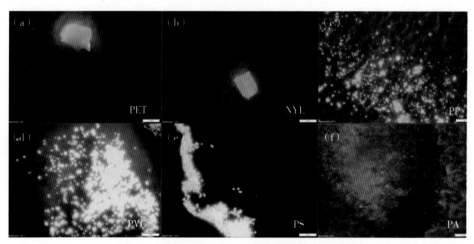

图 5.6　实验室空白加标（LFBs）用尼罗红染色，
用蓝绿色荧光光源通过橙色滤镜观察，放大 6.7 倍

第一行（a～c）：聚对苯二甲酸乙二酯颗粒，尼龙颗粒，聚丙烯粉末；第二行（d～f）：聚氯乙烯颗粒、聚苯乙烯小球、聚丙烯酰胺粉末。

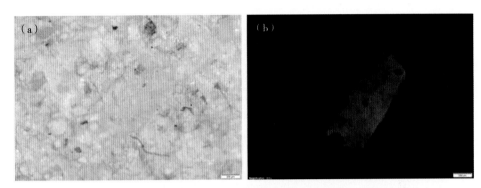

图 5.7 污水处理厂二级处理出水提取物用尼罗红染色，放大 25 倍，用白光照射（a）和通过橙色滤光片观察的蓝绿色法医光源（b）

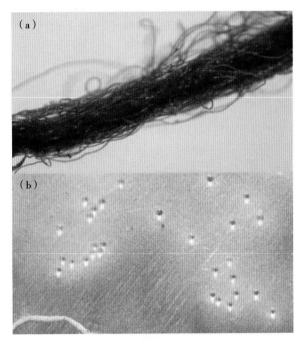

图 8.3 微塑料分类的样例

（a）衣服中的超细纤维；（b）90 μm 透明塑料微珠被 2 μm 微珠包围产生光晕［照片来源：威恩·考格（Win Cowger）］

图 9.1　法国阿基坦（Aquitaine）海滩上的生物介质

图 9.2　瑞士某污水处理厂出水口流出的生物介质

图 13.1 在 LIFE DEBAG 项目的海滩垃圾监测调查中发现的各种塑料垃圾类型中,大型塑料因暴露在海洋环境中破碎而产生的海滩搁浅微塑料和塑料颗粒是其重要组成部分(照片:Stavroula Kordella,2018)

图 13.2 LIFE DEBAG 项目对海滩垃圾的分类显示有大量的一次性塑料垃圾(如水瓶盖、吸管等)与渔业垃圾,共占欧洲海岸海洋垃圾总量的 70% 以上(照片:Stavroula Kordella,2019)